全国二级注册建造师继续教育教材

水利水电工程

中国建设教育协会继续教育委员会　组织
本书编审委员会　编写

中国建筑工业出版社

图书在版编目（CIP）数据

水利水电工程/中国建设教育协会继续教育委员会组
织；本书编审委员会编写. —北京：中国建筑工业出
版社，2019.5（2021.10重印）
全国二级注册建造师继续教育教材
ISBN 978-7-112-23485-1

Ⅰ.①水… Ⅱ.①中… ②本… Ⅲ.①水利水电工
程-继续教育-教材 Ⅳ.①TV

中国版本图书馆 CIP 数据核字（2019）第 049675 号

责任编辑：赵云波 李 明
责任校对：焦 乐

全国二级注册建造师继续教育教材
水利水电工程
中国建设教育协会继续教育委员会 组织
本书编审委员会 编写

*

中国建筑工业出版社出版、发行（北京海淀三里河路9号）
各地新华书店、建筑书店经销
霸州市顺浩图文科技发展有限公司制版
北京建筑工业印刷厂印刷

*

开本：787×1092毫米 1/16 印张：16 字数：398千字
2019年5月第一版 2021年10月第五次印刷
定价：**65.00**元
ISBN 978-7-112-23485-1
（32124）

全国二级注册建造师继续教育教材编审委员会

主 任 委 员：刘　杰
副主任委员：丁士昭　毛志兵　高延伟
委　　　员（按姓氏笔画排序）：
　　　　　　王雪青　王清训　叶　玲　白俊锋　宁惠毅　母进伟
　　　　　　成　银　向中富　刘小强　刘志强　李　明　杨健康
　　　　　　何红锋　余家兴　陆文华　陈泽攀　赵　峰　赵福明
　　　　　　宫毓敏　贺永年　唐　涛　黄志良　焦永达
参 与 单 位：
　　　　　　中国建设教育协会继续教育委员会
　　　　　　中国建筑股份有限公司
　　　　　　中国建筑工程总公司培训中心
　　　　　　江苏省建设教育协会
　　　　　　贵州省建设行业职业技能管理中心
　　　　　　浙江省住房和城乡建设厅干部学校
　　　　　　广东省建设教育协会
　　　　　　湖北省建设教育协会
　　　　　　安徽省水利水电行业协会
　　　　　　同济大学工程管理研究所
　　　　　　天津大学
　　　　　　南开大学
　　　　　　中国矿业大学
　　　　　　重庆交通大学
　　　　　　山东建筑大学工程管理研究所
　　　　　　中水三立数据技术股份有限公司
　　　　　　陕西建工集团有限公司
　　　　　　贵州省公路工程集团有限公司
　　　　　　北京筑友锐成工程咨询有限公司

本书编审委员会

主　编：成　银

主　审：唐　涛

编写人员（按姓氏笔画排序）：

申战军　许正松　钟汉华　唐　漪

徐培蓁　常仁凯　韩福涛

前言
FOREWORD

　　本书根据《二级注册建造师继续教育大纲（水利水电工程专业）》编写，包括水利水电工程新颁布的法规标准、水利水电工程施工"四新"技术、水利水电工程项目施工管理，突出了水利水电工程建设与施工管理的专业特点，并充分考虑与二级建造师考试教材的衔接。

　　本书可作为二级建造师水利水电工程专业的继续教育用书，也可作为高等学校工科专业的教学参考用书和从事水利水电工程建设管理、勘测设计、施工、监理、咨询、质量监督、安全监督、行政监督等工作人员的参考用书。

　　在本书的编写过程中，得到了中水三立数据技术股份有限公司、中水淮河规划设计研究有限公司、陕西建工集团有限公司、青岛理工大学、湖北水利水电职业技术学院、长江水利委员会人才资源开发中心、中水淮河安徽恒信工程咨询有限公司等单位给予的大力支持和帮助，在此一并致以衷心的感谢。

　　本书编写过程中参考了许多文献资料和一些企业的施工项目管理经验，在此对文献资料的作者和经验的创造者表示诚挚的感谢。由于水平有限，书中难免有不妥之处，恳请读者批评指正，以便再版时修改完善。

目录 CONTENTS

1

水利水电工程新颁布的法规标准

1.1 新法规

1.1.1 质量管理

为加强水利建设质量工作，落实质量责任，提高水利建设质量水平，根据《国务院关于印发质量发展纲要（2011～2020年）的通知》（国发〔2012〕9号）和《国务院办公厅关于印发质量工作考核办法的通知》（国办发〔2013〕47号）等规定，结合水利建设实际，水利部于2014年组织制定《水利建设质量工作考核办法》。

为进一步加强水利建设质量管理，全面提高水利建设质量水平，根据党中央、国务院有关加强质量工作的部署安排和《国务院办公厅关于印发质量工作考核办法的通知》要求，结合水利建设实际，水利部于2018年组织对《水利建设质量工作考核办法》进行了修订并以水建管〔2018〕102号发布。其中关于水利建设质量工作考核的有关要求如下。

1. 考核工作的原则

考核工作坚持客观公正、科学管理、突出重点、统筹兼顾、因地制宜的原则。

2. 考核主体

考核对象为各省、自治区、直辖市水利（水务）厅（局），新疆生产建设兵团水利局（以下简称"省级水行政主管部门"）。每年7月1日至次年6月30日为一个考核年度。

考核工作由水利部建设与管理司牵头，有关司局、单位和流域管理机构配合，水利部建设管理与质量安全中心承担有关具体工作。

各省级水行政主管部门可根据本办法，结合当地实际，对本行政区域内水利建设质量工作进行考核。

3. 考核内容和方法

考核内容包括水利建设质量工作总体考核和项目考核两部分。考核评分细则在年度质量考核工作中另行制定。

考核采用评分和排名相结合的综合评定法，满分为100分，其中总体考核得分占考核总分的60%，项目考核得分占考核总分的40%。考核结果分4个等级，分别为：A级（考核排名前10名，且得分90分及以上的）、B级（A级以后，且得分80分及以上的）、C级（B级以后，且得分在60及分以上的）、D级（得分60分以下或发生重特大质量事故的）。

4. 考核步骤与应用

考核采取以下步骤：

（1）发布细则。水利部于每年年初发布年度水利建设质量工作考核评分细则。

（2）自我评价。各省级水行政主管部门按照本办法和年度评分细则，结合本地区质量工作的目标、任务和特点进行自我评价，并于每年8月10日前将上一考核年度的质量工作情况自评报告及相关材料、考核年度内在建项目清单、考核年度内开展的监督检查情况等报水利部。

（3）集中核查。组织总体考核工作组，依据各省级水行政主管部门上报的自评报告等，集中开展总体考核。同时根据各省级水行政主管部门上报的在建工程项目清单，按照工程类型、规模选取一定数量的项目作考核抽查对象（具体数量及要求在年度考核评分细则中规定）。

（4）实地核查。组织现场考核工作组，对所选项目进行实地核查，同时核查总体考核中的有关问题。

（5）综合评价。统计汇总总体考核和项目考核情况，提出各省份考核得分及考核等级建议，形成考核报告。

（6）结果认定。考核结果经水利部审定后，报送全国质量工作考核部际联席会议办公室，并向社会公告。

（7）整改工作。考核结果通报各省级水行政主管部门，抄送各省、自治区、直辖市人民政府，同时提出整改建议，限期整改。

考核结果作为项目和资金安排的一个重要参考因素。对考核结果为D级的，省级水行政主管部门应在考核结果通报后一个月内向水利部作出书面报告，提出限期整改措施。

5. 2017～2018年度水利建设质量工作考核有关要求

根据前述要求，水利建设质量工作考核评分细则在年度质量考核工作中另行制定。2018年7月9日，水利部发出《水利部办公厅关于开展2017～2018年度水利建设质量工作考核的通知》，同时发布了《水利部办公厅关于印发2017～2018年度水利建设质量工作考核评分细则的通知》（办建管〔2018〕70号）。

（1）自评报告编写要求

2017～2018年度水利建设质量工作情况自评报告编写提纲主要包括以下内容：

1）水利建设概况

结合本省水利建设实际，介绍本省的质量工作目标、任务和特点，以及考核年度内全省在建工程项目总体情况（考核年度内在建工程项目数量、投资总额，分别介绍直管项目、地市管项目、县管项目的统计情况，以及2010年以后应完成竣工验收的水利建设项目竣工验收率等情况）。

2）质量工作开展情况

对《2017～2018年度水利建设质量工作总体考核评分细则》中提到的质量目标、质量规章制度、质量监督管理、质量检测管理等分项说明。

① 质量目标（包括开展省级水利优质工程评选情况、对先进组织和个人激励表彰情况以及行政区域内的水利工程获省部级质量奖情况、开展水利工程质量提升相关活动情况以及出台支持技术创新以及积极应用新技术、新工艺、新材料政策制度及贯彻落实情况）

② 质量规章制度（包括出台地方水利质量管理规章制度和技术标准、制定贯彻促进市场公平竞争，维护市场正常秩序的管理办法以及地方质量工作考核制度的建立情况）

③ 质量监督管理（包括省级、市、县级职能机构设置、人员配备、工作经费、质量监督机构分级监督情况以及工作开展情况，在建项目的监督率、监督计划、项目划分、监督检查、质量抽查、质量评定等）

④ 质量检测管理（包括全省质量检测单位总体情况、甲级和乙级检测资质单位数量、技术结构情况、乙级资质的审批和甲级资质的复核情况、对质量检测单位的监督管理情况、第三方质量检测推行情况）

⑤ 质量诚信建设（包括信用体系建立及运行情况、组织各市场主体在全国水利建设市场监管服务平台填报信息情况）

⑥ 质量问题处理（包括质量事故调查处理和责任追究，质量举报投诉受理情况）

⑦ 质量基础工作（包括落实质量终身责任制情况，对转包、违法分包等违法行为的市场监督管理情况，对农民工工资清欠的检查活动情况，对在建项目的质量监督检查情况，在建项目质量信息管理系统建立及运行情况，质量宣传教育和培训情况）

3）存在的主要问题

4）意见及建议

（2）评分细则

2017～2018 年度水利建设质量工作总体考核评分细则和项目考核评分细则（略）。

1.1.2 安全管理

1.1.2.1 水利安全生产信息报告和处置规则

为规范水利安全生产信息报告和处置工作，根据《安全生产法》和《生产安全事故报告和调查处理条例》，水利部制定了《水利安全生产信息报告和处置规则》（水安监〔2016〕220 号）。

水利安全生产信息包括水利生产经营单位、水行政主管部门及所管在建、运行工程的基本信息、隐患信息和事故信息等。基本信息、隐患信息和事故信息等通过水利安全生产信息上报系统（以下简称信息系统）报送。

1. 基本信息

（1）基本信息内容

基本信息主要包括水行政主管部门和水利生产经营单位（以下简称单位）基本信息以及水利工程基本信息。

1）单位基本信息包括单位类型、名称、所在行政区划、单位规格、经费来源、所属水行政主管部门，主要负责人、分管安全负责、安全生产联系人信息，经纬度等。

2）工程基本信息包括工程名称、工程状态、工程类别、所属行政区划、所属单位、所属水行政主管部门，相关建设、设计、施工、监理、验收等单位信息，工程类别特性参数，政府安全负责人、水行政主管部门安全负责人信息，工程主要责任人、分管安全负责人信息，经纬度等。

（2）地方各级水行政主管部门、水利工程建设项目法人、水利工程管理单位、水文测验单位、勘测设计科研单位、由水利部门投资成立或管理水利工程的企业、有独立办公场所的水利事业单位或社团、乡镇水利管理单位等，应向上级水行政主管部门申请注册，并填报单位安全生产信息。

（3）水库、水电站、农村小水电、水闸、泵站、堤防、引调水工程、灌区工程、淤地坝、农村供水工程等10类工程，所有规模以上工程（按2011年水利普查确定的规模）应在信息系统填报工程安全生产信息。

（4）基本信息应在2011年水利普查数据基础上填报。符合报告规定的新成立或组建的单位应及时向上级水行政主管部门申请注册，并按规定报告有关安全信息。在建工程由项目法人负责填报安全生产信息，运行工程由工程管理单位负责填报安全生产信息。新开工建设工程，项目法人应及时到信息系统增补工程安全生产信息。

（5）各单位（项目法人）负责填报本单位（工程）安全生产责任人（包括单位（工程）主要负责人、分管安全生产负责人）信息，并在每年1月31日前将单位安全生产责任人信息报送主管部门。各流域管理机构、地方各级水行政主管部门负责填报工程基本信息中的政府、行业监管负责人（包括政府安全生产监管负责人、行业安全生产综合监管负责人、行业安全生产专业监管负责人）信息，并在每年1月31日前将政府、行业监管负责人信息，在互联网上公布，供公众监督，同时报送上级水行政主管部门。责任人信息变动时，应及时到信息系统进行变更。

2. 隐患信息

（1）隐患信息内容

隐患信息报告主要包括隐患基本信息、整改方案信息、整改进展信息、整改完成情况信息等四类信息。

1）隐患基本信息包括隐患名称、隐患情况、隐患所在工程、隐患级别、隐患类型、排查单位、排查人员、排查日期等。

2）整改方案信息包括治理目标和任务、安全防范应急预案、整改措施、整改责任单位、责任人、资金落实情况、计划完成日期等。

3）整改进展信息包括阶段性整改进展情况、填报时间人员等。

4）整改完成情况包括实际完成日期、治理责任单位验收情况、验收责任人等。

5）隐患应按水库建设与运行、水电站建设与运行、农村水电站及配套电网建设与运行、水闸建设与运行、泵站建设与运行、堤防建设与运行、引调水建设与运行、灌溉排水工程建设与运行、淤地坝建设与运行、河道采砂、水文测验、水利工程勘测设计、水利科学研究实验与检验、后勤服务、综合经营、其他隐患等类型填报。

（2）各单位负责填报本单位的隐患信息，项目法人、运行管理单位负责填报工程隐患信息。各单位要实时填报隐患信息，发现隐患应及时登入信息系统，制定并录入整改方案信息，随时将隐患整改进展情况录入信息系统，隐患治理完成要及时填报完成情况信息。

（3）重大事故隐患须经单位（项目法人）主要负责人签字并形成电子扫描件后，通过信息系统上报。

（4）由水行政主管部门或有关单位组织的检查、督查、巡查、稽查中发现的隐患，由各单位（项目法人）及时登录信息系统，并按规定报告隐患相关信息。

（5）隐患信息除通过信息系统报告外，还应依据有关法规规定，向有关政府及相关部门报告。

（6）省级水行政主管部门每月 6 日前将上月本辖区隐患排查治理情况进行汇总并通过信息系统报送水利部安全监督司。隐患月报实行"零报告"制度，本月无新增隐患也要上报。

（7）隐患信息报告应当及时、准确和完整。任何单位和个人对隐患信息不得迟报、漏报、谎报和瞒报。

3. 事故信息

（1）事故信息内容

1）水利生产安全事故信息包括生产安全事故和较大涉险事故信息。

2）水利生产安全事故信息报告包括：事故文字报告、电话快报、事故月报和事故调查处理情况报告。

3）文字报告包括：事故发生单位概况；事故发生时间、地点以及事故现场情况；事故的简要经过；事故已经造成或者可能造成的伤亡人数（包括下落不明、涉险的人数）和初步估计的直接经济损失；已经采取的措施；其他应当报告的情况。

4）电话快报包括：事故发生单位的名称、地址、性质；事故发生的时间、地点；事故已经造成或者可能造成的伤亡人数（包括下落不明、涉险的人数）。

5）事故月报包括：事故发生时间、事故单位名称、单位类型、事故工程、事故类别、事故等级、死亡人数、重伤人数、直接经济损失、事故原因、事故简要情况等。

6）事故调查处理情况报告包括：负责事故调查的人民政府批复的事故调查报告、事故责任人处理情况等。

7）水利生产安全事故等级划分按《生产安全事故报告和调查处理条例》第三条执行。

8）较大涉险事故包括：涉险 10 人及以上的事故；造成 3 人及以上被困或者下落不明的事故；紧急疏散人员 500 人及以上的事故；危及重要场所和设施安全（电站、重要水利设施、危化品库、油气田和车站、码头、港口、机场及其他人员密集场所等）的事故；其他较大涉险事故。

9）事故信息除通过信息系统报告外，还应依据有关法规规定，向有关政府及相关部门报告。

（2）事故发生单位按以下时限和方式报告事故信息：

事故发生后，事故现场有关人员应当立即向本单位负责人电话报告；单位负责人接到报告后，应在 1 小时内向主管单位和事故发生地县级以上水行政主管部门电话报告。其中，水利工程建设项目事故发生单位应立即向项目法人（项目部）负责人报告，项目法人（项目部）负责人应于 1 小时内向主管单位和事故发生地县级以上水行政主管部门报告。

部直属单位或者其下属单位（以下统称部直属单位）发生的生产安全事故信息，在报告主管单位同时，应于 1 小时内向事故发生地县级以上水行政主管部门报告。

（3）水行政主管部门按以下时限和方式报告事故信息：

水行政主管部门接到事故发生单位的事故信息报告后，对特别重大、重大、较大和造成人员死亡的一般事故以及较大涉险事故信息，应当逐级上报至水利部。逐级上报事故情况，每级上报的时间不得超过 2 小时。

部直属单位发生的生产安全事故信息，应当逐级报告水利部。每级上报的时间不得超过 2 小时。

情况紧急时，事故现场有关人员可以直接向事故发生地县级以上水行政主管部门报告，水行政主管部门也可以越级上报。

（4）水行政主管部门按以下时限和方式电话快报事故信息：

发生人员死亡的一般事故的，县级以上水行政主管部门接到报告后，在逐级上报的同时，应当在1小时内电话快报省级水行政主管部门，随后补报事故文字报告。省级水行政主管部门接到报告后，应当在1小时内电话快报水利部，随后补报事故文字报告。

发生特别重大、重大、较大事故的，县级以上水行政主管部门接到报告后，在逐级上报的同时，应当在1小时内电话快报省级水行政主管部门和水利部，随后补报事故文字报告。

部直属单位发生特别重大、重大、较大事故、人员死亡的一般事故的，在逐级上报的同时，应当在1小时内电话快报水利部，随后补报事故文字报告。

（5）对于不能立即认定为生产安全事故的，应当先按照本办法规定的信息报告内容、时限和方式报告，其后根据负责事故调查的人民政府批复的事故调查报告，及时补报有关事故定性和调查处理结果。

（6）事故报告后出现新情况，或事故发生之日起30日内（道路交通、火灾事故自发生之日起7日内）人员伤亡情况发生变化的，应当在变化当日及时补报。

（7）事故月报按以下时限和方式报告：

水利生产经营单位、部直属单位应当通过信息系统将上月本单位发生的造成人员死亡、重伤（包括急性工业中毒）或者直接经济损失在100万元以上的水利生产安全事故和较大涉险事故情况逐级上报至水利部。省级水行政主管部门、部直属单位须于每月6日前，将事故月报通过信息系统报水利部安全监督司。

事故月报实行"零报告"制度，当月无生产安全事故也要按时报告。

（8）水利生产安全事故和较大涉险事故的信息报告应当及时、准确和完整。任何单位和个人对事故不得迟报、漏报、谎报和瞒报。

（9）2009年水利部办公厅《关于完善水利行业生产安全事故快报和月报制度的通知》（办安监〔2009〕112号）废止。

4. 信息处置

（1）基本信息

1）上级水行政主管部门应对下级单位和工程基本信息进行审核，对信息缺项和错误的，应督促填报单位及时补齐、修正。

2）各级水行政主管部门应督促本辖区的单位注册、单位和工程信息录入，每年对单位和工程情况进行复核，确保辖区内水利生产经营单位和规模以上工程100%纳入信息系统管理范围。

3）各级水行政主管部门充分利用信息系统安全生产信息，在开展安全生产检查督查时，全面采用"不发通知、不打招呼、不听汇报、不要陪同接待，直奔基层、直插现场"的"四不两直"检查方式，及时发现安全生产隐患和非法违法生产情况，促进安全隐患的整改和安全管理的加强，切实提升安全检查质量。

（2）隐患信息

1）各单位应当每月向从业人员通报事故隐患信息排查情况、整改方案、"五落实"情况、治理进展等情况。

2）各级水行政主管部门应对上报的重大隐患信息进行督办跟踪，督促有关单位消除重大事故隐患。

3）各级水行政主管部门应定期对隐患信息汇总统计，分析隐患整改率、重大隐患整改情况及存在的问题等，对本地区安全生产形势以及单位或工程安全状况进行判断分析，并提出相应的工作措施，确保安全生产。

（3）事故信息

1）接到事故报告后，相关水行政主管部门应当立即启动生产安全事故应急预案，研究制定并组织实施相关处置措施，根据需要派出工作组或专家组，做好或协助做好事故处置有关工作。

2）接到事故报告后，相关水行政主管部门应当派员赶赴事故现场：发生特别重大事故的，水利部负责人立即赶赴事故现场；发生重大事故的，水利部相关司局和省级水行政主管部门负责人立即赶赴事故现场；发生较大事故的，省级水行政主管部门和市级水行政主管部门负责人立即赶赴事故现场；发生人员死亡一般事故和较大涉险事故的，市级水行政主管部门负责人立即赶赴事故现场。发生其他一般事故的，县级水行政主管部门负责人立即赶赴事故现场。

部直属单位发生人员死亡生产安全事故或较大涉险事故的，事故责任单位负责人应当立即赶赴事故现场。水利部负责人或者相关司局负责人根据事故等级赶赴事故现场。

发生较大事故、一般事故和较大涉险事故，上级水行政主管部门认为必要的，可以派员赶赴事故现场。

3）赶赴事故现场人员应当做好以下工作：指导和协助事故现场开展事故抢救、应急救援等工作；负责与有关部门的协调沟通；及时报告事故情况、事态发展、救援工作进展等有关情况。

4）有关水行政主管部门依法参与或配合事故救援和调查处理工作。水利部对重大、较大事故处理进行跟踪督导，督促负责事故调查的地方人民政府按照"四不放过"原则严肃追究相关责任单位和责任人责任，将事故处理到位。相关水行政主管部门应当将负责事故调查的人民政府批复的事故调查报告逐级上报至水利部。

5）各级水行政主管部门应当建立事故信息报告处置制度和内部流程，并向社会公布值班电话，受理事故信息报告和举报。

1.1.2.2 水利部生产安全事故应急预案

为了规范水利部生产安全事故应急管理，提高防范和应对生产安全事故的能力，水利部组织制定了《水利部生产安全事故应急预案（试行）》（水安监〔2016〕443号）（以下简称《预案》）。该预案包括总则、风险分级管控和隐患排查治理、信息报告和先期处置、水利部直属单位（工程）生产安全事故应急响应、地方水利工程生产安全事故应急响应、信息公开与舆情应对、后期处置、保障措施、培训与演练、附则等十部分内容。主要内容包括：

1.《预案》总体要求

（1）工作原则

1）以人为本，安全第一。把保障人民群众生命安全、最大限度地减少人员伤亡作为首要任务。

2）属地为主，部门协调。按照国家有关规定，生产安全事故救援处置的领导和指挥以地方人民政府为主，水利部发挥指导、协调、督促和配合作用。

3）分工负责，协同应对。综合监管与专业监管相结合，安全监督司负责统筹协调，各司局和单位按照业务分工负责，协同处置水利生产安全事故。

4）专业指导，技术支撑。统筹利用行业资源，协调水利应急专家和专业救援队伍，为科学处置提供专业技术支持。

5）预防为主，平战结合。建立健全安全风险分级管控和隐患排查治理双重预防性工作机制，坚持事故预防和应急处置相结合，加强教育培训、预测预警、预案演练和保障能力建设。

（2）事故分级

根据现行有关规定，生产安全事故分为特别重大事故、重大事故、较大事故和一般事故4个等级，分级标准如下。

1）特别重大事故，是指造成30人以上死亡，或者100人以上重伤（包括急性工业中毒，下同），或者直接经济损失1亿元以上的事故。

2）重大事故，是指造成10人以上30人以下死亡，或者50人以上100人以下重伤，或者直接经济损失5000万元以上1亿元以下的事故。

3）较大事故，是指造成3人以上10人以下死亡，或者10人以上50人以下重伤，或者直接经济损失1000万元以上5000万元以下的事故。

4）一般事故，是指造成3人以下死亡，或者3人以上10人以下重伤，或者直接经济损失100万元以上1000万元以下的事故。

较大涉险事故，是指发生涉险10人以上，或者造成3人以上被困或下落不明，或者需要紧急疏散500人以上，或者危及重要场所和设施（电站、重要水利设施、危化品库、油气田和车站、码头、港口、机场及其他人员密集场所）的事故。

（3）预案体系

本预案与以下应急预案、应急工作方案共同构成水利部生产安全事故应急预案体系：

1）水利部直属单位针对负责的水利工程建设与运行活动编制的生产安全事故应急预案；

2）水利部直属单位针对生产经营和后勤保障活动编制的生产安全事故应急预案；

3）水利部有关司局针对各自业务领域组织编制的生产安全事故专业（专项）应急工作方案。

上述预案、工作方案以及省级水行政主管部门生产安全事故应急预案应与本预案相衔接，按照相关规定做好评审备案工作，并应及时进行动态调整修订。

有关直属单位（工程）生产安全事故应急预案、有关业务司局应急工作方案应向安全监督司备案，并应在本预案启动时相应启动。

2. 风险分级管控和隐患排查治理

（1）风险分级管控

各地、各单位应按照水利行业特点和多年工作实际，参照《企业职工伤亡事故分类》GB 6441—1986的相关规定，分析事故风险易发领域和事故风险类型，及时对各类风险分级并加强管控。

水利部直属单位和地方水利工程的建设与运行管理单位应对重大危险源做好登记建档，实施安全风险差异化动态管理，明确落实每一处重大危险源的安全管理与监管责任，定期检测、评估、监控，制定应急预案，告知从业人员和相关人员在紧急情况下应当采取的应急措施，报备地方人民政府有关部门。

水利部有关司局、单位应加强部直属单位（工程）重大危险源监管，及时掌握和发布安全生产风险动态。

县级以上地方各级水行政主管部门应加强本行政区域内重大危险源监管，及时掌握和发布安全生产风险动态。

（2）预警

1）发布预警

水利部直属单位对可能引发事故的险情信息应及时报告上级主管部门及当地人民政府；地方水利工程的建设与运行管理单位对可能引发事故的险情信息应及时报告所在地水行政主管部门及当地人民政府。预警信息由地方人民政府按照有关规定发布。

2）预警行动

事故险情信息报告单位应及时组织开展应急准备工作，密切监控事故险情发展变化，加强相关重要设施设备检查和工程巡查，采取有效措施控制事态发展。

有关水利主管部门或地方人民政府应视情况制定预警行动方案，组织有关单位采取有效应急处置措施，做好应急资源调运准备。

3）预警终止

当险情得到有效控制后，由预警信息发布单位宣布解除预警。

（3）隐患排查治理

水利部直属单位和地方水利工程的建设与运行管理单位应建立事故隐患排查治理制度，定期开展工程设施巡查监测和隐患排查，建立隐患清单；对发现的安全隐患，第一时间组织开展治理，及时消除隐患；对于情况复杂、不能立即完成治理的隐患，必须逐级落实责任部门和责任人，做好应急防护措施，制定周密方案限期消除。

安全监督司和有关业务司局应督促部直属单位消除重大事故隐患；县级以上地方各级水行政主管部门应督促生产经营单位消除重大事故隐患。

3. 信息报告和先期处置

（1）事故信息报告

1）报告方式

事故报告方式分快报和书面报告。

2）报告程序和时限

水利部直属单位（工程）或地方水利工程发生重特大事故，各单位应力争20分钟内快报、40分钟内书面报告水利部；水利部在接到事故报告后30分钟内快报、1小时内书面报告国务院总值班室。

水利部直属单位（工程）发生较大生产安全事故和有人员死亡的一般生产安全事故、地方水利工程发生较大生产安全事故，应在事故发生1小时内快报、2小时内书面报告安全监督司。

接到国务院总值班室要求核报的信息，电话反馈时间不得超过 30 分钟，要求报送书面信息的，反馈时间不得超过 1 小时。各单位接到水利部要求核报的信息，应通过各种渠道迅速核实，按照时限要求反馈相关情况。原则上，电话反馈时间不得超过 20 分钟，要求报送书面信息的，反馈时间不得超过 40 分钟。

事故报告后出现新情况的，应按有关规定及时补报相关信息。

除上报水行政主管部门外，各单位还应按照相关法律法规将事故信息报告地方政府及其有关部门。

3）报告内容和要求

① 快报

快报可采用电话、手机短信、微信、电子邮件等多种方式，但须通过电话确认。

快报内容应包含事故发生单位名称、地址、负责人姓名和联系方式，发生时间、具体地点，已经造成的伤亡、失踪、失联人数和损失情况，可视情况附现场照片等信息资料。

② 书面报告

书面报告内容应包含事故发生单位概况，发生单位负责人和联系人姓名及联系方式，发生时间、地点以及事故现场情况，发生经过，已经造成伤亡、失踪、失联人数，初步估计的直接经济损失，已经采取的应对措施，事故当前状态以及其他应报告的情况。

③ 报告受理

联系方式：

电话：××××；传真：××××；

电子邮箱：××××。

备用联系方式：

电话：××××；传真：××××。

安全监督司负责受理全国水利生产安全事故信息。办公厅、有关司局和单位收到有关单位报告的事故信息后，应立即告知安全监督司。

（2）先期处置

水利部接到生产安全事故或较大涉险事故信息报告后，安全监督司和有关司局、单位应做好以下先期处置工作：

1）安全监督司立即会同有关司局、单位核实事故情况，预判事故级别，根据事故情况及时报告部领导，提出响应建议。

2）安全监督司及时畅通水利部与事故发生单位、有关主管部门和地方人民政府的联系渠道，及时沟通有关情况。

3）及时收集掌握相关信息，做好信息汇总与传递，跟踪事故发展态势。

4）对于重特大生产安全事故，安全监督司通知有关应急专家、专业救援队伍进入待命状态。

5）其他需要开展的先期处置工作。

4. 水利部直属单位（工程）生产安全事故应急响应

（1）应急响应分级

根据水利生产安全事故级别和发展态势，将水利部应对部直属单位（工程）生产安全事故应急响应设定为一级、二级、三级三个等级。

1) 发生特别重大生产安全事故，启动一级应急响应；

2) 发生重大生产安全事故，启动二级应急响应；

3) 发生较大生产安全事故，启动三级应急响应。

水利部直属单位（工程）发生一般生产安全事故或较大涉险事故，由安全监督司会同相关业务司局、单位跟踪事故处置进展情况，通报事故处置信息。

（2）一级应急响应

1) 启动响应

判断水利部直属单位（工程）发生特别重大生产安全事故时，安全监督司报告部长和分管安全生产副部长；水利部立即召开紧急会议，通报事故基本情况，审定应急响应级别，启动一级响应。

2) 成立应急指挥部

成立水利部生产安全事故应急指挥部（以下简称应急指挥部），领导生产安全事故的应急响应工作。应急指挥部组成如下：

指挥长：水利部部长；

副指挥长：水利部分管安全生产的副部长和分管相关业务的副部长、事故发生地人民政府分管领导；

成员：水利部安全生产领导小组成员单位主要负责人或主持工作的负责人、事故发生地相关部门负责人。

指挥长因公不在国内时，按照水利部工作规则，由主持工作的副部长行使指挥长职责。

应急指挥部下设办公室，办公室设在安全监督司。

3) 会商研究部署

应急指挥部组织有关成员单位和地方相关部门召开会商会议，通报事故态势和现场处置情况，研究部署事故应对措施。

4) 派遣现场工作组

组成现场应急工作组，立即赶赴事故现场指导协调直属单位开展应急处置工作。现场应急工作组组长由水利部部长或委托副部长担任；组员由安全监督司、相关业务司局或单位负责人、地方相关部门负责人以及专家组成。根据需要，现场应急工作组下设综合协调、技术支持、信息处理和保障服务等小组。

现场应急工作组应及时传达上级领导指示，迅速了解事故情况和现场处置情况，及时向指挥部汇报事故处置进展情况。

5) 跟踪事态进展

应急指挥部办公室与地方人民政府、有关主管部门和事故发生单位等保持24小时通信畅通，接收、处理、传递事故信息和救援进展情况，定时报告事故态势和处置进展情况。

6) 调配应急资源

根据需要，应急指挥部办公室统筹调配应急专家、专业救援队伍和有关物资、器材等。

7）及时发布信息

办公厅会同地方人民政府立即组织开展事故舆情分析工作，及时组织发布生产安全事故相关信息。

8）配合国务院或有关部门开展工作

国务院或国务院有关部门派出工作组指导事故处置时，现场应急工作组应主动配合做好调查工作，加强沟通衔接，及时向水利部应急指挥部传达国务院或国务院有关部门的要求和意见。

9）其他应急工作

配合有关单位或部门做好技术甄别工作等。

10）响应终止

当事故应急工作基本结束时，现场应急工作组适时提出应急响应终止的建议，报应急指挥部或分管安全生产的副部长批准后，应急响应终止。

（3）二级应急响应

1）启动响应

判断水利部直属单位（工程）发生重大生产安全事故时，安全监督司报告部长和分管安全生产副部长；水利部立即召开紧急会议，通报事故基本情况，审定应急响应级别，启动二级响应。

2）成立应急指挥部

成立应急指挥部，领导生产安全事故的应急响应工作。应急指挥部组成如下：

指挥长：水利部分管安全生产的副部长或分管相关业务的副部长

副指挥长：安全监督司司长、相关业务司（局）司（局）长、事故发生地人民政府分管领导

成员：水利部安全生产领导小组成员单位主要负责人或主持工作的负责人、事故发生地相关部门负责人

应急指挥部下设办公室，办公室设在安全监督司。

3）会商研究部署

应急指挥部组织有关成员单位召开会商会议，通报事故态势和现场处置情况，研究部署事故应对措施。

4）派遣现场工作组

组成现场应急工作组，立即赶赴事故现场指导协调直属单位开展应急处置工作。现场应急工作组组长由副部长或安全监督司、相关业务司（局）的司（局）长担任；组员由相关业务司（局）或单位负责人、地方相关部门负责人以及专家组成。根据需要，现场应急工作组下设综合协调、技术支持、信息处理和保障服务等小组。

现场应急工作组应及时传达上级领导指示，迅速了解事故情况和现场处置情况，及时向指挥部汇报事故处置进展情况。

5）跟踪事态进展

应急指挥部办公室与地方人民政府、有关主管部门和事故发生单位等保持通信畅通，接收、处理、传递事故信息和救援进展情况，及时报告事故态势和处置进展情况。

6）调配应急资源

根据需要，应急指挥部办公室统筹调配应急专家、专业救援队伍和有关物资、器

材等。

7）及时发布信息

办公厅会同地方人民政府组织开展事故舆情分析工作，组织发布生产安全事故相关信息。

8）配合国务院或有关部门开展工作

国务院或国务院有关部门派出工作组指导事故处置时，现场应急工作组应主动配合做好调查工作，加强沟通衔接，及时向水利部应急指挥部报告应急处置工作进展情况。

9）其他应急工作

配合有关单位或部门做好技术甄别工作等。

10）响应终止

当事故应急工作基本结束时，现场应急工作组适时提出应急响应终止的建议，报应急指挥部或分管安全生产的副部长批准后，应急响应终止。

（4）三级应急响应

1）启动响应

判断水利部直属单位（工程）发生较大生产安全事故时，安全监督司报告分管安全生产副部长；安全监督司会同有关司局、单位应急会商，通报事故基本情况，启动三级响应。

2）派遣现场工作组

组成现场应急工作组，赴事故现场指导协调直属单位开展应急处置工作。现场应急工作组组长由安全监督司、相关业务司局的司（局）长或副司（局）长担任；组员由安全监督司、相关业务司（局）或单位人员、地方相关部门人员以及专家组成。

现场应急工作组应及时传达上级领导指示，迅速了解事故情况和现场处置情况。

3）跟踪事态进展

安全监督司应及时掌握事故信息和救援进展情况。

4）其他应急工作

配合有关单位或部门做好技术甄别工作等。

5）响应终止

当事故应急工作基本结束时，现场应急工作组适时提出应急响应终止的建议，报安全监督司批准后，应急响应终止。

5. 地方水利工程生产安全事故应急响应

（1）应急响应分级

根据水利生产安全事故级别和发展态势，将水利部应对地方水利工程生产安全事故应急响应设定为一级、二级、三级三个等级。

1）发生特别重大生产安全事故，启动一级应急响应；

2）发生重大生产安全事故，启动二级应急响应；

3）发生较大生产安全事故，启动三级应急响应。

地方水利工程发生一般生产安全事故或较大涉险事故，由安全监督司会同相关业务司局、单位跟踪事故处置进展情况，通报事故处置信息。

（2）一级应急响应

1）启动响应

判断地方水利工程发生特别重大生产安全事故时，安全监督司报告部长和分管安全生产的副部长；水利部召开紧急会议，通报事故基本情况，启动一级响应，研究部署水利部应对事故措施。

2）派遣现场工作组

组成现场应急工作组，赴事故现场协助配合地方人民政府、有关主管部门以及事故发生单位开展处置工作。现场应急工作组组长由部领导或委托安全监督司、相关业务司（局）的司（局）长担任；组员由安全监督司、相关业务司（局）或单位负责人、地方人民政府分管领导以及专家组成。根据需要，现场应急工作组下设综合协调、技术支持、信息处理和保障服务等小组。

现场应急工作组应及时传达上级领导指示，迅速了解事故情况和现场处置情况，及时向部领导汇报事故处置进展情况。

3）跟踪事态进展

安全监督司与地方人民政府、有关主管部门和事故发生单位等保持24小时通信畅通，接收、处理、传递事故信息和救援进展情况，定时报告事故态势和处置进展情况。

4）调配应急资源

根据需要，安全监督司协调水利应急专家、专业救援队伍和有关专业物资、器材等支援事故救援工作。

5）舆情分析

办公厅会同地方人民政府及时组织开展事故舆情分析工作。

6）配合国务院或有关部门开展工作

国务院或国务院有关部门派出工作组指导事故处置时，现场应急工作组应主动配合做好调查工作，加强沟通衔接，及时向水利部报告应急处置工作进展情况。

7）其他应急工作

配合有关单位或部门做好技术甄别工作等。

8）响应终止

当事故应急工作基本结束时，现场应急工作组适时提出应急响应终止的建议，报水利部批准后，应急响应终止。

（3）二级应急响应

1）启动响应

判断地方水利工程发生重大生产安全事故时，安全监督司报告部长和分管安全生产副部长，水利部召开应急会议，通报事故基本情况，启动二级响应。

2）派遣现场工作组

组成现场应急工作组，赴事故现场协助配合地方人民政府、有关主管部门以及事故发生单位开展处置工作。现场应急工作组组长由安全监督司、相关业务司（局）的司（局）长担任；组员由安全监督司、相关业务司（局）或单位负责人、地方相关部门负责人以及专家组成。根据需要，现场应急工作组下设综合协调、技术支持、信息处理和保障服务等小组。

现场应急工作组应及时传达上级领导指示，迅速了解事故情况和现场处置情况，及时向部领导汇报事故处置进展。

3）跟踪事态进展

安全监督司与地方人民政府、有关主管部门和事故发生单位等保持通信畅通，接收、处理、传递事故信息救援进展情况，定时报告事故态势和处置进展情况。

4）调配应急资源

根据需要，安全监督司协调水利应急专家、专业救援队伍和有关专业物资、器材等支援事故救援工作。

5）其他应急工作

配合有关单位或部门做好技术甄别工作等。

6）响应终止

当事故应急工作基本结束时，现场应急工作组适时提出应急响应终止的建议，报水利部批准后，应急响应终止。

（4）三级应急响应

1）启动响应

判断地方水利工程发生较大生产安全事故时，安全监督司会同有关司局、单位应急会商，通报事故基本情况，启动三级响应。

2）派遣现场工作组

根据事故情况，安全监督司商有关司局、单位组成现场应急工作组，赴事故现场开展协助配合工作。现场应急工作组组长由安全监督司、相关业务司局副司（局）长担任；组员由安全监督司或相关业务司局人员、地方相关部门人员以及专家组成。

3）跟踪事态进展

安全监督司与地方人民政府、有关主管部门和事故发生单位等保持通信畅通，接收、处理事故信息和救援进展情况，及时将有关情况和水利部应对措施建议报告分管安全生产的副部长。

4）其他应急工作

配合有关单位或部门做好技术甄别工作等。

5）响应终止

当事故应急工作基本结束时，现场应急工作组适时提出应急响应终止的建议，报安全监督司批准后，应急响应终止。

6.信息公开与舆情应对

（1）信息发布

对于直属单位（工程）发生的重特大生产安全事故，办公厅会同地方人民政府有关部门及时跟踪社会舆情态势，及时组织向社会发布有关信息。

（2）舆情应对

办公厅、有关司局和单位会同地方人民政府，采取适当方式，及时回应生产安全事故引发的社会关切。

7.后期处置

（1）善后处置

直属单位（工程）发生生产安全事故的，安监司会同相关司局指导直属单位做好伤残抚恤、修复重建和生产恢复工作。

地方发生生产安全事故的，按照有关法律法规规定由地方人民政府处置。

（2）应急处置总结

安全监督司会同有关司局和单位对事故基本情况、事故信息接收处理与传递报送情况、应急处置组织与领导、应急预案执行情况、应急响应措施及实施情况、信息公开与舆情应对情况进行梳理分析，总结经验教训，提出相关建议并形成总结报告。

8. 保障措施

（1）信息与通信保障

水利部水利信息中心和有关单位应为应急响应工作提供信息畅通相关支持。相关司局和单位的工作人员在水利生产安全事故应急响应期间应保持通信畅通。

各地、各单位应保持应急期间通信畅通，在正常通信设备不能工作时，迅速抢修损坏的通信设施，启用备用应急通信设备，为本预案实施提供通信保障。

（2）人力资源保障

安全监督司应会同建设管理与质量安全中心加强水利生产安全事故应急专家库的建设与管理工作。专家库中应包括从事科研、勘察、设计、施工、监理、安全监督等工作的技术人员，应保持与专家的及时沟通，充分发挥专家的技术支撑作用。

应充分依托和发挥所在地和水利部现有专业救援队伍的作用，加强专业救援队伍救援能力建设，做到专业过硬、作风优良、服从指挥、机动灵活。

各地、各单位应建立地方应急救援协作机制，充分发挥中国人民解放军应急救援力量的作用，为本预案实施提供人力资源保障。

（3）应急经费保障

财务司、安全监督司根据需求安排年度应急管理经费，用于水利部应对生产安全事故、应急培训、预案宣传演练等工作。

各地、各单位应积极争取应急管理经费安排，用于应对生产安全事故、应急培训、预案宣传演练等工作。

（4）物资与装备保障

各地、各单位应根据有关法律、法规和专项应急预案的规定，组织工程有关施工单位配备适量应急机械、设备、器材等物资装备，配齐救援物资，配好救援装备，做好生产安全事故应急救援必需保护、防护器具储备工作；建立应急物资与装备管理制度，加强应急物资与装备的日常管理。

各地、各单位生产安全事故应急预案中应包含与地方公安、消防、卫生以及其他社会资源的调度协作方案，为第一时间开展应急救援提供物资与装备保障。

9. 培训与演练

（1）预案培训

安全监督司应将本预案培训纳入安全生产培训工作计划，定期组织举办应急预案培训工作，指导各单位定期组织应急预案、应急知识、自救互救和避险逃生技能的培训活动。

（2）预案演练

本预案应定期演练，确保相关工作人员了解应急预案内容和生产安全事故避险、自救互救知识，熟悉应急职责、应急处置程序和措施。各单位应及时对演练效果进行总结评估，查找、分析预案存在的问题并及时改进。

1.1.2.3 电力建设工程施工安全监督管理

根据 2015 年颁布的《电力建设工程施工安全监督管理办法》（国家发展和改革委员会令第 28 号），电力建设工程施工安全坚持"安全第一、预防为主、综合治理"的方针，建立"企业负责、职工参与、行业自律、政府监管、社会监督"的管理机制。电力建设单位、勘察设计单位、施工单位、监理单位及其他与电力建设工程施工安全有关的单位，必须遵守安全生产法律法规和标准规范，建立健全安全生产保证体系和监督体系，建立安全生产责任制和安全生产规章制度，保证电力建设工程施工安全，依法承担安全生产责任。

1. 建设单位安全责任

建设单位对电力建设工程施工安全负全面管理责任，具体内容包括：

（1）建立健全安全生产组织和管理机制，负责电力建设工程安全生产组织、协调、监督职责。

（2）建立健全安全生产监督检查和隐患排查治理机制，实施施工现场全过程安全生产管理。

（3）建立健全安全生产应急响应和事故处置机制，实施突发事件应急抢险和事故救援。

（4）建立电力建设工程项目应急管理体系，编制应急综合预案，组织勘察设计、施工、监理等单位制定各类安全事故应急预案，落实应急组织、程序、资源及措施，定期组织演练，建立与国家有关部门、地方政府应急体系的协调联动机制，确保应急工作有效实施。

（5）及时协调和解决影响安全生产重大问题。建设工程实行工程总承包的，总承包单位应当按照合同约定，履行建设单位对工程的安全生产责任；建设单位应当监督工程总承包单位履行对工程的安全生产责任。

（6）按照国家有关安全生产费用投入和使用管理规定，电力建设工程概算应当单独计列安全生产费用，不得在电力建设工程投标中列入竞争性报价。

（7）组织参建单位落实防灾减灾责任，建立健全自然灾害预测预警和应急响应机制，对重点区域、重要部位地质灾害情况进行评估检查。

（8）应当执行定额工期，不得压缩合同约定的工期。如工期确需调整，应当对安全影响进行论证和评估。论证和评估应当提出相应的施工组织措施和安全保障措施。

（9）应在电力建设工程开工报告批准之日起 15 日内，将保证安全施工的措施，包括电力建设工程基本情况、参建单位基本情况、安全组织及管理措施、安全投入计划、施工组织方案、应急预案等内容向建设工程所在地国家能源局派出机构备案。

2. 勘察设计单位安全责任

（1）在编制设计计划书时应当识别设计适用的工程建设强制性标准并编制条文清单。

（2）电力建设工程所在区域存在自然灾害或电力建设活动可能引发地质灾害风险时，勘察设计单位应当制定相应专项安全技术措施，并向建设单位提出灾害防治方案建议。应当监控基础开挖、洞室开挖、水下作业等重大危险作业的地质条件变化情况，及时调整设计方案和安全技术措施。

（3）对于采用新技术、新工艺、新流程、新设备、新材料和特殊结构的电力建设工程，勘察设计单位应当在设计文件中提出保障施工作业人员安全和预防生产安全事故的措施建议；不符合现行相关安全技术规范或标准规定的，应当提请建设单位组织专题技术论证，报送相应主管部门同意。

（4）施工过程中，对不能满足安全生产要求的设计，应当及时变更。

3. 施工单位安全责任

（1）电力建设工程实行施工总承包的，由施工总承包单位对施工现场的安全生产负总责，具体内容包括：

1）施工单位或施工总承包单位应当自行完成主体工程的施工，除可依法对劳务作业进行劳务分包外，不得对主体工程进行其他形式的施工分包；禁止任何形式的转包和违法分包。

2）施工单位或施工总承包单位依法将主体工程以外项目进行专业分包的，分包单位必须具有相应资质和安全生产许可证，合同中应当明确双方在安全生产方面的权利和义务。施工单位或施工总承包单位履行电力建设工程安全生产监督管理职责，承担工程安全生产连带管理责任，分包单位对其承包的施工现场安全生产负责。

3）施工单位或施工总承包单位和专业承包单位实行劳务分包的，应当分包给具有相应资质的单位，并对施工现场的安全生产承担主体责任。

（2）施工单位应当履行劳务分包安全管理责任，将劳务派遣人员、临时用工人员纳入其安全管理体系，落实安全措施，加强作业现场管理和控制。

（3）电力建设工程开工前，施工单位应当开展现场查勘，编制施工组织设计、施工方案和安全技术措施并按技术管理相关规定报建设单位、监理单位同意。分部分项工程施工前，施工单位负责项目管理的技术人员应当向作业人员进行安全技术交底，如实告知作业场所和工作岗位可能存在的风险因素、防范措施以及现场应急处置方案，并由双方签字确认；对复杂自然条件、复杂结构、技术难度大及危险性较大的分部分项工程需编制专项施工方案并附安全验算结果，必要时召开专家会议论证确认。

（4）施工单位应当对因电力建设工程施工可能造成损害和影响的毗邻建筑物、构筑物、地下管线、架空线缆、设施及周边环境采取专项防护措施。对施工现场出入口、通道口、孔洞口、邻近带电区、易燃易爆及危险化学品存放处等危险区域和部位采取防护措施并设置明显的安全警示标志。

4. 监理单位安全责任

监理单位应当组织或参加各类安全检查活动，掌握现场安全生产动态，建立安全管理台账。重点审查、监督下列工作：

（1）按照工程建设强制性标准和安全生产标准及时审查施工组织设计中的安全技术措施和专项施工方案。

（2）审查和验证分包单位的资质文件和拟签订的分包合同、人员资质、安全协议。

（3）审查安全管理人员、特种作业人员、特种设备操作人员资格证明文件和主要施工机械、工器具、安全用具的安全性能证明文件是否符合国家现行有关标准；检查现场作业人员及设备配置是否满足安全施工的要求。

（4）对大中型起重机械、脚手架、跨越架、施工用电、危险品库房等重要施工设施投入使用前进行安全检查签证。土建交付安装、安装交付调试及整套启动等重大工序交接前进行安全检查签证。

（5）对工程关键部位、关键工序、特殊作业和危险作业进行旁站监理；对复杂自然条件、复杂结构、技术难度大及危险性较大分部分项工程专项施工方案的实施进行现场监理；监督交叉作业和工序交接中的安全施工措施的落实。

（6）监督施工单位安全生产费的使用、安全教育培训情况。

5. 监督管理

国家能源局依法实施电力建设工程施工安全的监督管理，具体内容包括：

（1）建立健全电力建设工程安全生产监管机制，制定电力建设工程施工安全行业标准。

（2）建立电力建设工程施工安全生产事故和重大事故隐患约谈、诫勉制度。

（3）加强层级监督指导，对事故多发地区、安全管理薄弱的企业和安全隐患突出的项目、部位实施重点监督检查。

国家能源局派出机构按照国家能源局授权实施辖区内电力建设工程施工安全监督管理，具体内容如下：

（1）部署和组织开展辖区内电力建设工程施工安全监督检查。

（2）建立电力建设工程施工安全生产事故和重大事故隐患约谈、诫勉制度。

（3）依法组织或参加辖区内电力建设工程施工安全事故的调查与处理，做好事故分析和上报工作。

国家能源局及其派出机构履行电力建设工程施工安全监督管理职责时，可以采取下列监管措施：

（1）要求被检查单位提供有关安全生产的文件和资料（含相关照片、录像及电子文本等），按照国家规定如实公开有关信息。

（2）进入被检查单位施工现场进行监督检查，纠正施工中违反安全生产要求的行为。

（3）对检查中发现的生产安全事故隐患，责令整改；对重大生产安全事故隐患实施挂牌督办，重大生产安全事故隐患整改前或整改过程中无法保证安全的，责令其从危险区域撤出作业人员或者暂时停止施工。

（4）约谈存在生产安全事故隐患整改不到位的单位，受理和查处有关安全生产违法行为的举报和投诉，披露违反有关规定的行为和单位，并向社会公布。

（5）法律法规规定的其他措施。

1.1.3　市场监管

1.1.3.1　水利工程施工转包违法分包等违法行为认定查处管理

为维护水利建设市场秩序，规范水利工程施工转包、违法分包、出借借用资质等违法行为的认定查处工作，水利部于2016年12月印发了《水利工程施工转包违法分包等违法行为认定查处管理暂行办法》（水建管〔2016〕420号）（以下简称《办法》）。

1. 《办法》制定依据和适用范围

《办法》是根据《招标投标法》《合同法》以及《建设工程质量管理条例》《建设工程安全生产管理条例》《招标投标法实施条例》等法律法规，并结合水利工程实际进行制定。

本办法适用于依法必须进行招标的水利工程建设项目。

2. 管理权限

水利部负责全国水利工程施工转包、违法分包、出借借用资质等违法行为认定查处的监督管理工作。

县级以上地方人民政府水行政主管部门负责本行政区域内有管辖权的水利工程施工转包、违法分包、出借借用资质等违法行为的认定查处和监督管理工作。

3. 转包情形

《办法》所称转包，是指施工单位承包工程后，不履行合同约定的责任和义务，将其承包的工程全部转给他人施工的行为。

具有下列情形之一的，认定为转包：

（1）承包人将其承包的全部工程转给其他单位或个人施工的。

（2）承包人将其承包的全部工程肢解以后以分包的名义转给其他单位或个人施工的。

（3）承包人将其承包的全部工程以内部承包合同等形式交由分公司施工，但分公司成立未履行合法手续的。

（4）采取联营合作等形式的承包人，其中一方将应由其实施的全部工程交由联营合作方施工的。

（5）全部工程由劳务作业分包单位实施，劳务作业分包单位计取报酬是除上缴给承包人管理费之外全部工程价款的。

（6）承包人未设立现场管理机构的。

（7）承包人未派驻项目负责人、技术负责人、财务负责人、质量管理负责人、安全管理负责人等主要管理人员或者派驻的上述人员中全部不是本单位人员的。

（8）承包人不履行管理义务，只向实际施工单位收取管理费的。

（9）法律法规规定的其他转包行为。

前面提到的本单位人员，是指在本单位工作，并与本单位签订劳动合同，由本单位支付劳动报酬、缴纳社会保险的人员。

4. 违法分包情形

违法分包是指施工单位承包工程后违反法律法规规定或者施工合同关于分包的约定，把部分工程或劳务作业分包给其他单位或个人施工的行为。

具有下列情形之一的，认定为违法分包：

（1）承包人将工程分包给不具备相应资质或安全生产许可的单位或个人施工的。

（2）施工合同中没有约定，又未经项目法人书面同意，承包人将其承包的部分工程分包给其他单位施工的。

（3）承包人将主要建筑物的主体结构工程分包的。

（4）工程分包单位将其承包的工程中非劳务作业部分再分包的。

（5）劳务作业分包单位将其承包的劳务作业再分包的。

（6）劳务作业分包单位除计取劳务作业费外，还计取主要建筑材料款和大中型机械设备费用的。

（7）承包人未与分包人签订分包合同，或分包合同未遵循承包合同的各项原则，不满足承包合同中相应要求的。

（8）法律法规规定的其他违法分包行为。

《办法》所称主要建筑物是指失事以后将造成下游灾害或严重影响工程功能和效益的建筑物，如堤防、穿堤建筑物、大坝等挡水建筑物、泄水建筑物、输水建筑物、电站厂房、泵站等；主要建筑物的主体结构，由项目法人要求设计单位在设计文件或招标文件中明确。

《办法》所称主要建筑材料是指混凝土工程中的钢筋、水泥、砂石料，土石方工程中的石料，金属结构工程中的钢材，防渗工程中的土工织物等对工程质量影响较大、占工程造价比重较高的材料。

《办法》所称大中型机械设备是指工程施工中的大中型起重设备，混凝土工程施工中的大中型拌合、输送设备，土石方工程施工中的大中型挖掘设备、运输车辆、碾压机械等。

5. 出借借用资质情形

《办法》所称出借借用资质，是指允许其他单位、个人以本单位名义承揽工程或者单位、个人以其他单位的名义承揽工程的行为。

所谓承揽工程，包括参与投标、订立合同、办理有关施工手续、从事施工等活动。

具有下列情形之一的，认定为出借借用资质：

（1）单位或个人借用其他单位的资质承揽工程的。

（2）投标人法定代表人的授权代表人不是投标人本单位人员的。

（3）实际施工单位使用承包人资质中标后，以承包人分公司、项目部等名义组织实施，但两者无实质产权、人事、财务关系的。

（4）工程分包的发包单位不是该工程的承包人的，但项目法人依约作为发包单位的除外。

（5）劳务作业分包的发包单位不是该工程的承包人或工程分包单位的。

（6）承包人派驻施工现场的项目负责人、技术负责人、财务负责人、质量管理负责人、安全管理负责人中部分人员不是本单位人员的。

（7）承包人与项目法人之间没有工程款收付关系，或者工程款支付凭证上载明的单位与施工合同中载明的承包单位不一致的。

（8）合同约定由承包人负责采购、租赁的主要建筑材料、工程设备等，由其他单位或个人采购、租赁，或者承包人不能提供有关采购、租赁合同及发票等证明，又不能进行合理解释并提供材料证明的。

（9）法律法规规定的其他出借借用资质行为。

6. 监督管理

项目法人及监理单位发现施工单位有转包、违法分包、出借借用资质等违法行为的，应立即制止、责令改正、督促履行合同并及时向相关水行政主管部门报告。

承包人发现分包单位有转包、违法分包、出借借用资质等违法行为，应立即制止、责令改正、督促履行合同并及时向项目法人和相关水行政主管部门报告。

任何单位和个人发现转包、违法分包、出借借用资质等违法行为的，均可向相关水行政主管部门进行举报并提供有效证据或线索。

各级水行政主管部门应加大执法力度，对在实施水利建设市场监督管理等工作中发现的转包、违法分包、出借借用资质等违法行为，应当依法进行调查，按照《办法》进行认定，并依据《招标投标法》《合同法》《建设工程质量管理条例》《招标投标法实施条例》等法律法规进行处罚。接到转包、违法分包、出借借用资质等违法行为举报的水行政主管部门，应当依法受理、调查、认定和处理，除无法告知举报人的情况外，应当将查处结果告知举报人。

各省级人民政府水行政主管部门对转包、违法分包、出借借用资质等违法行为作出的行政处罚决定应于 20 个工作日内报水利部；市、县级人民政府水行政主管部门对转包、违法分包、出借借用资质等违法行为作出的行政处罚应于 20 个工作日内报上一级水行政主管部门，并同时抄送水利部。

水利部将处罚记录记入单位或个人信用档案，列入失信黑名单，在全国水利建设市场信用信息平台向社会公示。

1.1.3.2 促进市场公平竞争维护水利建设市场正常秩序

根据《国务院关于促进市场公平竞争维护市场正常秩序的若干意见》（国发〔2014〕20 号）精神，按照简政放权、放管结合、优化服务的工作要求，结合水利建设市场实际，水利部制定发布《水利部关于促进市场公平竞争维护水利建设市场正常秩序的实施意见》（水建管〔2017〕123 号）。

1. 总体要求

认真贯彻落实党中央、国务院关于全面深化改革的重大决策部署，按照水利部深化水利改革要求，充分发挥市场在资源配置中的决定性作用，把转变政府职能与创新管理方式相结合，坚持放管并重，激发市场活力，加快构建统一开放、竞争有序、诚信守法、监管有力的水利建设市场体系，为大规模水利建设顺利实施提供可靠保障。

2. 规范市场准入

（1）规范市场准入条件。凡取得国家水利工程建设相应类别资质资格许可的各类市场主体（以下简称市场主体），均可依法在全国范围内参与相应水利工程建设。任何部门和单位不得设置法律法规之外的市场准入门槛，不得抬高或降低招标工程对应的资质、资格等级，不得自行设置或变相设置从业人员资格。

（2）消除地区保护。严禁违法违规设置市场壁垒，打破区域限制，消除地方保护。各级水行政主管部门不得以备案、登记、注册等形式排斥、限制外地注册企业进入本地区承揽水利建设业务，不得将在本地区注册设立独立子公司或分公司、参加本地区培训等作为外地注册企业进入本地区水利建设市场的准入条件。不得要求企业注册所在地水行政主管部门出具企业无不良行为记录、无重特大质量安全事故等证明。不得强制要求市场主体法定代表人现场办理相关业务等。

（3）减轻市场主体负担。要加强放管结合、优化服务，切实减轻市场主体负担。各级水行政主管部门不得以市场准入违法违规设定收费项目或变相实施收费、有偿服务，除投标保证金、履约保证金、工程质量保证金、农民工工资保证金外，不得收取其他费用或保证金。对保留的各项保证金，市场主体可以以银行保函缴纳，并严格按规定及时返还。建设单位不得在收取履约保证金的同时，预留工程质量保证金。不得强制扣押企业和人员相关证照证件。

3. 规范招标投标行为

（1）防范规避招标行为。严格按照国家法律法规和项目审批、核准确定的招标方式组织招标工作，依法必须招标的水利建设工程不得直接发包。对技术要求不高、村民能够自行建设，依法不需招标的农村小型水利工程、水土保持工程，可直接由实施主体组织建设。

（2）保障招标人权益。招标人有权自行选择招标代理机构，各级水行政主管部门不得强制要求招标人以摇号、抽签等方式选择招标代理机构。严格执行国家法律法规规定的工程建设项目招标范围和规模标准，对达不到必须招标标准的水利建设项目，不得强制要求招标。

（3）科学确定评标办法。结合水利建设项目实际，以择优竞争的原则科学确定评标办法。对技术复杂、专业性强的水利工程推行综合评标法，统筹考虑投标人的综合实力、信用状况、技术方案和工程报价等因素；对技术简单、具有通用技术性能标准的水利工程，可采用合理低价中标法确定中标人（低于成本价的除外）。

（4）依法订立工程合同。项目法人应按照国家发布的招标文件标准文本编制招标文件，严禁增加影响市场公平竞争的不合理条款；按照招标文件和中标的投标文件订立承包合同，不得强行增加附加条款，不得另行订立背离合同实质性内容的其他协议。

4. 强化履约监管

（1）加强水利建设现场管理。项目法人应加强对参建各方合同履约情况的监督检查，特别是关键岗位人员到位、履职情况的监督检查，对严重违约的市场主体，应采取警告、责令改正甚至解除合同等处理措施，并纳入市场主体信用管理体系。有条件的省份，水行政主管部门可建立市场主体合同履约评估机制。

（2）加强质量和安全管理。科学制定质量安全管理目标，健全质量安全管理体系，加强质量安全监督，规范质量安全管理行为，落实质量终身责任制和安全生产责任制。加强质量检测，严格执行质量检验与评定规程，保证检测数据和评定资料真实准确。

（3）加强设计变更管理。严格执行设计变更有关规定，履行设计变更审批程序。严禁将重大设计变更按一般设计变更处理，对需要进行紧急抢险的重大设计变更，项目法人在通报主管部门的同时，可先组织紧急抢险处理，并办理设计变更审批手续；对不能停工，或不继续施工会造成安全事故或重大质量事故的重大设计变更，经项目法人、监理单位、设计单位同意并签字认可后可以施工，但应当及时办理审批手续。

（4）严厉打击各类违法违规行为。严肃查处出借借用资质、围标串标、转包、违法分包、行贿受贿等违法违规行为。清理职称、执业资格证书挂靠，禁止一人多证多家单位执业。市场主体有严重失信行为的，列入水利建设市场黑名单。

5. 加快信用体系建设

（1）实现各级信用平台互联互通。逐步实现全国、流域管理机构、省级水利建设信用信息平台与全国信用信息共享平台互联互通和数据实时交换，推动建立项目信息和信用信息的关联机制。

（2）健全水利建设市场主体信用档案。所有水利建设市场主体应在全国水利建设市场主体信用信息平台建立信用档案，并及时更新相关信息。市场主体对信用信息的真实性、完整性、及时性负责。对在公开信息中隐瞒真实情况、弄虚作假的，作为严重失信行为列入黑名单。对未建立信用档案的市场主体，各级水行政主管部门可依据有关规定采取相应处理措施。

（3）加大行政处罚曝光力度。各级水行政主管部门应在对水利建设市场主体的行政处罚决定做出之日起 20 个工作日内对外进行记录公告，同时上报水利部，并通过"信用中国"网站公开。受到行政处罚的市场主体，应主动在公告后 20 个工作日内在全国水利建设市场信用信息平台更新信用档案。

（4）全面应用市场主体信用信息。建立市场监管与市场主体信用信息的关联管理，将市场主体信用信息全面应用于资质审核、评优评奖等日常监管工作。将市场主体信用信息、信用评价等级和不良行为记录作为评标要素，纳入评标办法。对取得全国水利建设市场信用评价等级的市场主体，任何单位在市场活动中不得任意提高或降低其信用等级。

6. 完善市场监管体系

（1）落实市场监管责任。进一步明确各级水行政主管部门在水利建设市场监管中的事权。水利部负责全国水利建设市场监管方面政策、规章、标准制定和行业指导、行政监督，负责部直属水利工程建设的市场监管工作；省级水行政主管部门应结合当地实际，按照分级管理的原则合理划分和落实本地区水利建设市场的监管责任。

（2）改进市场监管手段。创新监管方式，科学制定监管规则，建立健全日常监督检查和"双随机"抽查制度。通过政府购买服务等方式，充分利用社会专业化队伍力量，发挥行业自律组织作用，切实提高行业监管能力。畅通投诉举报渠道，健全投诉举报处理工作机制。广泛运用大数据技术和资源，提高监管效能。

（3）强化依法依规监管。法定职责必须为，法无授权不可为。各级水行政主管部门必须严格依法依规履行监管职责，不得擅自设立没有法律法规依据的监管事项。加强水行政执法，严肃查处违法违规行为。加强廉政风险防控，增强执法人员廉洁意识，主动接受各方面的监督。

1.2 新标准

1.2.1 《水利水电工程施工组织设计规范》SL 303—2017

1. 《水利水电工程施工组织设计规范》SL 303—2017 的修订背景和基本思路

为了贯彻落实 2011 年中央 1 号文件和中央水利工作会议的精神，满足水利改革对标准工作提出的新要求。按照 2011 年 12 月水利标准化工作部长专题办公会议的要求，水利部国际合作与科技司修订完成了 2014 年版的《水利技术标准体系表》（以下简称《体系表》）。

上一版的《体系表》是 2008 年颁布的，当时是为了适应政府职能的转变，为水利部门依法行政、科学治水提供技术保障和支撑，同时也为适应我国水利国际合作迅猛发展的新形势，加大与国际标准接轨的力度，推动中国水利全面登上国际舞台，也要解决 2001 年版标准项目及其内容存在交叉、重复、不协调甚至矛盾，以及标准划分过细，及缺项的问题，进一步提高《水利技术标准体系表》的科学性和指导性。

2008 年版《体系表》中，施工专业设计规范共计 14 项，包括：

（1）《水利水电工程施工组织设计规范》SL 303—2004。

（2）《水利水电工程围堰设计规范》SL 645—2013。

（3）《施工导流设计规范》后改为《水利水电工程施工导流设计规范》SL 623—2013。

（4）《水利水电工程施工总布置设计导则》后改为《水利水电工程施工总布置设计规范》SL 487—2010。

（5）《施工总进度设计规范》后改为《水利水电施工总进度设计规范》SL 643—2013。

（6）《水利水电工程施工交通设计规范》SL 667—2014。

（7）《水利水电工程施工机械设备选择设计导则》SL 484—2010。

（8）《水利水电工程施工压缩空气及供水供电系统设计导则》后改为《水利水电工程施工压缩空气及供水供电系统设计规范》SL 535—2011。

（9）《水利水电工程混凝土预冷系统设计导则》后改为《水利水电工程混凝土预冷系统设计规范》SL 512—2011。

（10）《水利水电工程砂石加工系统设计规范》（在编）。

（11）《水利水电工程混凝土生产系统设计规范》（在编）。

（12）《土石坝施工组织设计规范》SL 648—2013。

（13）《水利水电地下工程施工组织设计规范》SL 642—2013。

（14）《混凝土工程施工设计规范》现改为《水工混凝土施工组织设计规范》SL 757—2017。

在 2014 年版《体系表》中将上述 14 项规范（导则）进行了归并。其中：修编的《水利水电工程施工组织设计规范》将上述规范中的"施工总布置""施工总进度""施工交通""施工机械设备选择"以及"施工压缩空气及供水供电系统设计"等相关 5 个规范（导则）并入，合为一个规范。《水利水电工程施工导流设计规范》与《水利水电工程围堰设计规范》在修编时将合并为《水利水电工程施工导截流设计规范》。保留《土石坝施工组织设计规范》和《水利水电地下工程施工组织设计规范》，在制定《水工混凝土施工组织设计规范》时并入已颁布的《水利水电工程混凝土预冷导流设计规范》和纳入在编的"砂石料加工系统""混凝土生产系统"两规范的内容。

这样，施工专业的设计规范在 2014 年版的体表中形成了覆盖全专业的两个规范和针对不同主要工程对象的三个专门性施工组织设计规范。包括：

（1）《水利水电工程施工组织设计规范》SL 303—2004。

（2）《水利水电工程施工导截流设计规范》SL 487—2010。

（3）《土石坝施工组织设计规范》SL 648—2013。

（4）《水利水电地下工程施工组织设计规范》SL 642—2013。

（5）《水工混凝土施工组织设计规范》SL 757—2017。

2. 本次规范修订的主要内容

（1）施工导流一章中增加了"施工期度汛""导流建筑物封堵"二节，将"施工期蓄水与下游供水""施工期通航与排冰"分列为二节，补充了岩塞、充蓄水库等施工导流的相关规定，补充细化了导流方式及导流程序、导流建筑物型式的相关规定。

对于"施工期度汛"主要列出了五个方面的问题：

1）对于枯期挡水、汛期过水的围堰，除了做好围堰断面设计外，过水前基坑应预充水，并制定充水方案，同时根据围堰过水条件，提出坝体度汛形象要求。

2）当土石坝利用未完建坝体挡水度汛，如无法完成全断面的坝体，可采用临时断面挡水，临时断面除了满足该期的洪水标准，同时还应具备抢险条件，临时断面稳定等安全系数要按正常设计标准。斜墙、心墙防渗体不能采用临时断面。

3）土石坝不宜采取过水的度汛方式，混凝土拱坝过水应专门论证。

4）混凝土重力坝在河床部位坝段，可采取预留缺口过流度汛，缺口一般是整个坝段，现在已经不用梳齿导流的方式，但坝段缺口形状要专门研究，必要时进行水工模型试验。

5）对存在施工期水库临时淹没问题，应提出移民安置和临建度汛要求。

对于"导流建筑物封堵"这一节修改的主要内容是：

导流建筑物封堵时段宜选在枯水期，封堵体的稳定及防渗要求应与永久建筑物相同，其他如封堵体的位置、体型、长度、结构体强度、抗渗指标等均应提出相应要求，特别需要指出，如导流隧洞穿过防渗帷幕线时，封堵体应设置在帷幕线上。

对于将施工期的蓄水、供水、通航、排冰的内容分为两节的考虑：

施工期的蓄水、下游供水问题与施工期通航、排冰问题必须采取的措施、要求等方面有一定的区别。施工期蓄水在时间上应与导流建筑物的封堵时间统一考虑，主要问题是解决蓄水期间下游供水措施，特别是生态基流的泄放，需要施工专业考虑，多数情况下采取临时措施解决，比如在导流洞中埋管等。至于施工期通航问题，可以利用束窄河床、利用导流明渠通航，也可采用临时设施（临时船闸等）通航，这在南方有通航要求的河流上修建挡泄水建筑物需要妥善解决的问题。虽然大部分工程在施工期的绝大部分时间通航问题都得到了解决，但往往在施工分期转换阶段、封堵导流设施蓄水期等短暂时间内无法满足通航水运条件，这就要了解通航季节与水运货物种类的关系，并了解有没有短期断航的可能，或者设置陆运翻坝设施（码头、公路）。

（2）将"料源选择与料场开采"作为一章，明确了"设计需要量"的定义和计算时应考虑的系数，在附录中增加了"天然建筑材料设计需要量计算"内容。

天然建筑材料的"设计需要量"是初步设计阶段详查建材估算储量的依据，按照《水利水电工程天然建筑材料勘察规程》SL 251—2015 的要求，初设详查阶段天然料的储量应是"设计需要量"的 1.5 倍。但是设计需要量在有关标准、规范、手册中其界定的内涵不统一，而且过去提供给勘察的需要量往往偏低，常常造成项目建设过程中料源不足，需要再寻找新的料源、补充勘查。由于近年来国内基建领域发展迅猛，加之国家有关政策法规的明确要求，如严格控制占用耕地、环保要求的'封山'、河流中砂石禁采等，使许多水利工程的料源（特别在中东部）成为建设中的一个突出问题。

因而建设期天然建材储量准备充分，是十分重要的。这次修编规范充分考虑到施工过程中各个环节的损失量，在附录 C 的 C.0.2 中给出了从"坝面作业"到"坝料加工"到"转存"再到"运输"到"开采"的各环节损耗补偿系数，计算出一个量再乘以 1.2 的系数就是提供给勘察储量用的"设计需要量"。

关于天然建筑材料的质量问题，在《水利水电工程天然建筑材料勘察规程》SL 251—2015 规程中已有详细的条文规定，通常过多注重材料的物理力学性质，但是特殊土（膨胀土、分散性土等）、碱活性骨料常常成为选择料源及如何利用的难点，需要作深入的试验研究工作和一定规模的现场生产性试验。

（3）主体工程施工中增加了"施工机械设备选择"一节，将"土石坝施工"改为"土石方填筑"，并补充了吹填施工技术内容。

在"施工机械设备选择"这一节是将《水利水电工程施工机械设备选择设计导则》SL 484—2010 中的主要条文进行缩减缩编为本规范的一节，主要条文没有大的变动，对于运用逐渐增多的岩石掘进机的选择，从适用开挖洞径圆形断面洞径 3m 以上的要求，调整为宜 3～12m，当采用大直径的掘进机时，应进行技术经济论证。对适宜的掘进长度定为单向掘进长度宜大于 5km。将"土石坝施工"改为"土石方填筑"是因为本节内容虽以土石坝填筑为主，但还增加了"吹填"等其他土石方填筑，且专门有《土石坝施工组织设计规范》SL 648—2013 来更具体规范土石坝的施工组织设计工作。

近年来出现了"自密实混凝土"和"胶凝砂砾石筑坝"的新技术，2014 年水利部颁布了《胶结颗粒料筑坝技术导则》SL 678—2014，该导则对上述两种筑坝技术都有较详尽的规定，为适应新技术新材料的应用，在"主体工程施工"中增加了 2 条有关这方面内容的条文，更详尽的要求还要参照上述技术导则。

（4）在"施工交通运输"章节中增加了"转运站"、"重大件运输"两节内容，细化了施工交通部分的设计标准和相关规定，删除了有关铁路设计技术标准的内容。

由于已将 SL667 施工交通设计规范并入，在内容上进行调整，增加了场内交通内容，将上一版规范中"转运站"和"重大件运输"各条条文，改为各设一节充实了内容，同时按行业管理特点删除了有关铁路设计的技术标准。

（5）在施工工厂设施中细化了"砂石料加工系统"、"混凝土生产系统"和"混凝土预冷、预热系统"部分设计相关规定，明确了系统规模的划分标准。在附录中补充了供水系统、供电系统设计有关内容。

在这一章中对"砂石料生产系统"和"混凝土生产系统"按生产规模划分为"特大型"、"大型"、"中型"、"小型"四个类别，对"砂石料加工系统"在其"工艺流程设计"、"主要设备选用"及"储运设施布置"上按规模大、小有不同要求，大型以上的要求标准高，对"混凝土生产系统"中水泥和掺和料输送方式大型以上的宜用气力输送。

在供水供电内容上并入《水利水电工程施工压缩空气及供水供电系统设计规范》SL 535—2011 规范内容，在附录中增加了"生活用水标准""主体工程施工用水量参考指标""施工辅助业业生产用水量参考指标""施工机械用水量参考指标""工程施工区及施工营地消防用水量"以及施工用水的水质具体要求。

供电设计补充了施工各生产系统及设备设施的用电"需要系数"及"功率因数"指标表和室内外照明单位负荷表。

（6）对"施工总布置"和"施工总进度"两个章节，考虑到已将两个单项规范并入，只适当调整了章节的设置，细化了具体内容没有作实质性的变动。

另外，2014 年版《体系表》中规范修订时对于设计标准还有一个统一要求，即将各规范中的"工程等级划分"和"洪水标准"章节中的具体规定（表格），全部综合纳入新颁布的《水利水电工程等级划分及洪水标准》SL 252—2017 中，所以本次修编的施工中组织设计规范中在"施工导流"一章中取消了工程等级划分及洪水标准的表格，为了使用方便将其放在了条文说明中。

3. 新规范中的强制性条文

（1）本标准中的强条（三条七款）：2.4.17条1款和2款；2.4.20条；4.6.12条4款。

（2）《水利水电工程等级划分及洪水标准》相关强条（四条）：4.8.1；4.8.2（2.2.1）；5.2.10（2.2.10）；5.6.1（2.2.20）。

2.4.17 土石围堰、混凝土围堰与浆砌石围堰的稳定安全系数应满足下列要求：

1. 土石围堰边坡稳定安全系数应满足表1-1的规定。

土石围堰边坡稳定安全系数 表1-1

围堰级别	计算方法	
	瑞典圆弧法	简化毕肖普法
3级	≥1.20	≥1.30
4级、5级	≥1.05	≥1.15

2. 重力式混凝土围堰、浆砌石围堰采用抗剪断公式计算时，安全系数 K' 应小于 3.0，排水失效时安全系数 K' 应不小于 2.5；抗剪强度公式计算时安全系数 K' 应不小于 1.05。

2.4.20 不过水围堰堰顶高程和堰顶安全加高值应符合下列规定：

1. 堰顶高程不低于设计洪水的静水位与波浪高度及堰顶安全加高值之和，其堰顶安全加高不低于表1-2值；

2. 土石围堰防渗体顶部在设计洪水静水位以上的加高值：斜墙式防渗体为 0.8～0.6m，心墙式防渗体为 0.6～0.3m。3级土石围堰的防渗体顶部应预留完工后的沉降超高；

3. 考虑涌浪或折冲水流影响，当下游有支流顶托时，应组合各种流量顶托情况，校核围堰堰顶高程；

4. 可能形成冰塞、冰坝的河流应考虑其造成的壅水高度。

不过水围堰堰顶安全加高下限值 表1-2

围堰型式	围堰级别	
	3	4～5
土石围堰	0.7	0.5
混凝土、浆砌石围堰	0.4	0.3

4.6.12 防尘、防有害气体等综合处理措施应符合下列规定：

1. 地下工程开挖应采用湿式凿岩机。

2. 洞内宜配低污染、有废气净化装置的柴油机械，汽油机械不宜进洞。

3. 长隧洞施工宜采用有轨运输。

4. 对含有瓦斯等有害气体的地下工程，应编制专门的防治措施。

2.2.1 导流建筑物应根据其保护对象、失事后果、使用年限和围堰工程规模划分为 3～5级，应符合《水利水电工程等级划分洪水标准》SL 252—2017 的有关规定，具体划分见《水利水电工程等级划分及洪水标准》SL 252—2017 中表1-3。

4.8.1 水利水电工程施工期使用的临时性挡水、泄水等水工建筑物的级别，应根据保护对象、失事后果、使用年限和临时性挡水建筑物规模，按表1-3确定。

临时性水工建筑物的级别   表 1-3

级别	保护对象	失事后果	使用年限（年）	导流建筑物规模	
				围堰高度（m）	库容（亿 m³）
3	有特殊要求的 1 级永久性水工建筑物	淹没重要城镇、工矿企业、交通干线或推迟工程总工期及第一台（批）机组发电，推迟工程发挥效益，造成重大灾害和损失	＞3	＞50	＞1.0
4	1 级、2 级永久性水工建筑物	淹没一般城镇、工矿企业，或影响工程总工期及第一台（批）机组发电，推迟工程发挥效益而造成较大经济损失	≤3 ≥1.5	≤50 ≥15	≤1.0 ≥0.1
5	3 级、4 级永久性水工建筑物	淹没基坑、但对总工期及第一台（批）机组发电影响不大，对工程发挥效益影响不大，经济损失较小	＜1.5	＜15	＜0.1

4.8.2　当临时性水工建筑物根据表 1-3 中指标分属不同级别时，应取其中最高级别。但列为 3 级临时性水工建筑物时，符合该级别规定的指标不得少于两项。

2.2.20　导流泄水建筑物封堵后，如永久泄洪建筑物尚未具备设计泄洪能力，坝体度汛洪水标准应符合《水利水电工程等级划分及洪水标准》SL 252—2017 的有关规定，在分析坝体施工和运行要求后按《水利水电工程等级划分及洪水标准》SL 252—2017 中表 5.2.10（表 1-4）规定执行。汛前坝体上升高度应满足拦洪要求，帷幕灌浆及接缝灌浆高程应能满足蓄水要求。

5.2.10　水库工程导流泄水建筑物封堵期间，进口临时挡水设施的洪水标准应与相应时段的大坝施工期洪水标准一致。水库工程导流泄水建筑物封堵后，如永久泄洪建筑物尚未具备设计泄洪能力，坝体洪水标准应分析坝体施工和运行要求后按表 1-4 确定。

水库工程导流泄水建筑物封堵后坝体洪水标准   表 1-4

坝　型		大坝级别		
		1	2	3
混凝土坝、浆砌石坝/［重现期（年）］	设计	200～100	100～50	50～20
	校核	500～200	200～100	100～50
土石坝/［重现期（年）］	设计	500～200	200～100	100～50
	校核	1000～500	500～200	200～100

5.2.9　当水库大坝施工高程超过临时性挡水建筑物顶部高程时，坝体施工期临时度汛的洪水标准，应根据坝型及坝前拦洪库容，按表 1-5 确定。根据失事后对下游的影响，其洪水标准可适当提高或降低。

水库大坝施工期洪水标准   表 1-5

坝　型	拦洪库容			
	≥10.0	10.0～1.0	1.0～0.1	＜0.1
	洪水重现期（年）			
土石坝	≥200	200～100	100～50	50～20
混凝土、浆砌石坝	≥100	100～50	50～20	20～10

2.2.10 导流建筑物设计洪水标准应符合《水利水电工程等级划分及洪水标准》SL 252 的有关规定，根据建筑物的类型和级别在《水利水电工程等级划分及洪水标准》SL 252—2017 中表 5.6.1（表 1-6）的规定幅度内选择。同一导流分期各导流建筑物的洪水标准应相同，与主要挡水建筑物的洪水标准一致。

5.6.1 临时性水工建筑物洪水标准，应根据建筑物的结构类型和级别，按表 1-6 的规定综合分析确定。临时性水工建筑物失事后果严重时，应考虑发生超标准洪水时的应急措施。

临时性水工建筑物洪水标准

表 1-6

建筑物结构类型	临时性水工建筑物级别		
	3	4	5
	洪水重现期（年）		
土石结构	50～20	20～10	10～5
混凝土、浆砌石结构	20～10	10～5	5～3

1.2.2 《水工混凝土施工组织设计规范》SL 757—2017

1. 混凝土原材料和配合比

（1）水泥掺合料外加剂选择

1）水泥的选择及其技术指标应遵守下列规定：

① 大体积混凝土宜选用中热硅酸盐水泥或低热硅酸盐水泥。

② 环境水对混凝土有硫酸盐腐蚀性时，宜选用抗硫酸盐硅酸盐水泥。

③ 受海水、盐雾作用的混凝土，宜选用矿渣硅酸盐水泥。

④ 选用的水泥强度等级应与混凝土强度等级相适应。

⑤ 根据工程的特殊需要，可对水泥的化学成分、矿物组成、细度等指标提出专门要求。

2）水工混凝土掺合料可选择粉煤灰、矿渣粉、硅粉、火山灰等。掺合料可单掺也可复掺，其品种和掺量应根据工程的技术要求、掺合料品质和资源条件，经试验确定。其中粉煤灰宜选用 F 类 I 级或 II 级粉煤灰。

3）水工混凝土可根据需要掺入减水剂、引气剂、速凝剂等外加剂，掺入外加剂的具体品种和掺量应根据工程的技术要求、环境条件确定，并与其他材料相适应。

（2）混凝土配合比设计有关要求

1）应根据混凝土强度、抗渗、抗冻及耐久性等主要设计指标，进行混凝土原材料选择和配合比试验，提出满足工作性、强度及耐久性等要求的混凝土配合比。宜采用工程中实际使用的原材料，通过试验选择粗骨料合理级配、最优砂率、最小单位用水量及胶凝材料用量。

2）粉煤灰或其他掺合料在混凝土中的掺量应通过试验确定，其中 F 类粉煤灰的最大掺量宜符合表 1-7 的规定。

F 类粉煤灰的最大掺量（%）　　　表 1-7

混凝土种类		硅酸盐水泥	普通硅酸盐水泥	矿渣硅酸盐水泥（P·S·A）
重力坝碾压混凝土	内部	70	65	40
	外部	65	60	30
重力坝常态混凝土	内部	55	50	30
	外部	45	40	20
拱坝碾压混凝土		65	60	30
拱坝常态混凝土		40	35	20
结构混凝土		35	30	—
面板混凝土		35	30	—
抗磨蚀混凝土		25	20	—
预应力混凝土		20	15	—

注1：本表适用于 F 类Ⅰ级、Ⅱ级粉煤灰，F 类Ⅲ级粉煤灰的最大掺量应适当降低，降低幅度通过试验论证确定。

　　2：中热硅酸盐水泥、低热硅酸盐水泥混凝土的粉煤灰最大掺量与硅酸盐水泥混凝土相同；低热矿渣硅酸盐水泥、火山灰质硅酸盐水泥、粉煤灰硅酸盐水泥混凝土的粉煤灰最大掺量与矿渣硅酸盐水泥（P·S·A）混凝土相同。

　　3：本表所列的粉煤灰最大掺量不包含代砂的粉煤灰。

3）对于重要工程、重要结构的混凝土，应开展混凝土性能试验。对中、低坝坝体混凝土或其他水工结构混凝土，可根据设计需要选择开展部分混凝土性能试验。对于混凝土高坝，坝体混凝土性能试验宜包括下列项目：

① 力学性能：抗压强度、抗拉强度。

② 变形性能：极限拉伸值、弹性模量、自生体积变形、干缩、徐变。

③ 热学性能：绝热温升、比热容、导温、导热、线膨胀系数。

④ 耐久性能：抗冻等级、抗渗等级。

4）大体积内部常态混凝土的胶凝材料用量不宜低于 $140kg/m^3$，水泥熟料含量不宜低于 $70kg/m^3$。碾压混凝土的胶凝材料用量不宜低于 $130kg/m^3$，当低于 $130kg/m^3$ 时应经专题试验论证。

2．施工方案与施工布置

（1）混凝土施工方案设计

混凝土施工方案设计主要包括垂直运输方案设计和水平运输方案设计，其选择应遵守下列原则：

① 混凝土生产、运输、浇筑、养护和温度控制等各施工环节衔接合理。

② 施工工艺和设备配套合理，施工机械化程度符合工程特点。

③ 运输过程的中转环节少，运距短。

④ 混凝土浇筑设备布置应兼顾金属结构、机电安装需求。

⑤ 混凝土施工方案应对控制性工期、主要施工机械设备及大型临建工程等进行技术经济比较后确定。

1）混凝土垂直运输施工方案

混凝土垂直运输施工方案应根据下列因素确定：

① 水工建筑物的结构、规模、工程量与浇筑部位的分布情况以及施工分缝等特点。

② 按总进度拟定的各施工阶段的控制性浇筑进度、浇筑强度要求。

③ 施工现场的地形、地质和水文特点、导流方式及分期。

④ 混凝土运输设备的形式、性能和生产能力。

⑤ 混凝土生产系统的布置和生产能力。

⑥ 模板、钢筋、构件的运输、安装方案。

⑦ 金属结构、机电设备的安装方案。

混凝土垂直运输方案可选择门机、塔机、缆机、塔带机、胶带机、履带吊、混凝土泵、真空溜管（槽）及汽车直接入舱等单种设备方案或多种设备的组合方案。

① 河谷较宽、混凝土工程量较大及浇筑强度较高的水工混凝土结构可选用门机、塔机为主的施工方案。对于高度较低的水工混凝土结构，也可采用履带吊等移动起重设备浇筑的施工方案。

② 狭窄河谷上高混凝土坝工程可选用缆机为主的施工方案。缆机的具体型式宜根据地形地质条件、工程布置及浇筑强度等综合分析比较后确定。

③ 对于混凝土浇筑仓面大、浇筑强度高的水工大体积混凝土，在有条件时可选用塔带机或胎带机为主的施工方案。

④ 碾压混凝土可采用自卸汽车直接入仓，也可采用胶带机、塔带机、真空溜槽（管）或满管溜槽配合舱面转料等施工方案。采用真空溜槽（管）时，其倾角宜大于45°，单级落差不宜大于70m。

⑤ 对于断面较小、钢筋较密集的薄壁结构及孔洞回填等一般混凝土设备不易达到的部位，宜采用混凝土泵进行浇筑。

混凝土施工设备生产率及数量可按规范计算，并应遵守下列规定：

① 混凝土起吊设备的小时循环次数应根据设备运行速度、取料点至卸料点的水平及垂直运输距离、设备配套情况、施工管理水平和工人技术熟练程度分析计算或用工程类比法确定。

② 混凝土起吊设备实际生产率可根据吊罐容量、设备每小时循环次数、可供浇筑的仓面数和辅助吊运工作量等经计算或用工程类比法确定。其中，辅助吊运工作量可按吊运混凝土当量时间的百分比计算，可在下列范围内取值：重力坝为10%～20%，轻型坝为20%～30%，厂房为30%～50%。

③ 胶带机实际生产率应根据胶带宽度、运行速度、胶带倾角大小和装料方式等计算确定。

④ 混凝土施工设备数量应根据月高峰浇筑强度、仓面每小时强度和混凝土施工设备实际生产率并考虑一定的备用系数计算确定。

⑤ 混凝土高坝施工方案设计，宜采用计算机仿真混凝土施工全过程，并进行多方案比较，确定拌合、运输、起吊设备数量及其生产率、利用率，预测各期浇筑部位、高程、浇筑强度、坝体上升高度和整个施工工期。

2）混凝土水平运输方案

混凝土水平运输方案选择，应考虑下列因素：

① 运输过程中应保持混凝土的均匀性及和易性。

② 混凝土水平运输设备总的运输能力，应满足施工进度计划要求的浇筑强度。

③ 混凝土水平运输的效率，应与混凝土拌合、混凝土垂直运输、仓面浇筑等所要求的小时生产能力相适应。

④ 混凝土的运输工具应按要求设有遮盖和保温设施。

混凝土水平运输方案可采用无轨运输、有轨运输及胶带机等。混凝土运输设备应根据工程地形条件、混凝土搅拌楼高程和位置、起重机取料方式、卸料点的要求、混凝土量的大小、运输强度和运距等因素综合选择，与选定的垂直运输施工方案相协调，同时与混凝土拌合及平仓振捣能力相适应。

① 无轨运输方案可采用自卸汽车、搅拌运输车、汽车运立罐和侧卸料罐车等。无轨运输方案宜优先选择与起重机吊罐不摘钩作业方式相配的自卸汽车或侧卸料罐车。当混凝土运距较远、运输量较小以及供料点分散时，宜选用混凝土搅拌运输车。

② 对于混凝土搅拌楼与供料点之间高差较小的混凝土工程，可采用有轨运输方案。有轨运输方案宜优先选择与起重机吊罐不摘钩作业方式相配的有轨侧卸料罐车。

③ 混凝土运输距离较短、供料较集中时，可选用胶带机运输方案。

④ 碾压混凝土水平运输方案应根据工程地形条件、入舱方案、入舱强度和运距等因素选择，可选用自卸汽车或胶带机。

（2）混凝土浇筑设备选择与施工布置

1）混凝土浇筑设备选择应遵守下列原则：

① 起吊设备能控制整个平面和高程上的浇筑部位，能承担金属构件、模板、钢筋吊运等辅助工作。

② 生产能力满足单仓入舱强度和高峰时段浇筑强度要求。

③ 设备性能良好，生产率高，配套设备能发挥主要设备的生产能力。

④ 在固定的工作范围内能连续工作，设备利用率高。

⑤ 不压占浇筑块，或不因压占浇筑块而影响工期目标。

2）混凝土搅拌楼及运输线路布置应满足下列要求：

① 混凝土搅拌楼宜靠近浇筑地点和场内主要交通干线，并应满足原材料进料和混凝土出料线路布置的要求。

② 出料线高程应根据混凝土浇筑方案、水平运输方式及运输距离综合比较确定，宜优先考虑适应浇筑量比重大的浇筑运输方式。

③ 混凝土水平运输线路布置宜与整体施工布置相结合，宜缩短运距，使线路布置顺畅，施工干扰少。无轨运输时混凝土施工道路宜结合开挖出渣道路。

3）门机、塔机布置应考虑下列因素：

① 减少门机、塔机等起重设备及建筑物之间的相互干扰。

② 当建筑物宽度或高度超过所选用的门机、塔机覆盖范围时，可在建筑物内架设栈桥，将门机、塔机布置在栈桥上。

③ 栈桥型式通过技术经济比较和工期要求等因素分析确定。

4）缆机布置应考虑下列因素：

① 缆机宜基本控制建筑物的平面和立面范围，并合理扩大缆机浇筑控制范围。

② 充分利用地形地质条件，宜缩小缆机跨度和塔架高度，减少缆机平台土建工程量。

③ 混凝土供料平台宜平直，设置高程宜接近坝顶；供料平台的宽度和长度满足混凝土施工及辅助作业的要求。

④ 主索垂度可取跨度的 5%，两端主索铰点高差宜控制在跨度的 5% 以内，最内侧起吊点与主索铰点水平距离不宜小于跨度的 10%。

5）塔带机布置应考虑下列因素：

① 塔带机宜布置在坝内，以提高浇筑控制范围。

② 水平运输宜选用胶带机，其运输能力应满足塔带机的入仓强度。

③ 塔带机不宜承担钢筋、模板吊运和仓面设备转移等工作。

3. 施工程序与施工进度

（1）施工程序

混凝土施工程序应与导流程序、施工总进度协调一致。应分析混凝土施工与截流、度汛、土石方开挖与基础处理、金属结构及埋件安装、下闸蓄水与供水、机组分批发电等项目之间的关系，合理安排混凝土施工程序。

1）大坝（水闸）混凝土施工程序应满足大坝（水闸）安全度汛、下游供水和水库蓄水要求，浇筑强度宜均衡，各浇筑块宜均匀上升。

2）电站（泵站）厂房混凝土施工程序应与开挖施工、基础处理、金属结构及埋件安装、发电机组（水泵）安装、相邻结构混凝土施工相协调，避免或减少相互干扰。宜优先形成安装间，完成桥式吊车的安装。

3）水工隧洞混凝土施工程序应根据围岩地质条件、混凝土运输条件、隧洞长度、断面结构和工期要求选择合适的混凝土施工程序。平洞边墙和顶拱混凝土宜一次衬砌完成或先边墙后顶拱，对于地质条件较差和大断面隧洞，宜结合隧道开挖采取先顶拱后边墙的方法。斜井及竖井混凝土衬砌宜全断面分层（段）浇筑或采用滑模浇筑。

（2）施工进度

1）混凝土工程施工进度编制应遵循下列原则：

① 符合工程施工总进度计划确定的（节点）工期。

② 满足施工导流和安全度汛对工程形象面貌的要求。

③ 满足蓄水、发电、通航及灌溉等对混凝土浇筑高程的要求。

④ 混凝土施工进度应与基础开挖与处理、接缝灌浆、金属结构和机电设备安装等的施工进度相互协调，并满足温度控制要求及施工期间的结构稳定安全要求。

⑤ 按照当前平均先进水平合理安排混凝土浇筑强度和上升速度，并留有余地。

2）施工进度分析可采用关键线路分析法和计划评审技术，高混凝土坝还宜进行计算机仿真分析。施工进度可采用横道图、网络图和形象进度图或表进行表述。

3）混凝土坝（水闸）的月平均上升速度应考虑建筑物结构型式、浇筑块数量、浇筑层厚、浇筑设备能力及温度控制等因素，通过浇筑排块或工程类比确定。碾压混凝土坝的月平均上升速度应根据仓面面积、混凝土入仓手段、仓面作业能力、温度控制等因素综合分析确定。

4）电站（泵站）厂房混凝土月平均上升速度应统筹兼顾机电设备、金属结构及各种埋件安装等工序，通过浇筑排块或工程类比确定。

5）水工隧洞混凝土衬砌进度应在分析围岩特性、分段长度、浇筑能力、模板和台车型式及建筑物结构特征等因素后确定。

4. 混凝土温度控制

（1）温度控制的一般要求

1）大体积混凝土及重要部位结构混凝土应进行混凝土温度控制设计。高坝、中坝及其相应建筑物混凝土宜采用有限元法进行温度场、温度应力分析后制定合理的温度控制标准及温控防裂措施；低坝及其相应建筑物可参照类似工程经验进行温度控制设计；碾压混凝土坝应针对其通仓薄层连续上升等施工特点进行温度控制设计。

2）对于高坝、中坝及其相应建筑物，应进行混凝土力学、热学、极限拉伸、徐变和自生体积变形等性能试验，低坝及其相应建筑物可根据需要进行必要的试验。设计龄期大于28d的混凝土，选择混凝土施工配合比时应考虑早期抗裂能力要求。

3）基础部位混凝土，宜在有利季节浇筑，如需在高温季节浇筑，应经过论证采取有效的温度控制措施使混凝土最高温度控制在设计允许范围内。

4）日平均气温连续5d稳定在5℃以下或最低气温连续5d稳定在−3℃以下时，应按低温季节施工。

5）混凝土坝施工应控制各坝块均衡上升，相邻块高差不宜超过12m，相邻坝块浇筑时间的间隔宜小于30d。

（2）温度控制标准

1）应根据混凝土原材料、混凝土性能、结构特点，结合坝区气候条件，研究制定各部位混凝土基础容许温差、上下层容许温差和内外温差对应的允许最高温度，同时应重视遇气温骤降及冬季的保温设计。

2）混凝土基础容许温差、上下层容许温差和内外温差控制标准应符合《混凝土重力坝设计规范》SL 319—2018和《混凝土拱坝设计规范》SL 282—2018的规定。

3）应根据混凝土结构、气温、水温、日照及水库运行条件计算确定稳定温度场或准稳定温度场，结合容许温差标准，提出各部位混凝土各月的设计允许最高温度，并满足下列要求：

① 对于基础约束区混凝土，按基础容许温差计算的最高温度与内外温差对应的允许最高温度比较后取低值作为设计允许最高温度。

② 对于脱离基础约束区混凝土，设计允许最高温度由内外温差对应的允许最高温度控制，同时应满足混凝土上下层容许温差要求。

（3）温度控制与防裂措施

1）高坝、中坝及其相应建筑物的温度控制和防裂措施应根据坝址气温、水温、地温等自然条件，坝体结构特点及混凝土原材料，混凝土性能、基岩特性等，进行施工期混凝土温度计算后确定。

混凝土温度控制与防裂主要采取优化结构设计、合理分缝分块、改善混凝土性能、控制混凝土浇筑温度、降低混凝土水化热温升、通水冷却及表面保温等综合措施，高坝、中坝及其相应建筑物宜通过温度及温度应力计算系统分析后确定各种措施的最优组合。

2）宜根据坝址气候条件、坝体结构特点、施工机械及施工温控水平，考虑温控措施合理配套，对大坝等混凝土结构进行合理分缝分块。

3）应采用合适的混凝土原材料，改善混凝土性能、提高混凝土抗裂能力。有条件时宜优先选用石灰岩质等线膨胀系数小的人工骨料。在满足混凝土各项设计指标的前提下，宜采用水化热低的水泥，优化配合比设计。

4）应合理安排混凝土施工程序及施工进度，在有利季节浇筑基础约束区混凝土。基础约束区混凝土应短间歇均匀上升，不应出现薄层长间歇。

5）应根据混凝土设计允许最高温度确定浇筑温度控制要求，并结合现场浇筑环境和施工条件，选择预冷骨料和拌合加冰等措施降低混凝土出机口温度；对预冷混凝土进行遮阳保温，减少运输途中和仓面浇筑过程中温度回升。

6）应合理控制浇筑层厚和层间间歇期，浇筑层厚应根据仓面大小、浇筑能力、设计允许最高温度及采用的温控措施等综合分析确定，浇筑层厚宜为 2～3m，混凝土层间间歇时间宜为 5～10d。

7）通水冷却应根据混凝土各阶段温度控制要求分为初期、中期和后期，并遵循下列原则：

① 初期可通制冷水或低温河水冷却，降低混凝土最高温度；中期可通河水冷却，控制低温季节坝体内外温差；后期通过制冷水或河水冷却，使坝体达到接缝灌浆温度。

② 应通过分析计算确定水管间距、通水方式、通水水温、通水流量和通水时间等。

③ 初期通水可在混凝土浇筑后立刻进行。中期通水在低温季节前进行，后期通水在混凝土接缝灌浆前进行。

④ 初期通水时坝体混凝土与冷却水之间的温差不宜超过 25℃，坝体降温速度不宜大于 1℃/d；中后期通水时坝体混凝土与冷却水之间的温差不宜超过 20℃，坝体降温速度不宜大于 0.5℃/d。水流方向应每 24h 调换 1 次。

8）混凝土表面保温保护措施应满足下列要求：

① 遇气温骤降时，对未满 28d 龄期的混凝土暴露面，应进行表面保护。对基础强约束区、上游坝面及特殊结构面等重要部位应进行严格的表面保护，其他部位也应进行一般表面保护。

② 在气温变幅较大的季节及低温季节，长期暴露的基础混凝土及其他重要部位混凝土，应妥加保温。

③ 应根据混凝土强度及混凝土内外温差确定模板拆除时间，不宜在夜间或气温骤降时拆模。如必须拆模，应在拆模的同时采取保护措施。

④ 应结合模板类型、材料性能等综合考虑混凝土侧面保护措施。

⑤ 混凝土表面保护后等效放热系数应根据不同部位、结构的混凝土内外温度和气候条件经计算确定，并选用相应的保温材料。

⑥ 已浇好的底板、护坦、闸墩、混凝土面板等薄板（壁）建筑物，其顶（侧）面宜保护到过水或蓄水前。空腔、孔洞进出口等部位在进入低温季节前应封闭。浇筑块的棱角和突出部分应加强保护。

9）特殊部位的温度控制措施宜符合下列规定：

① 对岩基深度超过 3m 的塘、槽回填混凝土，宜采用分层浇筑或通水冷却等温控措施，控制混凝土最高温度，将回填混凝土温度降低到基岩相近温度后，再继续浇筑上部混凝土。

② 预留槽应在两侧老混凝土温度达到该部位准稳定温度后回填混凝土。回填混凝土宜在有利季节浇筑，其他季节浇筑时应进行论证并采取相应温度控制措施。

③ 采取并缝措施时，应通过计算分析确定并缝块及其下部混凝土温度控制要求。

④ 孔洞封堵的混凝土宜采用综合温控措施。

（4）温度监测

1）温度监测主要包括混凝土温度监测和通水冷却水温监测。

2）除利用永久监测仪器监测混凝土内部温度外，未埋设永久监测仪器的浇筑块宜进行临时监测，可采用简易测温管等测量，基础约束区等重要部位 1～2 个浇筑仓宜布置 1 组测点，其他部位 4～6 个浇筑仓宜布置 1 组测点。

5. 接缝灌浆

（1）接缝灌浆的一般要求

1）接缝灌浆施工组织设计宜包括灌区布置规划、灌浆系统布置、灌浆程序、灌浆工艺选择、灌浆进度安排等内容。

2）应分析灌浆施工进度与混凝土浇筑、温度控制、施工度汛、水库蓄水及施工总进度的关系，分析汛期未灌浆部分结构挡水的安全性，并制定相应的处理措施。

3）应分析原材料物理力学性能、分缝分块尺寸、灌浆温度、混凝土浇筑过程及温控措施等对接缝张开度的影响，并据此选择合适的灌浆材料和灌浆工艺。

（2）接缝灌浆进度安排

1）接缝灌浆宜安排在低温季节进行。经分析论证并制定相应的措施后，可安排全年接缝灌浆施工。

2）接缝灌浆应从低到高分层施工。在同一高程上，重力坝宜先灌纵缝再灌横缝；拱坝宜先灌横缝再灌纵缝。拱坝横缝灌浆宜从中间向两岸推进，重力坝纵缝灌浆宜从下游向上游推进，或先灌上游第一道缝后，再从下游向上游推进。

3）接缝灌浆施工进度安排应与混凝土浇筑及通水冷却相协调，并满足下列要求：

① 灌区两侧坝块混凝土的龄期宜大于 4 个月，在采取了有效措施的情况下，也不宜少于 3 个月。

② 除顶层外，灌区上部设相应的同冷区、过渡区和盖重区，其中灌浆区、同冷区通水降温目标温度为接缝灌浆温度，过渡区通水降温目标温度根据接缝灌浆温度和上部盖重区温度确定。

4）拱坝横缝封拱灌浆进度宜均衡上升，并应满足各时段独立坝段悬臂高度要求。

5）纵缝灌浆应在相应高程挡水前完成，如需在挡水以后进行灌浆，应对坝体应力进行分析，并采取必要的处理措施。

6）纵缝并缝时缝面两侧混凝土宜冷却至设计并缝温度，或采取设置并缝廊道、布置并缝钢筋等措施进行处理。

7）接缝灌浆泄区相邻部位需进行接触灌浆、固结灌浆或帷幕灌浆时，接触灌浆、固结灌浆及帷幕灌浆宜安排在相邻接缝灌浆完成后施工。

（3）接缝灌浆系统

1）应根据建筑物的结构特点，选择成熟可靠的灌浆工艺，对新型灌浆工艺，应经充分论证及工艺试验后方可采用。

2）接缝灌浆系统应分区进行布置，分区高度宜为 9～12m，分区面积宜为 200～300m²。

3）接缝灌浆的出浆方式可分为支管上预埋出浆盒的点出浆方式、拔管成孔的线出浆方式以及底部设出浆槽的面出浆方式，宜优先采用面出浆方式或线出浆方式。

4）根据接缝灌浆需要，接缝两侧混凝土内应埋设一定数量的测温计和测缝计。

5）应对接缝灌浆缝面张开度进行分析，缝面张开度不宜小于 0.5mm，开度过小时应采取相应的对策。

1.2.3 《混凝土坝温度控制设计规范》NB/T 35092—2017

1. 混凝土原材料选择

（1）水泥

1）水泥选择应符合下列原则：

① 应选用旋窑工艺生产的水泥。

② 选用的水泥品种及使用的部位应符合现行行业标准《水工混凝土施工规范》DL/T 5144 的有关规定。大坝混凝土宜选用中热硅酸盐水泥，经论证可选用低热硅酸盐水泥或低热微膨胀水泥。

③ 环境水对混凝土有侵蚀性时，选用的水泥品种及使用的部位应符合现行行业标准《水工混凝土耐久性技术规范》DL/T 5241 的有关规定。

④ 选用水泥应进行混凝土试验。

2）硅酸盐水泥、普通硅酸盐水泥应符合现行国家标准《通用硅酸盐水泥》GB 175 的有关规定；中热硅酸盐水泥、低热硅酸盐水泥应符合现行国家标准《中热硅酸盐水泥 低热硅酸盐水泥 低热矿渣硅酸盐水泥》GB/T 200 的有关规定；低热微膨胀水泥应符合现行国家标准《低热微膨胀水泥》GB/T 2938 的有关规定；抗硫酸盐硅酸盐水泥应符合现行国家标准《抗硫酸盐硅酸盐水泥》GB/T 748 的有关规定。

3）有特殊要求的高坝可根据需要对水泥的化学成分、矿物组成、水化热和细度等提出专门要求，并应通过生产性工艺试验确定专供水泥的生产工艺。

（2）掺合料

1）混凝土掺合料选择应符合下列原则：

① 作为混凝土胶凝材料的掺合料，宜选用粉煤灰、火山灰、矿渣粉、磷渣粉等活性材料。对高坝或辗压混凝土坝，宜选用Ⅰ级或Ⅱ级粉煤灰。选用其他品种掺合料应进行专门论证。

② 非活性或活性较低的掺合料不宜替代胶凝材料，若采用应经试验论证。

③ 选用掺合料应进行混凝土试验。

2）粉煤灰应符合现行行业标准《水工混凝土掺用粉煤灰技术规范》DL/T 5055 的有关规定；火山灰应符合现行行业标准《水工混凝土掺用天然火山灰质材料技术规范》DL/T 5273的有关规定；矿渣粉应符合现行国家标准《用于水泥和混凝土中的粒化高炉矿渣粉》GB/T 18046 的有关规定；磷渣粉应符合现行行业标准《水工混凝土掺用磷渣粉技术规范》DL/T 5387 的有关规定。

（3）骨料

1）骨料的强度应满足混凝土设计强度的要求，其品质应符合现行行业标准《水工混凝土施工规范》DL/T 5144 的有关规定。宜选用石灰岩等线膨胀系数小的人工骨料。

2）大坝混凝土不得使用具有潜在碱-碳酸盐反应活性的骨料。使用具有潜在碱-硅酸反应活性骨料时，应采取抑制措施并进行专门论证。

（4）外加剂及拌合用水

大坝混凝土应掺加适宜的减水剂、引气剂等外加剂。外加剂应符合现行国家标准《混凝土外加剂》GB 8076 和行业标准《水工混凝土外加剂技术规程》DL/T 5100 的有关规定。应结合工程选定的混凝土原材料和混凝土性能要求及施工条件，进行外加剂适应性试验；工程有特殊要求时，应进行外加剂优选试验。

混凝土拌合用水的水质应符合现行行业标准《水工混凝土施工规范》DL/T 5144 的有关规定

2. 混凝土及配合比设计

（1）混凝土设计

1）重力坝坝体混凝土分区设计应符合现行行业标准《混凝土重力坝设计规范》NB/T 35026 的有关规定，拱坝坝体混凝土分区设计应符合现行行业标准《混凝土拱坝设计规范》DL/T 5346 的有关规定；环境水对混凝土有侵蚀性时，还应符合现行行业标准《水工混凝土耐久性技术规范》DL/T 5241 的有关规定。混凝土强度等级、抗渗及抗冻等级应相互匹配，分区合理。

2）混凝土设计宜考虑下列要素：

① 合理利用混凝土的后期强度，常态混凝土设计龄期宜采用90d，辗压混凝土设计龄期宜采用180d，采用更长设计龄期需经论证。

② 宜采用大级配骨料混凝土。

③ 宜采用绝热温升较低、极限拉伸值较大、自生体积变形不收缩或呈延迟性微膨胀的混凝土。

（2）混凝土配合比设计

1）应根据混凝土各项性能指标要求进行混凝土配合比设计；通过试验确定胶凝材料用量、单位用水量、粗骨料合理级配、最优砂率。

2）重力坝混凝土的水胶比应符合现行行业标准《混凝土重力坝设计规范》NB/T 35026 的有关规定，拱坝混凝土的水胶比应符合现行行业标准《混凝土拱坝设计规范》DL/T 5346 的有关规定。混凝土总胶凝材料用量不宜少于 140kg/m³。

3）应考虑混凝土的强度、耐久性要求及运输距离、浇筑方法、气候等条件，通过试验确定混凝土的含气量。

4）常态混凝土的坍落度和碾压混凝土 VC 值，应根据结构断面及钢筋布置、运输距离及方式、浇筑方法及浇筑强度、气候等条件，通过试验确定。常态混凝土仓面坍落度宜采用 3～6cm，辗压混凝土仓面 VC 值宜采用 3～8s。

5）高坝、中坝混凝土试验项目宜按有关规定进行；坝高大于 200m 的混凝土坝宜增加全级配混凝土试验，其主要试验项目宜包括抗压强度、劈拉强度、极限拉伸值、弹性模量、抗渗等级、抗冻等级，辗压混凝土还应进行抗剪强度试验。

3. 温控计算及相关控制标准

温度控制设计资料与计算参数、温度场计算、坝体分缝及接缝灌浆温度、温度控制标准、温度应力及控制标准等内容详见规范规定，在此不再赘述。

4. 混凝土温度控制措施

（1）混凝土温度控制一般规定

1）施工期应对混凝土原材料、混凝土生产过程、混凝土运输和浇筑过程及浇筑后的温度进行全过程控制。对高坝宜采用具有信息自动采集、分析、预警、动态调整等功能的温度控制系统进行全过程控制。

2）应提出符合坝体分区容许最高温度及温度应力控制标准的混凝土温度控制措施，并提出出机口温度、浇筑温度、浇筑层厚度、间歇期、表面冷却、通水冷却和表面保护等主要温度控制指标。

3）气候温和地区宜在气温较低月份浇筑基础混凝土；高温季节宜利用早晚、夜间气温低的时段浇筑混凝土。

4）常态混凝土浇筑应采取短间歇均匀上升、分层浇筑的方法。基础约束区的浇筑层厚度宜为 1.5～2.0m，有初期通水冷却的浇筑层厚度可适当加厚；基础约束区以上浇筑层厚度可采用 1.5～3.0m。浇筑层间歇期宜采用 5～7d。在基础约束区内应避免出现薄层长期停歇的浇筑块。宜在下层混凝土最高温度出现后，开始浇筑上层混凝土。

5）碾压混凝土宜薄层浇筑连续上升。

（2）原材料温度控制

1）水泥运至工地的入罐或入场温度不宜高于 65℃。

2）应控制成品料仓内骨料的温度和含水率，细骨料表面含水率不宜超过 6%，应采取下列主要措施：

① 成品料仓宜采用筒仓；料仓除有足够的容积外，宜维持骨料不小于 6m 的堆料厚度，或取料温度不受日气温变幅的影响；细骨料料仓的数量和容积应足够细骨料脱水轮换使用。

② 料仓搭设遮阳防雨棚，粗骨料可采取喷雾降温。

③ 宜通过地垄取料，采取其他运料方式时应减少转运次数。

3）拌合水储水池应有防晒设施，储水池至拌合楼的水管应包裹保温材料。

（3）混凝土生产过程温度控制

1）降低混凝土出机口温度宜采取下列措施：

① 常态混凝土的粗骨料可采用风冷、浸水、喷淋冷水等预冷措施，辗压混凝土的粗骨料宜采用风冷措施。采用风冷时冷风温度宜比骨料冷却终温低 10℃，且经风冷的骨料终温不应低于 0℃。喷淋冷水的水温不宜低于 2℃。

② 拌合楼宜采用加冰、加制冷水拌合混凝土。加冰时宜采用片冰或冰屑，常态混凝土加冰率不宜超过总水量的 70%，碾压混凝土加冰率不宜超过总水量的 50%。加冰时可适当延长拌合时间。

2）混凝土出机口温度可按本规范附录 E 的方法计算。

（4）混凝土运输和浇筑过程温度控制

1）应提出混凝土运输及卸料时间要求；混凝土运输机具应采取隔热、保温、防雨等措施。应提出混凝土坯层覆盖时间要求；混凝土入仓后、初凝前应及时进行平仓、振捣或辗压。混凝土出拌合楼机口至振捣或辗压结束，温度回升值不宜超过 5℃，且混凝土浇筑温度不宜大于 28℃。入仓温度和浇筑温度可按本规范附录 E 的方法计算。

2）混凝土平仓、振捣或碾压后，应及时覆盖聚乙烯泡沫塑料板、聚乙烯气垫薄膜、保温被等保温材料；浇筑或碾压上坯层混凝土时应揭去保温材料。

3）浇筑仓内气温高于 25℃时应采用喷雾措施，喷雾应覆盖整个仓面，雾滴直径应达到 40～80μm，同时应防止混凝土表面积水。喷雾后仓内气温较仓外气温降低值不宜小于 3℃。混凝土终凝后，可结束喷雾。

（5）浇筑后温度控制

1）混凝土浇筑后温度控制宜采用冷却水管通水冷却、表面流水冷却、表面蓄水降温等措施。坝体有接缝灌浆要求时，应采用水管通水冷却方法。

2）高温季节，常态混凝土终凝后可采用表面流水冷却或表面蓄水降温措施。表面流水冷却的仓面宜设置花管喷淋，形成表面流动水层；表面蓄水降温应在混凝土表面形成厚度不小于 5cm 的覆盖水层。

3）坝高大于 200m 或温度控制条件复杂时，宜采用自动调节通水降温的冷却控制方法。

5．通水冷却

（1）通水冷却一般规定

1）宜通过分期通水冷却控制混凝土温度。分期通水冷却可包括初期、中期、后期通水冷却。

2）在已确定浇筑温度、浇筑层厚度和浇筑间歇期等措施的前提下，混凝土最高温度仍高于容许最高温度时，应进行初期通水冷却。

3）符合下列条件之一者应进行中期通水冷却：

① 初期通水冷却结束后，混凝土温度回升值过大的。

② 坝体临时挡水、坝面及孔洞临时过水或其他需要减小混凝土内外温差的。

③ 需要分担后期冷却降温幅度的。

4）在计划时间段内，自然冷却混凝土温度达不到接缝灌浆或接触灌浆温度要求时，应进行后期通水冷却。

5）各期通水冷却宜采用小温差、均匀缓慢的降温方式，避免温度陡降。通水冷却应符合混凝土容许最高温度、降温速率、降温幅度，以及不同龄期混凝土温度应力控制标准的规定。

6）用作坝内冷却水管的管材应有良好的导热性能和足够的强度。固结灌浆盖重区需要固定冷却水管时宜采用金属管，其他部位可采用高密度聚乙烯塑料管或金属管。

7）冷却水管流向变换间隔时间不宜超过 24h，可选择 12 或 24h 换向。

8）坝外输水干管和支管应包裹保温材料，冷水厂出口至坝内冷却水管进口的水温回升值不宜超过 2℃。

9）冷水厂制冷容量计算应符合现行行业标准《水电水利工程混凝土预冷系统设计导则》DL/T 5386 的有关规定。

（2）冷却水管布置

1）冷却水管在铅直断面上可呈梅花形、正方形或长方形布置。冷却水管应呈蛇形铺设在浇筑层底部的层面上；当浇筑层较厚时可在浇筑层中部加铺一层冷却水管。

2）冷却水管的水平间距宜采用 1.0～1.5m，铅直间距宜采用 1.5～2.0m 或与浇筑层厚一致。

3）单根水管长度不宜超过 300m，当同一仓面上布置多根水管时，水管长度宜基本相当。坝内冷却水管不应分叉设置。

4）冷却水管距离上下游面、孔洞、廊道、缝面的距离宜采用 1.0～2.0m。冷却水管进出口应引至廊道内或坝后靠近栈桥处。

5）冷却水管不宜过缝设置，需过缝时应有适应水管及混凝土变形的措施。冷却水管不应穿越廊道和孔洞。

6）固结灌浆盖重区的冷却水管应进行固定，在盖重区布置钻孔应避开冷却水管。

（3）初期通水冷却

1）初期通水开始时间宜与混凝土下料时间同步，延迟通水开始时间不宜超过 12h。初期通水过程中的混凝土最高温度不应高于容许最高温度。初期通水冷却宜连续进行；初期通水冷却时间由计算确定，宜为 14～21d；通水结束时混凝土温度宜比容许最高温度低 5～8℃。

2）初期通水冷却混凝土日最大降温不宜超过 1℃，且日平均降温不宜超过 0.6℃。

3）混凝土温度与冷却水管进口水温之差不宜超过 20℃。

4）自开始通水至混凝土最高温度出现后 2d，通水流量宜为 1.2～2.0m³/h；最高温度出现 2d 后，通水流量不宜超过 1.2m³/h。

（4）中期通水冷却

1）坝段内中期通水冷却同批次冷却的高度不宜小于 0.2 倍冷却区域的最大底宽，同批次冷却范围内的所有冷却水管应同时开始通水和同时结束通水。

2）防止混凝土温度回升过大的中期通水冷却，混凝土温度宜保持为初期通水冷却结束时的温度。

3）需要减小坝体混凝土内外温差的中期通水冷却，宜提前 1～2 个月进行，中期通水冷却结束时混凝土温度宜比初期通水冷却结束时的温度低 3～7℃。

4）分担后期通水冷却降温幅度的中期通水冷却，其降温幅度、冷却批次和程序宜与后期通水冷却统一规划。中期通水冷却结束时混凝土温度宜比初期通水冷却结束时的温度低 3～5℃。

5）混凝土温度与进口水温之差不应超过 20℃，宜控制在 15℃以内。

6）中期通水冷却混凝土日最大降温不宜超过 0.6℃，且日平均降温不宜超过 0.4℃。

7）中期通水冷却的通水流溢不宜超 1.2m³/h；可间歇通水，通水与闷水的间隔时间根据温度监测情况动态调整。

（5）后期通水冷却

1）拱坝后期通水冷却开始时的混凝土龄期不宜少于 90d；重力坝后期通水冷却开始时的混凝土龄期不宜少于 60d。

2）应进行后期通水冷却规划，并应符合下列要求：

① 各坝段应自下而上分批次进行后期通水冷却，后期通水冷却宜连续进行。

② 坝段内后期通水冷却过程中应避免在高程方向及上下游方向形成过大的温度梯度，并应符合下列要求：

A. 高坝的坝段内第一冷却批次自下而上应包括两个冷却区、一个冷却过渡区、一个盖重区，且冷却区和冷却过渡区的总高度不宜小于0.4倍坝段最大底宽。第二冷却批次自下而上应包括一个冷却保温区、一个冷却区、一个冷却过渡区、一个盖重区，且冷却保温区、冷却区和冷却过渡区的总高度不宜小于0.4倍坝段最大底宽。盖重区厚度不应小于6m。高坝的坝段内后期通水冷却程序宜符合表1-8。

高坝的坝段内后期通水冷却程序　　　　　　　　　　　　　　　　表1-8

后期冷却分区编号	冷却批次编号						
	1	2	3	...	$n-3$	$n-2$	$n-1$
n					盖重区	冷却过渡区	冷却区
...					冷却过渡区	冷却区	冷却保温区
...					冷却区	冷却保温区	可灌区
...					冷却保温区	可灌区	
...				盖重区	可灌区		
...				冷却过渡区			
...				冷却区			
...				冷却保温区			
...			盖重区	可灌区			
5		盖重区	冷却过渡区	可灌区			
4	盖重区	冷却过渡区	冷却区				

B. 中、低坝的坝段内第一冷却批次自下而上应包括一个冷却区、一个冷却过渡区、一个盖重区，且冷却区和冷却过渡区的总高度不宜小于0.4倍坝段最大底宽。盖重区厚度不应小于6m。中、低坝的坝段内后期通水冷却程序宜符合表1-9的规定。

中、低坝的坝段内后期通水冷却程序　　　　　　　　　　　　　　表1-9

后期冷却分区编号	冷却批次编号						
	1	2	3	...	$n-2$	$n-1$	n
n					盖重区	冷却过渡区	冷却区
...					冷却过渡区	冷却区	可灌区
...					冷却区	可灌区	
...				盖重区	可灌区		
...				冷却过渡区			
...				冷却区			
4		盖重区	冷却过渡区	可灌区			
3	盖重区	冷却过渡区	冷却区				
2	冷却过渡区	冷却区	可灌区				
1	冷却区	可灌区					
坝基							

注：表中每个冷却区、冷却过渡区包括的接缝灌浆分区个数宜为整数。

C. 冷却过渡区降温幅度宜为该区后期通水冷却总降温幅度的 0.5 倍。

D. 坝段内同一冷却批次的所有冷却水管应同时开始通水和同时结束通水。

③ 冷却区应冷却至相应的分区接缝灌浆温度。

④ 应保持冷却保温区温度与分区接缝灌浆温度相同。

3）混凝土温度与进口水温之差不应超过 15℃，宜控制在 10℃以内。

4）后期通水冷却混凝土日最大降温不宜超过 0.5℃，且日平均降温不宜超过 0.3℃，通水流量不宜超过 1.2m³/h。

5）后期通水冷却混凝土达到分区接缝灌浆温度后应及时进行接缝灌浆；否则应进行间歇通水控制温度回升，间歇通水应避免超冷。

6. 特殊部位的温度控制

（1）陡坡坝段

1）陡坡坝段基础混凝土容许温差宜采用本规范第 8.1.2 条中基础容许温差低值，或比非陡坡坝段基础容许温差低 1～2℃。

2）宜采用三维有限元法进行陡坡坝段基础混凝土温度应力计算；高拱坝计算时宜选择一个或两个先浇筑的支撑坝段与陡坡坝段联合建模。

3）陡坡坝段基础混凝土应短间歇连续浇筑，避免出现老混凝土。楔形体部位浇筑层厚度不宜小于 2.0m，宜采用平铺法浇筑。

4）需进行接触灌浆的陡坡坝段，灌浆前应将基础混凝土冷却至相应部位的稳定温度。

（2）施工期临时过水的坝块

1）施工期需临时过水的坝块，宜采用有限元法通过温度应力计算确定温度控制措施，可采取下列措施：

① 过水前通水冷却，将过水坝块及相邻坝段的坝块温度降至设计温度。

② 在表层混凝土内铺设防裂或限裂钢筋。

③ 在坝块顶表面浇筑薄层低强度混凝土或设置其他材质保护层。过水后清除保护层。

2）开始过水时，混凝土强度不应低于设计强度 85%，或混凝土龄期不少于 14d。

3）过水后，在老混凝土面上浇筑混凝土应符合本规范第 8.1.3 条的规定。

（3）填塘混凝土

1）填塘深度超过 3m 时，宜采用分层浇筑和通水冷却等措施满足混凝土容许最高温度要求。填塘混凝土容许最高温度可在相应坝段强约束区混凝土容许最高温度的基础上适当放宽。

2）填塘混凝土有接触灌浆要求时，应采用通水冷却将填塘混凝土冷却至设计温度。条件允许时，接触灌浆可结合坝基固结灌浆一并实施。

3）填塘混凝土可采用发热量较低或氧化镁含量较高的水泥。

（4）闸墩

1）闸墩分缝宜与坝体分缝位置一致。当闸墩需预留宽槽时，除应增设插筋或构造补强钢筋外，宽槽回填宜采用微膨胀混凝土。

2）中、低坝闸墩容许温差可按本规范第 8.1.2 条第 1 款的规定取值；高坝宜采用三维有限单元法将闸墩与坝体联合建模进行温度应力计算，确定闸墩混凝土容许最高温度。

3）闸墩混凝土应采取短间歇均匀上升的浇筑方式；间歇时间可控制在 5～7d，不宜大于 14d，避免出现老混凝土。闸墩布置冷却水管时，可适当加密。

（5）孔洞周边混凝土

1）坝段内孔洞两侧和孔洞上下方各 1 倍孔洞直径的周边混凝土，其容许最高温度应采用三维有限元法通过温度应力计算分析确定；施工期孔洞周边混凝土温度低于稳定温度时，其容许最高温度也应采用三维有限元法通过温度应力计算分析确定。

2）孔洞周边混凝土浇筑应采取短间歇均匀上升的浇筑方式；间歇时间可为 5～7d，不宜大于 14d，避免出现老混凝土；孔洞两侧混凝土长宽比较大时，可设置施工缝分段浇筑；孔洞封顶浇筑层厚度不宜小于 1.5m。

（6）坝身封堵体混凝土

1）坝身封堵体混凝土容许最高温度宜采用有限元法通过温度应力计算分析确定，或在周边混凝土容许最高温度基础上适当放宽。

2）封堵体周边缝应进行接缝灌浆，灌浆前应将封堵体混凝土冷却至相应部位的稳定温度。

3）封堵体混凝土宜采用低流态混凝土；可采用发热温较低或氧化镁含量较高的水泥。

（7）垫座混凝土

1）对高坝，应结合基岩均匀性、坝体分缝等要素，采用三维有限元法进行温度应力分析，提出垫座混凝土分缝及温度控制措施。

2）垫座有分缝且需接缝灌浆时，灌浆前宜将垫座混凝土冷却至相应部位的稳定温度。

（8）抗冲磨混凝土

1）应通过专项试验选择抗冲磨混凝土原材料及配合比。抗冲磨混凝土所用原材料除应符合本规范第 3 章的规定外，还应符合下列要求：

① 宜优先选用强度等级不低于 42.5 级的中热硅酸盐水泥。

② 应选用质地坚硬、级配良好的天然或人工骨料，细骨料应选用中粗砂。

③ 宜选用 I 级粉煤灰、磨细矿渣等活性较高的掺合料。

④ 可掺用适量的硅粉、聚丙烯纤维、聚乙烯醇纤维、纤维素纤维。

⑤ 宜选用减水率较高的减水剂，可选择聚羧酸类减水剂。

2）对面积较大的抗冲磨混凝土宜进行分缝分块浇筑。抗冲磨混凝土容许最高温度应通过有限元法进行温度应力计算分析确定。

3）宜利用气温适宜的时段浇筑抗冲磨混凝土。抗冲磨混凝土宜与下层混凝土同时浇筑。

4）抗冲磨混凝土表面应自终凝开始不间断地流水养护至设计龄期。表面保护宜从混凝土出现最高温度后开始，保护至过水前。流水养护期间遇到气温骤降时，应停止流水养护，宜采取既有保温又有保湿效果的综合保护措施。

（9）并缝部位混凝土

1）可在缝端设置骑缝廊道、骑缝半圆钢管、单层或多层限裂钢筋进行并缝。

2）缝端顶面以上高度为 0.2 倍缝端平面最大底宽的混凝土，容许最高温度宜降低 1～2℃。宜利用气温适宜的时段短间歇均匀浇筑，避免出现老混凝土。

7. 表面保护和养护

（1）表面保护

1）大坝上下游面、坝段侧面、浇筑层面混凝土均应进行保护设计。可采用有限元法、影响线法或经验公式计算表面温度应力，提出表面保护时段及保护标准。闸墩、抗冲磨混凝土、无钢衬的孔洞等特殊部位宜进行专门的表面保护设计。气温日变幅对混凝土表面温度应力影响较大时，宜考虑气温日变幅作为表面保护设计的因素。

2）选用的保温材料应符合保护标准，保温材料的保温效果宜通过试验确定。保温材料应具有保温性能好、耐久性强、无毒、耐老化、不易燃烧、方便施工等特点。

3）施工期坝内孔口、廊道、竖井等部位应进行封闭保温。

4）坝址区日平均气温在 2~6d 内连续下降超过 5℃时，应分析加强表面保护措施的必要性。

5）对于高坝及严寒和寒冷地区的大坝，其上下游面等永久暴露面，施工期可采取全年保温方式。

（2）养护

1）坝体混凝土施工中出现的所有临时或永久暴露面均应进行养护。常态混凝土应在初凝后 3h 开始保湿养护；碾压混凝土可在收仓后进行喷雾养护，并尽早开始保湿养护。养护期内应始终使混凝土表面保持湿润状态。

2）混凝土养护可采用喷雾、旋喷洒水、表面流水、表面蓄水、花管喷淋、宜盖潮湿草袋、铺湿砂层或湿砂袋、涂刷养护剂、人工洒水等方式。

3）混凝土宜养护至设计龄期，养护时间不宜少于 28d。闸墩、抗冲磨混凝土等特殊部位宜适当延长养护时间。

8. 低温季节施工温度控制

（1）一般规定

1）日平均气温连续 5d 稳定在 5℃以下或最低气温连续 5d 稳定在 -3℃以下时，应按低温季节施工进行混凝土温度控制，提出包括混凝土原材料、拌合、运输和浇筑过程的保温防冻措施。

2）日平均气温在 -20℃以下时不宜浇筑混凝土，需要浇筑混凝土时应经论证。

3）在气候温和地区宜采用蓄热法保温。在严寒和寒冷地区，日平均气温在 -10℃以上时宜采用蓄热法保温；日平均气温为 -20~-10℃时可采用综合蓄热法或暖棚法保温。

4）大体积混凝土早期允许受冻临界强度应不低于 7.0MPa 或成熟度不低于 1800℃×h；混凝土成熟度计算方法应符合现行行业标准《水工混凝土施工规范》DL/T 5144 的有关规定。

（2）原材料与拌合

1）拌制混凝土所用的骨料不应有冻块，宜采取下列措施：

① 骨料宜在低温季节前筛洗完毕，宜储备足够的成品料。

② 成品料仓宜搭设防雨防雪棚或采用筒仓。

③ 宜通过地垄取料，骨料需要转运时宜对运输机具进行保温。

2）低温季节采用的外加剂品种和掺量宜通过适应性试验确定。

3）低温季节混凝土出机口温度应不低于 5℃，宜采取下列措施：

① 宜采用热水拌合，拌合水温度不宜高于 60℃。

② 当日平均气温连续 5d 低于 -5℃ 时，宜将骨料加热；粗骨料可采取蒸汽加热，细骨料可在料仓底部铺设封闭的蛇形管加热。

③ 拌合时宜先投入骨料与水拌合，再加入水泥。

4）低温季节混凝土拌合时间宜比常温季节适当延长，延长时间宜通过试验确定。

（3）运输与浇筑

1）低温季节运输混凝土时宜选用大型混凝土运输机具，宜对混凝土运输机具保温，减少转运次数，保证混凝土拌合物在运输过程中不冻结。

2）在负温的基岩或老混凝土面上浇筑混凝土时，应将基岩或老混凝土加热至正温，且温度高于 3℃，加热深度不小于 10cm。

3）宜尽量缩短浇筑时间，混凝土浇筑温度宜为 5～10℃。

4）低温季节浇筑混凝土时，应对模板进行保温。混凝土平仓、振捣或辗压后仓面应覆盖保温材料；浇筑或辗压上坯层混凝土时应揭去保温材料。

5）混凝土浇筑完毕后，暴露表面应及时进行保温，在混凝土强度达到允许受冻临界强度前，混凝土温度不应低于 5℃。

6）低温季节浇筑的混凝土拆模时，强度应大于允许受冻临界强度；模板拆除后应继续进行保温，并应符合本规范第 13.1 节的规定。

9. 施工期温度监测与分析

（1）一般规定

1）应对施工期混凝土温度控制全过程进行监测，监测内容主要包括原材料温度监测、混凝土温度监测、通水冷却监测、浇筑仓气温及保温层温度监测等。施工期温度监测原始记录应完整有效。

2）测温仪器应经过率定，其测温误差为 ±0.3℃。

（2）原材料温度监测

1）水泥、掺合料、骨料、水和外加剂等原材料的温度应至少每 4h 测量 1 次，低温季节施工宜加密至每 1h 测量 1 次。

2）测量水、外加剂溶液和细骨料的温度时，温度传感器或温度计插入深度不小于 10cm；测量粗骨料温度时，插入深度不小于 10cm 并大于骨料粒径的 1.5 倍，周围用细粒径料充填。

（3）混凝土出机口温度、入仓温度和浇筑温度监测

1）混凝土出机口温度应每 4h 测量 1 次；低温季节施工时宜加密至每 2h 测量 1 次。

2）混凝土入仓后平仓前，应测量深 5～10cm 处的入仓温度。入仓温度应每 4h 测量 1 次；低温季节施工时，宜加密至每 2h 测量 1 次。

3）混凝土经平仓、振捣或辗压后、覆盖上坯混凝土前，应测量本坯混凝土面以下 5～10cm 处的浇筑温度。浇筑温度测温点应均匀分布，且应覆盖同一仓面不同品种的混凝土；同一坯层每 100m² 仓面面积应有 1 个测温点，且每个坯层应不少于 3 个测温点。

（4）混凝土内部温度监测

1）施工期坝体混凝土温度监测应充分利用坝内埋设的永久观测仪器。

2）混凝土温度监测可采用电阻式温度计、数字式温度计等观测仪器；也可采用预设

测温孔灌水方法，孔深大于 15cm，用温度计测量。

3）各坝段基础约束区每 1～2 个浇筑层宜布置 1 个测温点，非约束区每 2～3 个浇筑层宜布置 1 个测温点；自开始浇筑至最高温度出现期间每 8h 或 12h 测量 1 次，最高温度出现后至上层混凝土覆盖前每 12h 或 24h 测量 1 次；高坝宜增加测温点和测温频次。

（5）通水冷却监测

1）应在每仓混凝土中选择 1～3 根冷却水管进行进出口水温、流量、压力的测量，并记录各期通水开始时间、结束时间。水温、流量、压力宜每 6～12h 测量 1 次。

2）各期通水冷却结束时，宜采用水管闷水测温方法监测混凝土温度，闷水时间宜采用 5～7d，并记录闷水开始日期、结束日期及测温结果。

（6）浇筑仓气温及保温层温度监测

1）混凝土施工过程中，应测量仓内中心点附近距混凝土表面高度 1.5m 处的气温，并同时测量仓外气温。宜采用自动测温仪器；人工测温时，每天应至少测量 4 次。

2）混凝土表面保温期间，应选择典型保温部位及保温方法进行保温层下的混凝土表面温度测量，可在混凝土最高温度出现前每 8h 观测 1 次，最高温度出现至 28d 每 24h 观测 1 次，28d 至保温材料拆除前每周观测 1 次。

3）气温骤降期间，宜增加仓内外气温和保温层下的混凝土表面温度监测频次。

（7）数据分析与反馈

1）应对监测得到的温度控制数据进行整编、分析和处理。

2）应按仓位统计混凝土出机口温度、浇筑温度、最高温度；埋设冷却水管的部位，应按仓位或冷却批次统计各期水管冷却的降温速率、降温幅度。

3）应绘制各坝段、各部位的温度控制状况图表，分析评价温度控制效果。

4）应依据温度控制实施效果进行温度过程预测，对可能超出控制标准的部位提出预警。

1.2.4 《水电工程竣工图文件编制规程》NB/T 35083—2016

1. 管理职责

（1）水电工程竣工图文件的编制工作应由项目法人负责组织与协调。项目法人、监理、设计、施工等单位应将竣工图文件的编制、整理、审核、审查、移交和归档等工作纳入工程建设管理的各个环节和有关人员的职责范围。有关合同应明确各方编制竣工图文件的责任，并明确竣工图文件的编制范围、具体要求、交付时间、份数和费用等。

（2）水电工程施工安装竣工图文件宜由施工安装单位负责编制。也可由项目法人或施工单位另行委托工程设计单位编制。实行工程总承包的，由工程总承包单位负责编制。设备制造竣工图由制造单位负责编制。

（3）监理单位应负责审查竣工图文件。未实行监理的，应由项目法人组织审查。

（4）项目法人或施工单位委托设计单位编制竣工图文件的，应由施工单位负责收集整理各种变更文件，经监理审核后，交设计单位。设计单位编制完成后，由施工单位负责审核，监理单位负责审查。

（5）竣工图文件应由编制单位负责移交项目法人。

2. 总体要求

竣工图文件编制应以施工图为基础，按照工程实际情况，依据设计变更文件、现场通知、工程联系单、会议纪要、调试记录、验收记录及质量事故处理记录等进行编制。施工安装单位应在施工过程中及时收集和整理相关的各种变更性文件，完整地做好记录。

竣工图文件编制应齐全、完整、准确、系统，并且清晰、规范，真实反映工程的实际情况。

编制单位应编写竣工图编制说明，主要包括以下内容：

（1）概述。

（2）竣工图编制原则及依据。

（3）竣工图编制基本情况。

（4）工程变更情况。

（5）图纸目录。

合同工程验收后 3 个月内应完成竣工图文件的移交工作。竣工图文件的保管期限为永久，纸质竣工图文件不少于 2 套。

3. 竣工图编制

（1）竣工图编制方式

1）按照施工图施工没有变动的，应由竣工图编制单位在施工图上加盖竣工图章并签署后作为竣工图。

2）一般性图纸变更，可直接在施工图原图上修改。原图修改应符合以下要求：

① 文字、数字和符号的修改，使用杠改；少量图形的修改，可用叉改；较多图形的修改，可用圈改。

杠改是将图纸中修改的数字、文字、符号等用细实线划掉，不得抹掉，从修改的位置引出带箭头的索引线。

叉改是将图纸中修改的线条和图形等用细实线划叉，应保留原有的线条和体型，并引出带箭头的索引线。

圈改是将图纸中修改的线条和图形等用细实线顺时针划圈，应保留原有的线条和体型，并引出带箭头的索引线。

② 图上各种引出说明应与图框平行，其索引线为细实线，不交叉、不遮盖其他线条。

③ 在修改时，应使用专业绘图工具，不得进行刮改，不得使用涂改液或打补丁覆盖方式。

④ 有关施工技术要求或材料明细表等有文字更改的，应在修改处进行杠改。当更改内容较多时，可采用注记说明。

⑤ 无法在图纸上表达清楚的，应在标题栏上方或左边用文字简练说明。

⑥ 应在修改处注明更改依据文件的名称、编号、条款号和日期。

⑦ 新增加的文字说明，应在其涉及的竣工图上做相应的添加和更改。

⑧ 修改应符合相应专业制图规范的要求。

⑨ 修改应使用碳素墨水等耐久性强的字迹材料。

3）涉及结构形式、工艺、平面布置等重大变更或图面变更面积超过 25% 的，以及不宜在原施工图上修改、补充的，应使用计算机重新绘制竣工图，并符合以下要求：

① 应如实反映所有变更情况，并在图纸的修改说明中明确变更的依据、内容和日期。

② 原图纸标题栏应保留，其中"阶段"框内填写"竣工"字样。图幅、比例和文字的大小及字体宜与原图一致。

（2）竣工图章

1）竣工图均应加盖竣工图章，其内容应包括"竣工图"字样及编制单位、审核单位、编制、审核、编制日期、监理单位、监理工程师等内容，竣工图章的尺寸宜为 80mm× 50mm，竣工图章样式如图 1-1 所示。竣工图章由编制单位及责任人签署，内容填写应齐全、清楚，手续完备，不得由他人代签或以个人印章代替签字，且签字采用碳素墨水等耐久性强的字迹材料。

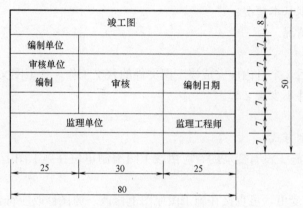

图 1-1　竣工图章样式及尺寸（单位：mm）

2）竣工图章各栏目填写应满足以下要求：

①"编制单位"和"审核单位"应填写实际编制和审核该竣工图单位的全称。

②"编制"为编制竣工图的技术人员。

③"审核"为施工安装单位的项目总工程师或其授权的专业技术负责人。

④"编制日期"应填写编制该竣工图的日期。

⑤"监理单位"应填该项目监理单位的全称。

⑥"监理工程师"应由该项目的总监理工程师或其授权的副总监理工程师或专业监理工程师签字。

3）竣工图章应由编制单位逐张加盖在标题栏的上方或左方空白处，不得覆盖图中的线条和文字。如在标题栏的上方或左方无空白处，可加盖在图纸正面其他适当的空白处或背面。涉及多个施工安装单位的竣工图应由相关施工安装单位分别加盖竣工图章。

4）竣工图章应使用不易褪色的红色印泥加盖。

4．竣工图审核与审查

（1）竣工图编制单位应对绘制或修改后的竣工图进行校核及审核。校核一般由编制单位的专业技术负责人担任，对涉及工程变更的图纸进行逐条核对；审核应由施工单位的项目总工程师或其授权的技术负责人担任，并签署。

（2）监理单位应负责审查竣工图文件。监理单位应安排熟悉施工过程的监理工程师审查竣工图，审查发现的问题，应要求竣工图编制单位修改。通过监理单位审查的竣工图，应由总监理工程师或其授权的副总监理工程师或专业监理工程师签字。

（3）竣工图审查应符合以下要求：

1）所有已实施的设计变更均应标注或绘制在竣工图上。

2）由于地质原因导致的、为施工需要所进行的，或施工失误导致的开挖或偏离处理、塌方处理，以及质量事故、质量缺陷处理的最终结果等各种情况均应在竣工图上真实并准确反映。

5.竣工图文件整理与移交

（1）竣工图文件的整理立卷应按照国家和行业有关标准执行，并符合以下要求：

1）竣工图应按现行国家标准《技术制图　复制图的折叠方法》GB/T 10609.3的要求统一折叠。折叠后的图纸幅面应为 A4 规格，标题栏应露在外面。

2）每个合同工程的竣工图应首先按照专业分类，再按单位工程、分部分项工程进行分类和整理。

3）每个合同工程的金属结构、设备安装竣工图应按装置或机组及设备台套、部件进行整理。

4）卷内竣工图排列顺序，应按图号排列。

5）与竣工图有关的变更性文件应单独整理组卷。

（2）竣工图文件套数、载体应符合合同约定，编制单位应按规定履行移交手续。

水利水电工程施工"四新"技术

2.1 新材料

2.1.1 输水管道新材料

2.1.1.1 PVC-O管材

PVC-O管材全称为给水用抗冲抗压双轴取向聚氯乙烯管材，是利用国际先进生产设备，采用优质原材料，在特殊的工艺条件下，经双向拉伸而使PVC分子链的排列结构发生了质的变化的一种新型管材，这种新型管材的管壁结构为分层网状结构，赋予了管材超高的强度、超高的韧性和缺口不敏感性等巨大优势，克服了传统PVC管材强度高但韧性差、PE管材韧性高但强度差而且缺口敏感慢速开裂、复合管材易因腐蚀失效（尤其是接头处最易开裂腐蚀）、金属管材易腐蚀比重大等缺点，达到了高强度与高韧性的完美结合，能够为客户带来如下优势：

（1）管材重量轻，易于搬运。

PVC-O管材具有超高的强度，意味着同样压力等级的管材，PVC-O管材壁厚更薄，重量是PE管材的一半，球墨铸铁管材的1/10～1/4，因此易于顾客搬运，尤其适用于搬运机械难于进入的特殊施工场地如沼泽、山地、居民小区等。降低了管材的运输搬运成本。

（2）重量轻，胶圈连接，易于安装。

PVC-O管材重量轻，再加上采用橡胶圈柔性连接，不需要焊接机械和电力，因此易于安装，尤其是对于搬运机械和焊接设备难于操作的施工场地，PVC-O管材的优势更加明显。提高了安装速度，降低了安装成本，减少了施工工伤。

（3）较强的抗冲击性能。

分层结构所赋予的超高韧性，提高了PVC-O管材吸收冲击能的能力，为PVC-O管材带来无与伦比的抗冲击性能。降低了在运输、搬运、安装、试压、回填以及运行过程中因为外物碰撞冲击而造成的损坏和水网事故。

（4）卓越的耐低温脆性性能。

分层结构所赋予的超高韧性，为PVC-O管材带来卓越的耐低温脆性性能。即便在−25℃的寒冷环境下，PVC-O管材吸收冲击能的能力仍然卓越。卓越的耐低温脆性，使得PVC-O管材在寒冷地区具有很强的优势，并延长了管网施工的时间窗口。

（5）不会出现慢速裂纹增长和快速裂纹增长现象。

分层结构所赋予的缺口不敏感性，使 PVC-O 管材克服了 PE 管材慢速裂纹增长和快速裂纹增长的缺陷，管道运行更加安全。

（6）供水管网启动和关闭时，产生的水锤压力小。

分层结构所赋予的超高强度，意味着管壁更薄，内径更大，di/en 的值更大，因此，压力波回流的速度 a 就更小，水锤压力也就更小。减少了水锤压力对管网部件造成的破坏，降低了管网运行事故次数。

（7）内径大，管壁光滑，大大提高了管材的输水流量。

分层结构所赋予的超高强度，意味着管壁更薄。对于同样外径和压力等级的管材，内径更大，可以比 PE 管材和球墨铸铁管材提高输水流量 20％以上，节省了管网的投资成本和运行成本。

（8）为顾客提供更高压力等级的塑料管材。

分层结构所赋予的超高强度，意味着 PVC-O 管材可以承受更高的水压。PVC-O 管材的最高压力等级可以达到 2.5MPa。

（9）卓越的耐腐蚀和卫生性能。

分子双轴取向技术的实现是基于优质原料，无法掺假。耐受腐蚀，管材内外无须涂层，输水过程中不存在其他物质向水体的迁移，使得水体在输送时水质保持不变。

（10）寿命可以长达百年。

分层结构所赋予的缺口不敏感性，使 PVC-O 管材拥有了优良的耐疲劳性能。同时，分层结构赋予的超高强度，使 PVC-O 管材具有优良的长期静液压强度，从而使 PVC-O 管材的寿命可以达到 100 年以上。

2.1.1.2　PVC-M 高抗冲环保给水管

高抗冲聚氯乙烯（PVC-M）环保给水管是以 PVC 树脂粉为主材料，添加抗冲改性剂，通过先进的加工工艺挤出成型的兼有高强度及高韧性的高性能新型管道。在保持 PVC 管材高强度特点的基础上，增强了材料的延展性和开裂性，具有良好的韧性和高抗压能力。PVC-M 管材具有高抗冲、高韧性、低成本、易施工的特点，适合各种复杂多变的施工环境，其优良的品质保证施工的灵活性、稳定性；结合了 PVC 的刚性和 PE 的韧性，同时压力比国家标准提高一个级别。采用了无极刚性粒子与弹性增韧、增强 PVC 材料，突破了采用弹性体增韧 PVC 管材带来的静液压强度降低的难题，集成了材料改性、加工工艺等手段，得到了影响 PVC 管材质量的因素，可以更好地保证产品质量。PVC-M 高抗冲环保给水管具有以下特点：

良好的韧性、抗冲击性：PVC-M 管材柔韧性、抗冲击性能有显著提高，能适应多种施工地形，更加有效地抵抗点载荷及地基不均匀沉降等问题。

水流阻力小：PVC-M 管道具有光滑的内表面，其曼宁系数为 0.009。光滑的表面和非粘附特性保证 PVC 管道具有较传统管材更高的输送能力，同时也降低了管路的压力损失和输水能耗。

耐腐蚀性：PVC-M 管材具有较强的耐酸、耐碱、耐腐蚀性，不受潮湿水分和土壤酸碱度的影响，管道铺设时不需任何防腐处理。

寿命长：PVC-M 管材在正常的情况下，使用寿命高达 50 年以上。

重量轻：PVC-M 管材由于其原料进行了高抗冲改性，管壁厚度更小，比混凝土管道、镀锌管、玻璃夹砂管和钢管轻，容易搬运和安装，降低人力和设备需求，大大降低工程的安装费用。

便于施工：PVC-M 管材耐环境开裂性能大幅提高，使其产品的安装和施工转运过程中能够承受外力冲击，不受损坏。

2.1.1.3 预应力钢筒混凝土管（PCCP 管）

PCCP 管是一种新型的刚性管材。它是带有钢筒的高强度混凝土管芯缠绕预应力钢丝，喷以水泥砂浆保护层，采用钢制承插口，同钢筒焊在一起，承插口有凹槽和胶圈形成了滑动式胶圈的柔性接头，是钢板、混凝土、高强钢丝和水泥砂浆几种材料组成的复合结构，具有钢材和混凝土各自的特性。PCCP 管具有合理的复合结构、承受内外压较高、抗裂及抗渗能力好、接头密封性好、抗震能力强、施工方便快捷、防腐性能好、维护方便、运行费用低、适用范围广等特性，被工程界所关注，广泛应用于各类工程建设中。预应力钢筒混凝土管的管径一般为 $DN600 \sim DN3600$，工作压力为 $0.4 \sim 2.0$ MPa。

PCCP 管集中了普通预应力混凝土管和钢管的双重优点，又克服了它们的不足，是一种优质的复合管材。预应力钢筒混凝土管（PCCP）主要特性是：高抗渗能力，除了依靠混凝土的抗渗外主要依靠钢筒管壁的抗渗，能确保在高压下不渗漏；管接头具有高密封性。但 PCCP 管重量大，运输和施工不方便，当地形起伏变化较大时安装质量不容易保证。当覆土较大时，需特殊设计、特殊加工，大口径应用较多。

2.1.2 新型护坡材料

2.1.2.1 灌注型植生卷材护坡

灌注型植生卷材护坡是通过在坡面上铺设由特殊材料和方法编制的植生卷材，用锚钉固定后，把种子和特殊有机质资材以及特殊发育基础材料，通过专用工具注入到植生卷材内，从而在各类边坡表面形成长期稳定的植物生长基础层，植物生长迅速，绿化效果好，基本无需后期养护。该材料不仅能够实现混凝土、浆砌石、岩石等硬质坡面以及其他无土壤地带的永久性绿化，真正意义上实现传统河道硬质护坡生态恢复的目的；也能够提高土质边坡抗雨水侵蚀以及水土保持的能力；又能够实现水位变动区域坡面的保护及绿化；还能够与植生型生态混凝土护坡结合在一起，构建多自然型生态河道。

2.1.2.2 雷诺护垫

雷诺护垫是由表面经防蚀处理的低碳钢丝机编而成的双绞合六边形金属网笼结构，在施工现场经合乎一定规格的石头填充，构成具有柔性、透水性及整体性等特点的扁平箱体结构。其构造如图 2-1 所示。

雷诺护垫不仅具有良好的透水性、抗冻性，还由于金属网笼中填充有石头，使结构抗冲刷能力强，能抵抗最高达 8m/s 的流速冲

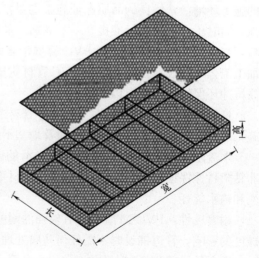

图 2-1 雷诺护垫构造

刷。雷诺护垫具有优良的镀层工艺和编织技术，保证了镀层厚度的均匀性和抗腐蚀性，一般情况下，使用寿命达到50～60年，此外雷诺护垫还具有成本低廉，施工简单快捷，具有较好的生态性及美观性等特点。

2.2 新设备

2.2.1 振碾式渠道混凝土衬砌机（图 2-2）

1. 振碾式渠道混凝土衬砌机组成结构

（1）主体结构

振碾式渠道混凝土衬砌机主体结构为一个大跨度的钢构桁架，利用桁架做布料平台和轨道，通过安装在桁架上的上下结构小车，分别完成渠道混凝土的布料、摊铺、振捣和整平。

（2）行走系统

振碾式渠道混凝土衬砌机行走系统采用四个电机同步控制，运用先进的变频调速技术，在 0～10m/min 之间可随意调整，使机械在行走过程中平稳运行，以避免因车辆晃动引起的结构变形。

（3）升降系统

振碾式渠道混凝土衬砌机升降系统采用四个独立的蜗轮蜗杆减速升降机进行升降控制，精确调整各结构尺寸，以适应各种作业面的坡比变化，满足衬砌施工的要求。

（4）布料系统

振碾式渠道混凝土衬砌机布料系统由三部分组成，一条主输送带，一台布料小车和一条用于给主输送带供料的副输送带；布料小车可根据施工的需要布下单层或多层混凝土，也可根据施工进度的要求进行速度调整，以提高工效。

（5）振捣系统

振碾式渠道混凝土衬砌机振捣系统为一套平板式振捣装置，既可进行混凝土振捣，还可进行混凝土整平。

（6）摊铺整平系统

振碾式渠道混凝土衬砌机摊铺整平系统由摊铺小车、螺旋分料器和压光滚组成。摊铺小车悬挂于主梁的两侧，利用链条传动进行上下行走，螺旋分料器将多余的混凝土分离出去，用压光滚进行压光整平，成型后的混凝土表面光滑平整。

（7）安全操作系统

振碾式渠道混凝土衬砌机全车共装置四套安全系统。1）误操作急停按钮；2）面板控制安全系统；3）上下小车行程控制安全系统；4）失控防撞安全系统。

2. 衬砌机施工原理

振碾式渠道混凝土衬砌机是以一个大跨度的钢构桁架为主体，桁架本身自带行走装置，通过安装在桁架上的上、下行走小车即布料小车和衬砌小车，分别进行渠道混凝土的布料、摊铺、振捣和整平。小车分别以桁架龙骨作为轨道，并自带行走装置。桁架上部小车即布料小车装有挡料刮板和下料斗，负责从混凝土传送皮带上分取混凝土料进行布料；

图 2-2　振碾式渠道混凝土衬砌机

桁架下部小车即衬砌小车装有搅笼、箱式振捣和整平。上、下两个小车即布料小车和衬砌小车可同时或单独作业，布料和摊铺振捣互不影响。通过将上述结构有机组合在一起，形成一套综合的渠道混凝土衬砌设备，实现利用专用设备进行大规模渠道混凝土施工。

3. 衬砌机安装调试

机械进场后，首先铺设两条 10～20 m 长的轨道，调直整平待用，再进行主梁的拼装，现场必须按照加工编号进行组装。主梁拼装完成后，用两台吊车分别在渠底和渠坡同时起吊（25t 和 16t 各一台），放置于预先调平的轨道上，接着安装主输送带和布料小车；输送带粘接完成后，开始安装下部螺旋摊铺小车及振捣系统，最后完成整车的控制系统，做好各部位的安全防护设施和限位装置；然后进行初步运行调整，调整结束后，进行整机联动试车。在整机联动试车确认无误后，进入施工作业面。

4. 振碾式渠道混凝土衬砌机施工方法

（1）施工准备

围绕着渠道衬砌施工，衬砌前需完成建基面清理和验收、机械设备的安装调试、铺设保温层及防渗层、支立模板、混凝土料拌制和运输等。

其中机械设备的安装调试，由于浇筑机主桁架为多段拼装，安装前可依据衬砌坡长确定衬砌机的长度，从而确定轨距。轨道基准线控制误差以满足衬砌板混凝土厚度及结构尺寸允许误差要求。同时还需结合渠道混凝土的厚度调节上、下小车的运行速度。经调试合格后方可投入正常使用。

（2）混凝土衬砌施工

1）衬砌参数设定

结合衬砌混凝土的厚度通过生产性试验确定施工参数，当混凝土厚度小于 20cm 时，第一幅混凝土单趟振动碾压为 3 遍，之后的单趟振动碾压为 2 遍。每次挪位间距为振捣箱宽度的 2/3，约 50cm。由于渠道衬砌采用的是二级配常态混凝土，混凝土经衬砌机重复振捣碾压后，由专用的抹光机收面压 2～3 遍。施工过程应视天气气温情况调整相应的浇筑速度。

2）混凝土布料

①布料顺序从下到上沿浇筑机前进方向进行，安排专人负责指挥衬砌机进行混凝土布料；②整个布料过程由上布料小车完成，严格控制下料的高度，混凝土的自由下落高度不得大于1.0m；③混凝土罐车下料时，输送皮带上的料量分布需保持均匀，同时避免罐车出料口及皮带授料口堵塞；④应控制布料厚度，松铺系数应根据坍落度的大小确定。当坍落度为6～8 cm时松铺系数控制在1.1～1.15之间；⑤布料应与振动碾压速度相适应，既不能在振捣箱前堆集过多的混凝土料，同时也不能使振捣箱因缺料而出现空振。

3）混凝土衬砌

①衬砌机应匀速连续工作，衬砌小车行走速度宜为3 m/min，可结合现场振捣效果做适当调整；②衬砌施工过程中应经常检查振捣棒及振捣箱的工作情况，如发现衬砌后的混凝土板面上出现露石、蜂窝、麻面现象，必须重新振捣，以防止漏振；③衬砌机振捣箱前应保持充足的混凝土拌合物，料位应高于振捣箱底面2～3 cm；④衬砌小车行走过程中，出现局部欠料或露石现象时，应及时人工补料、填补原浆混凝土重新振捣，当出现壅料时，应及时进行人工整平；⑤应控制振动碾压时间，使混凝土不过振、漏振或欠振，达到表面出浆，不出现露石、蜂窝、麻面等；⑥当衬砌机行走前移时混凝土表面出现带状隆起，衬砌小车高度设置有误，应及时调整，并重新碾压；⑦渠坡衬砌的顶部及仓号四周出现缺料、漏振时，应及时人工补料，并采用平板振捣器辅助振捣；⑧进入弯道施工时，可通过调整轨道保持衬砌机始终与渠道轴线垂直的工作状态。

4）衬砌施工停机处理

衬砌施工过程中停机中断施工时，进行以下操作：①停机同时应解除电控操作控制，升起机架，将衬砌机驶离工作面，清理粘附的混凝土，同时对衬砌机进行保养；②当衬砌机出现故障时，应立即通知拌合站停止打料，在故障排除时间内衬砌仓号内的混凝土尚未初凝，允许继续衬砌。当预计衬砌机故障在混凝土初凝前无法排除时，应将衬砌机驶离工作面，由人工继续浇筑，使其浇筑面宽度满足设缝分缝的宽度要求，或在出现故障的部位立即安装横向模板，在此部位设置横向通缝，对已铺筑的混凝土重新进行振捣、收面压光，并清除分缝位置以外的混凝土料，为恢复衬砌作业做好准备。

5）抹面压光

衬砌成型后的混凝土在混凝土初凝前进行抹面，由人工操作电动提浆抹光机进行收面压光，边角部位由人工采用抹灰刀配合整平压光，并在收面结束后及时派专人对混凝土表面局部残留的气泡及划痕进压实抹光，以满足渠道混凝土平整度的要求。

6）混凝土养护、切缝及检测

混凝土养护、切缝及检测要满足设计及规范要求。

5. 经济效益及应用

振碾式渠道混凝土衬机的研制，实现了大梯形断面渠道混凝土机械化衬砌的快速连续施工，使渠道混凝土衬砌质量和速度得以保障。同时，通过适当改进，该设备还可用于其他大面积混凝土工程施工，具有非常广泛的推广价值和应用价值。

2.2.2 喷射钢纤维混凝土设备——麦斯特湿喷机（图2-3）

水工混凝土在长期使用过程中，由于受温差、冻融、水流冲击等因素的作用，容易产生表面裂缝，用钢纤维混凝土加厚坝面可以有效消除表面裂缝。但是，对于拱坝面层的加厚，由于场地狭窄、高度大，而且为曲面的缘故，往往工期长，成本高，安徽省在佛子岭水库除险加固工程中首次采用喷射钢纤维混凝土加固拱面的施工方法，它具有工期短、成本低、表面不易产生裂缝等优点，但其施工方法和施工质量受喷射钢纤维混凝土施工机械影响较大，该工程采用麦斯特湿喷机，取得了理想的效果。

图 2-3　湿喷机

1. 麦斯特湿喷机原理

麦斯特湿喷机是由瑞士麦斯特设备公司生产制造的拖车型带外加剂罐混凝土喷射机。该机体重约 2t，输送管直径 10cm，输送容量 0～14m³/h，输送距离 300m，输送高度 100m（输送距离和输送高度主要取决于骨料、水泥含量和混凝土的塑性）。

麦斯特湿喷机的工作原理是：钢纤维混凝土通过下料斗进入具有液压控制和冲程调节的送料缸体中，在一高达 75bar 的压力作用下通过一个自动换相的 S 形摆管回路进入送料管中。得益于缸体和冲程的最佳比例及极短的 S 形摆管回路切换时间，S 形摆管切换时损失的体积能够在 S 形摆管切换后极短的时间内由比例阀排出必要的混凝土输送量，从而使物料流动具有不明显的中断，避免了混凝土输送过程中的脉动现象。液体速凝剂在喷枪口雾化并与混凝土混合，在高压风的作用下高速喷射至受喷面上。

麦斯特湿喷机速凝剂控制原理为：根据指定介质（速凝剂）、混凝土配合比，在人机对话方式时输入控制参数，调节混凝土流量电位器后，混凝土的输出方量随之改变，变频仪内有一控制系统，它可以不断地将实际值与设定值进行比较，并通过变频仪调节电流大小来控制驱动电机的转速，使介质的掺量与所提供的混凝土容积成比例，从而达到控制速凝剂掺量的目的。

2. 麦斯特湿喷机性能

（1）外加剂计量准确

因该机有外加剂控制装置，外加剂掺量准确，误差较小，可以保证钢纤维混凝土的质量。

（2）输送距离

麦斯特湿喷机的水平输送距离为 300m，垂直距离为 100m，该机混凝土的输送距离可以满足大多数工程拱面喷射钢纤维混凝土的要求。

（3）喷射口出料均匀，得到几乎无脉动的喷射混凝土

由于该机混凝土输送泵采用的是双活塞泵，在两个冲程之间通过电子补偿，且在整个混凝土输送过程中都是由液压泵输送的，空气压力只是在喷口处加入，这样就保证了在喷口处喷射的连续性，使得钢纤维混凝土在输出过程中的脉冲降至最小值，保证了喷口处的出料均匀。施工结果显示无明显脉冲现象，这样既减少了混凝土的回弹量，又保证了喷射钢纤维混凝土的质量，取得了满意的效果。

3. 麦斯特湿喷机的作业

（1）喷射角度和距离

喷枪与受喷面的角度，通过现场试验得出喷枪口与受喷面夹角在80°以上时混凝土回弹量最少，喷射效果较优。

喷枪口与受喷面的最佳距离是按喷射钢纤维混凝土的最小回弹率和最高强度来确定的。现场试验表明喷射距离为0.8~1.2m时效果最好。

（2）喷射区段和次序

喷射混凝土时应分段、分部、分块，自下而上地进行。喷射混凝土时需将喷枪反复缓慢地做螺旋形移动。这样，可防止溅落的灰浆粘附于未喷的基面上，而不会影响喷射钢纤维混凝土与老混凝土基面间的粘结力，使喷射的钢纤维混凝土均匀、密实而平整，并可使已喷部分支持上部刚喷混凝土下垂的重量，增加一次喷射的厚度。

螺旋形移动的转动直径约30cm左右，并需一圈压半圈地移动。喷射第二行时，要按次序从第一行起点开始，行与行之间再搭接2~3cm。

（3）一次喷射厚度及间歇时间

一次喷射混凝土厚度应根据喷射效率、回弹损失、混凝土颗粒间的凝聚力和喷层与原混凝土基面间的粘结力等因素确定。

该工程拱的迎水面设计为喷射15cm厚钢纤维混凝土，拱的背水面设计为喷射10cm厚钢纤维混凝土，均采用一次连续喷射成型的施工办法，效果很好。

（4）机具设备的布置

拱的上游面喷射钢纤维混凝土时，要将喷射机布置于水库内紧靠大坝附近，以减少喷射混凝土在管道内的输送距离，减少喷射压力损失，提高喷射混凝土质量；拱的下游面喷射钢纤维混凝土时，要将喷射机布置于紧靠坝后的位置。

（5）喷射机操作

1）喷射作业开始前，要认真对喷射机及连接的输料管和速凝剂管进行检查和试运转，开始时，先送风、后开机、再给料（同时送速凝剂）；结束时，等喷射机、料斗和输料管内的混合料喷完后再关机。

2）喷射机供料均匀是控制喷射钢纤维混凝土质量的因素之一，正常运转时，料斗和速凝剂容器内保持足够的存料。

3）控制喷射机的喷射压力和喷头的压力，并根据输料管的长度和垂直输料高度及每小时喷射量等调整喷射机的工作压力，参照试喷资料、设备说明书以及以往工程经验选定。

4）在喷射钢纤维混凝土过程中，喷射机操作人员与喷射手之间要密切配合，根据喷射作业区的实际情况进行开机、送风、给料和停机等操作，并及时调整喷射机工作风压。

5）喷射作业完毕或故障停机时，要清除喷射机和输料管内的存料。

（6）喷射手操作

实践经验表明，控制喷射钢纤维混凝土质量及减少回弹量的关键性因素取决于喷射手的水平。

1）要选择具有一定技术水平和一定喷射经验的技术工人作为喷射。

2）喷射手在喷射混凝土之前要认真检查输料管及喷头的连接是否紧密，连接处是否有胶皮垫圈，严防连接部位漏水。

3）每次喷射作业之前，使用高压风水冲洗受喷面，并使受喷面老混凝土处于饱和湿润状态。

4）喷射作业时，要使喷头出口与受喷面基本处于垂直状态，喷头与受喷面保持0.8～1.2m距离。如喷射面还设计有密集钢筋，喷射手在喷射钢纤维混凝土时要缩短喷头与受喷面的距离，并调整角度，使钢筋与老混凝土面之间的喷敷密实。

5）喷射手掌握喷枪移动速度要均匀，并按直径约30cm的螺旋状一圈压半圈呈S形由下向上移动，保持喷射面平整。

6）喷射钢纤维混凝土作业容易出现堵管及其他机械事故，喷射手与喷射机操作人员之间要建立直接联系方式，当出现堵管及机械事故时能及时停机检修。

2.3 新技术

2.3.1 地基基础和地下工程技术

2.3.1.1 灌注桩后注浆技术

灌注桩后注浆是指在灌注桩成桩后一定时间，通过预设在桩身内的注浆导管及与之相连的桩端、桩侧处的注浆阀以压力注入水泥浆的一种施工工艺。注浆目的一是通过桩底和桩侧后注浆加固桩底沉渣（虚土）和桩身泥皮，二是对桩底及桩侧一定范围的土体通过渗入（粗颗粒十）、劈裂（细粒十）和压密（非饱和松散十）注浆起到加固作用，从而增大桩侧阻力和桩端阻力，提高单桩承载力，减少桩身沉降。

在优化注浆工艺参数的前提下，可使单桩竖向承载力提高40％以上，通常情况下粗粒土增幅高于细粒土、桩侧桩底复式注浆高于桩底注浆；桩基沉降减小30％左右；预埋于桩身的后注浆钢导管可以与桩身完整性超声检测管合二为一。

2.3.1.2 长螺旋钻孔压灌桩技术

长螺旋钻孔压灌桩技术是采用长螺旋钻机钻孔至设计标高，利用混凝土泵将超流态细石混凝土从钻头底压出，边压灌混凝土边提升钻头直至成桩，混凝土灌注至设计标高后，再借助钢筋笼自重或利用专门振动装置将钢筋笼一次插入混凝土桩体至设计标高，形成钢筋混凝土灌注桩。后插入钢筋笼的工序应在压灌混凝土工序后连续进行。与普通水下灌注桩施工工艺相比，长螺旋钻孔压灌桩施工，不需要泥浆护壁，无泥皮，无沉渣，无泥浆污染，施工速度快，造价较低。

该工艺还可根据需要在钢筋笼上绑设桩端后注浆管进行桩端后注浆，以提高桩的承载力。

2.3.1.3 水泥土复合桩技术

水泥土复合桩是适用于软土地基的一种新型复合桩，由 PHC 管桩、钢管桩等在水泥土初凝前压入水泥土桩中复合而成的桩基础，也可将其用作复合地基。水泥土复合桩由芯桩和水泥土组成，芯桩与桩周土之间为水泥土。水泥搅拌桩的施工及芯桩的压入改善了桩周和桩端土体的物理力学性质及应力场分布，有效地改善了桩的荷载传递途径；桩顶荷载由芯桩传递到水泥土桩再传递到侧壁和桩端的水泥土体，有效地提高了桩的侧阻力和端阻力，从而有效地提高了复合桩的承载力，减小桩的沉降。目前常用的施工工艺有植桩法等。

2.3.1.4 型钢水泥土复合搅拌桩支护结构技术

型钢水泥土复合搅拌桩是指通过特制的多轴深层搅拌机自上而下将施工场地原位土体切碎，同时从搅拌头处将水泥浆等固化剂注入土体并与土体搅拌均匀，通过连续的重叠搭接施工，形成水泥土地下连续墙；在水泥土初凝之前，将型钢（预制混凝土构件）插入墙中，形成型钢（预制混凝土构件）与水泥土的复合墙体。型钢水泥土复合搅拌桩支护结构同时具有抵抗侧向土水压力和阻止地下水渗漏的功能。

近几年水泥土搅拌桩施工工艺在传统的工法基础上有了很大的发展，TRD 工法、双轮铣深层搅拌工法（CSM 工法）、五轴水泥土搅拌桩、六轴水泥土搅拌桩等施工工艺的出现使型钢水泥土复合搅拌桩支护结构的使用范围更加广泛，施工效率也大大增加。

其中 TRD 工法（Trench-Cutting & Re-mixing Deep Wall Method）是将满足设计深度的附有切割链条以及刀头的切割箱插入地下，在进行纵向切割横向推进成槽的同时，向地基内部注入水泥浆以达到与原状地基的充分混合搅拌在地下形成等厚度水泥土连续墙的一种施工工艺。该工法具有适应地层广、墙体连续无接头、墙体渗透系数低等优点。

双轮铣深层搅拌工法（CSM 工法），是使用两组铣轮以水平轴向旋转搅拌方式、形成矩形槽段的改良土体的一种施工工艺。

2.3.1.5 复杂盾构法施工技术

盾构法是一种全机械化的隧道施工方法，通过盾构外壳和管片支承四周围岩防止发生坍塌。同时在开挖面前方用切削装置进行土体开挖，通过出土机械外运出洞，靠千斤顶在后部加压顶进，并拼装预制混凝土管片，形成隧道结构的一种机械化施工方法。由于盾构施工技术对环境影响很小而被广泛地采用，得到了迅速的发展。

复杂盾构法施工技术为复杂地层、复杂地面环境条件下的盾构法施工技术，或大断面圆形（洞径大于 10m）、矩形或双圆等异形断面形式的盾构法施工技术。

选择盾构形式时，除考虑施工区段的围岩条件、地面情况、断面尺寸、隧道长度、隧道线路、工期等各种条件外，还应考虑开挖和衬砌等施工问题，必须选择安全且经济的盾构形式。盾构施工在遇到复杂地层、复杂环境或者盾构截面异形或者盾构截面大时，可以通过分析地层和环境等情况合理配置刀盘、采用合适的掘进模式和掘进技术参数、盾构姿态控制及纠偏技术、采用合适的注浆方式等各种技术要求来解决以上的复杂问题。盾构法施工是一个系统性很强的工程，其设计和施工技术方案的确定，要从各个方面综合权衡与比选，最终确定合理可行的实施方案。

盾构机主要是用来开挖土、砂、围岩的隧道机械，由切口环、支撑环及盾尾三部分组成。就断面形状可分为单圆形、复圆形及非圆形盾构。矩形盾构是横断面为矩形的盾构机，相比圆形盾构，其作业面小，主要用于距地面较近的工程作业。矩形盾构机的研制难度超过圆形盾构机。目前，我国使用的矩形盾构机主要有 2 个、4 个或 6 个刀盘联合工作。

2.3.1.6 非开挖埋管施工技术

非开挖埋管施工技术应用较多的主要有顶管法、定向钻进穿越技术以及大断面矩形通道掘进施工技术。

1. 顶管法

顶管法是在松软土层或富水松软地层中敷设管道的一种施工方法。随着顶管技术的不断发展与成熟，已经涌现了一大批超大口径、超长距离的顶管工程。混凝土顶管管径最大达到 4000mm，一次顶进最长距离也达到 2080m。随着大量超长距离、超大口径顶管工程的出现，也产生了相应的顶管施工新技术。

（1）为维持超长距离顶进时的土压平衡，采用恒定顶进速度及多级顶进条件下螺旋机智能出土调速施工技术；该新技术结合分析确定的土压合理波动范围参数，使顶管机智能的适应土压变化，避免大的振动。

（2）针对超大口径、超长距离顶进过程中顶力过大问题开发研制了全自动压浆系统，智能分配注浆量，有效进行局部减阻。

（3）超长距离、多曲线顶管自动测量及偏离预报技术是迄今为止最为适合超长距离、曲线顶管的测量系统，该测量系统利用多台测量机器人联机跟踪测量技术，结合历史数据，对工具管导引的方向及幅度作出预报，极大地提高了顶进效率和顶管管道的质量。

（4）预应力钢筒混凝土管顶管（简称 JPCCP）拼接技术，利用副轨、副顶、主顶全方位三维立体式进行管节接口姿态调整，能有效解决该种新型复合管材高精度接口的拼接难题。

2. 定向钻进穿越技术

根据入土点和出土点设计出穿越曲线，然后根据穿越曲线利用穿越钻机先钻出导向孔、再进行扩孔处理，回拖管线之后利用泥浆的护壁及润滑作用将已预制试压合格的管段进行回拖，完成管线的敷设施工。其新技术包括：

（1）测量钻头位置的随钻测量系统。该系统的关键技术是在保证钻杆强度的前提下钻杆本体的密封以及钻杆内永久电缆连接处的密封。

（2）具有孔底马达的全新旋转导向钻进系统。该系统有效解决了定子和轴承的寿命问题以及可以按照设定导向进行旋转钻进。

3. 大断面矩形地下通道掘进施工技术

利用矩形隧道掘进机在前方掘进，而后将分节预制好的混凝土结构件在土层中顶进、拼装形成地下通道结构的非开挖法施工技术。

矩形隧道掘进机在顶进过程中，通过调节后顶主油缸的推进速度或调节螺旋输送机的转速，以控制搅拌舱的压力，使之与掘进机所处地层的土压力保持平衡，保证掘进机的顺利顶进，并实现上覆土体的低扰动；在刀盘不断转动下，开挖面切削下来的泥土进入搅拌舱，被搅拌成软塑状态的扰动土；对不能软化的天然土，则通过加入水、黏土或其他物质使其塑化，搅拌成具有一定塑性和流动性的混合土，由螺旋输送机排出搅拌舱，再由专用输送设备排出；隧道掘进机掘进至规定行程，缩回主推油缸，将分节预制好的混凝土管节吊入并拼装，然后继续顶进，直至形成整个地下通道结构。

大断面矩形地下通道掘进施工技术施工机械化程度高，掘进速度快，矩形断面利用率高，非开挖施工地下通道结构对地面运营设施影响小，能满足多种截面尺寸的地下通道施工需求。

2.3.2 钢筋与混凝土技术

2.3.2.1 高耐久性混凝土技术

高耐久性混凝土是通过对原材料的质量控制、优选及施工工艺的优化控制，合理掺加优质矿物掺合料或复合掺合料，采用高效（高性能）减水剂制成的具有良好工作性、满足结构所要求的各项力学性能，且耐久性优异的混凝土。

1. 原材料和配合比的要求

（1）水胶比（W/B）≤0.38。

（2）水泥必须采用符合现行国家标准规定的水泥，如硅酸盐水泥或普通硅酸盐水泥等，不得选用立窑水泥；水泥比表面积宜小于$350m^2/kg$，不应大于$380m^2/kg$。

（3）粗骨料的压碎值≤10%，宜采用分级供料的连续级配，吸水率<1.0%，且无潜在碱骨料反应危害。

（4）采用优质矿物掺合料或复合掺合料及高效（高性能）减水剂是配制高耐久性混凝土的特点之一。优质矿物掺合料主要包括硅灰、粉煤灰、磨细矿渣粉及天然沸石粉等，所用的矿物掺合料应符合国家现行有关标准，且宜达到优品级，对于沿海港口、滨海盐田、盐渍土地区，可添加防腐阻锈剂、防腐流变剂等。矿物掺合料等量取代水泥的最大量宜为：硅粉≤10%，粉煤灰≤30%，矿渣粉≤50%，天然沸石粉≤10%，复合掺合料≤50%。

（5）混凝土配制强度可按以下公式计算：

$$f_{cu,0} \geqslant f_{cu,k} + 1.645\sigma$$

式中：$f_{cu,0}$——混凝土配制强度（MPa）；

$f_{cu,k}$——混凝土立方体抗压强度标准值（MPa）；

σ——强度标准差，无统计数据时，预拌混凝土可按现行行业标准《普通混凝土配合比设计规程》JGJ 55 的规定取值。

2. 耐久性设计要求

对处于严酷环境的混凝土结构的耐久性，应根据工程所处环境条件，按现行国家标准《混凝土结构耐久性设计规范》GB/T 50467 进行耐久性设计，考虑的环境劣化因素及采取措施有：

（1）抗冻害耐久性要求：1）根据不同冻害地区确定最大水胶比；2）不同冻害地区的抗冻耐久性指数 DF 或抗冻等级；3）受除冰盐冻融循环作用时，应满足单位面积剥蚀量的要求；4）处于有冻害环境的，应掺入引气剂，引气量应达到3%～5%。

（2）抗盐害耐久性要求：1）根据不同盐害环境确定最大水胶比；2）抗氯离子的渗透性、扩散性，宜以56d龄期电通量或84d氯离子迁移系数来确定。一般情况下，56d电通量宜≤800C，84d氯离子迁移系数宜≤$2.5 \times 10^{-12} m^2/s$；3）混凝土表面裂缝宽度符合规范要求。

（3）抗硫酸盐腐蚀耐久性要求：1）用于硫酸盐侵蚀较为严重的环境，水泥熟料中的 C_3A 不宜超过 5%，宜掺加优质的掺合料并降低单位用水量；2）根据不同硫酸盐腐蚀环境，确定最大水胶比、混凝土抗硫酸盐侵蚀等级；3）混凝土抗硫酸盐等级宜不低于 KS120。

（4）对于腐蚀环境中的水下灌注桩，为解决其耐久性和施工问题，宜掺入具有防腐和流变性能的矿物外加剂，如防腐流变剂等。

（5）抑制碱-骨料反应有害膨胀的要求：1）混凝土中碱含量＜3.0kg/m³；2）在含碱环境或高湿度条件下，应采用非碱活性骨料；3）对于重要工程，应采取抑制碱骨料反应的技术措施。

2.3.2.2 自密实混凝土技术

自密实混凝土（Self-Compacting Concrete，简称 SCC）具有高流动性、均匀性和稳定性，浇筑时无需或仅需轻微外力振捣，能够在自重作用下流动并能充满模板空间的混凝土，属于高性能混凝土的一种。自密实混凝土技术主要包括：自密实混凝土的流动性、填充性、保塑性控制技术；自密实混凝土配合比设计；自密实混凝土早期收缩控制技术。

（1）自密实混凝土流动性、填充性、保塑性控制技术

自密实混凝土拌合物应具有良好的工作性，包括流动性、填充性和保水性等。通过骨料的级配控制、优选掺合料以及高效（高性能）减水剂来实现混凝土的高流动性、高填充性。其测试方法主要有坍落扩展度和扩展时间试验方法、J 环扩展度试验方法、离析率筛析试验方法、粗骨料振动离析率跳桌试验方法等。

（2）配合比设计

自密实混凝土配合比设计与普通混凝土有所不同，有全计算法、固定砂石法等。配合比设计时，应注意以下几点要求：

1）单方混凝土用水量宜为 160～180kg；

2）水胶比根据粉体的种类和掺量有所不同，不宜大于 0.45；

3）根据单位体积用水量和水胶比计算得到单位体积粉体量，单位体积粉体量宜为 0.16～0.23；

4）自密实混凝土单位体积浆体量宜为 0.32～0.40。

（3）自密实混凝土自收缩

由于自密实混凝土水胶比较低、胶凝材料用量较高，导致混凝土自收缩较大，应采取优化配合比，加强养护等措施，预防或减少自收缩引起的裂缝。

2.3.2.3 再生骨料混凝土技术

掺用再生骨料配制而成的混凝土称为再生骨料混凝土，简称再生混凝土。科学合理地利用建筑废弃物回收生产的再生骨料以制备再生骨料混凝土，一直是世界各国致力研究的方向，日本等国家已经基本形成完备的产业链。随着我国环境压力严峻、建材资源面临日益紧张的局势，如何寻求可用的非常规骨料作为工程建设混凝土用骨料的有效补充已迫在眉睫，再生骨料成为可行选择之一。

（1）再生骨料质量控制技术

1）再生骨料质量应符合现行国家标准《混凝土用再生粗骨料》GB/T 25177 或《混

凝土和砂浆用再生细骨料》GB/T 25176 的规定，制备混凝土用再生骨料应同时符合现行行业标准《再生骨料应用技术规程》JGJ/T 240 相关规定。

2）由于建筑废弃物来源的复杂性，各地技术及产业发达程度差异和受加工处理的客观条件限制，部分再生骨料某些指标可能不能满足现行国家标准的要求，须经过试配验证后，可用于配制垫层等非结构混凝土或强度等级较低的结构混凝土。

（2）再生骨料普通混凝土配制技术

设计配制再生骨料普通混凝土时，可参照现行行业标准《再生骨料应用技术规程》JGJ/T240 相关规定进行。

2.3.2.4 超高泵送混凝土技术

超高泵送混凝土技术，一般是指泵送高度超过 200m 的现代混凝土泵送技术。近年来，随着经济和社会发展，超高泵送混凝土的建筑工程越来越多，因而超高泵送混凝土技术已成为现代建筑施工中的关键技术之一。超高泵送混凝土技术是一项综合技术，包含混凝土制备技术、泵送参数计算、泵送设备选定与调试、泵管布设和泵送过程控制等内容。

（1）原材料的选择

宜选择 C_2S 含量高的水泥，对于提高混凝土的流动性和减少坍落度损失有显著的效果；粗骨料宜选用连续级配，应控制针片状含量，而且要考虑最大粒径与泵送管径之比，对于高强混凝土，应控制最大粒径范围；细骨料宜选用中砂，因为细砂会使混凝土变得黏稠，而粗砂容易使混凝土离析；采用性能优良的矿物掺合料，如矿粉、Ⅰ级粉煤灰、Ⅰ级复合掺合料或易流型复合掺合料、硅灰等，高强泵送混凝土宜优先选用能降低混凝土黏性的矿物外加剂和化学外加剂，矿物外加剂可选用降黏增强剂等，化学外加剂可选用降黏型减水剂，可使混凝土获得良好的工作性；减水剂应优先选用减水率高、保塑时间长的聚羧酸系减水剂，必要时掺加引气剂，减水剂应与水泥和掺合料有良好的相容性。

（2）混凝土的制备

通过原材料优选、配合比优化设计和工艺措施，使制备的混凝土具有较好的和易性，流动性高，虽黏度较小，但无离析泌水现象，因而有较小的流动阻力，易于泵送。

（3）泵送设备的选择和泵管的布设

泵送设备的选定应参照现行行业标准《混凝土泵送施工技术规程》JGJ/T10 中规定的技术要求，首先要进行泵送参数的验算，包括混凝土输送泵的型号和泵送能力，水平管压力损失、垂直管压力损失、特殊管的压力损失和泵送效率等。对泵送设备与泵管的要求为：

1）宜选用大功率、超高压的 S 阀结构混凝土泵，其混凝土出口压力满足超高层混凝土泵送阻力要求；

2）应选配耐高压、高耐磨的混凝土输送管道；

3）应选配耐高压管卡及其密封件；

4）应采用高耐磨的 S 管阀与眼镜板等配件；

5）混凝土泵基础必须浇筑坚固并固定牢固，以承受巨大的反作用力，混凝土出口布管应有利于减轻泵头承载；

6）输送泵管的地面水平管折算长度不宜小于垂直管长度的 1/5，且不宜小于 15m；

7）输送泵管应采用承托支架固定，承托支架必须与结构牢固连接，下部高压区应设置专门支架或混凝土结构以承受管道重量及泵送时的冲击力；

8）在泵机出口附近设置耐高压的液压或电动截止阀。

（4）泵送施工的过程控制

应对到场的混凝土进行坍落度、扩展度和含气量的检测，根据需要对混凝土入泵温度和环境温度进行监测，如出现不正常情况，及时采取应对措施；泵送过程中，要实时检查泵车的压力变化、泵管有无渗水、漏浆情况以及各连接件的状况等，发现问题及时处理。泵送施工控制要求为：

1）合理组织，连续施工，避免中断；

2）严格控制混凝土流动性及其经时变化值；

3）根据泵送高度适当延长初凝时间；

4）严格控制高压条件下的混凝土泌水率；

5）采取保温或冷却措施控制管道温度，防止混凝土摩擦、日照等因素引起管道过热；

6）弯道等易磨损部位应设置加强安全措施；

7）泵管清洗时应妥善回收管内混凝土，避免污染或材料浪费。泵送和清洗过程中产生的废弃混凝土，应按预先确定的处理方法和场所，及时进行妥善处理，并不得将其用于浇筑结构构件。

2.3.2.5 高强钢筋应用技术

1. 热轧高强钢筋应用技术

高强钢筋是指现行国家标准《钢筋混凝土用钢 第 2 部分：热轧带肋钢筋》GB 1499.2 中规定的屈服强度为 400MPa 和 500MPa 级的普通热轧带肋钢筋（HRB）以及细晶粒热轧带肋钢筋（HRBF）。

通过加钒（V）、铌（Nb）等合金元素微合金化的其牌号为 HRB；通过控轧和控冷工艺，使钢筋金相组织的晶粒细化的其牌号为 HRBF；还有通过余热淬水处理的其牌号为 RRB。这三种高强钢筋，在材料力学性能、施工适应性以及可焊性方面，以微合金化钢筋（HRB）为最可靠；细晶粒钢筋（HRBF）其强度指标与延性性能都能满足要求，可焊性一般；而余热处理钢筋其延性较差，可焊性差，加工适应性也较差。

经对各类结构应用高强钢筋的比对与测算，通过推广应用高强钢筋，在考虑构造等因素后，平均可减少钢筋用量约 12％～18％，具有很好的节材作用。按房屋建筑中钢筋工程节约的钢筋用量考虑，土建工程每平方米可节约 25～38 元。因此，推广与应用高强钢筋的经济效益也十分巨大。

高强钢筋的应用可以明显提高结构构件的配筋效率。在大型公共建筑中，普遍采用大柱网与大跨度框架梁，若对这些大跨度梁采用 400MPa、500MPa 级高强钢筋，可有效减少配筋数量，有效提高配筋效率，并方便施工。

在梁柱构件设计中，有时由于受配置钢筋数量的影响，为保证钢筋间的合适间距，不得不加大构件的截面宽度，导致梁柱截面混凝土用量增加。若采用高强钢筋，可显著减少配筋根数，使梁柱截面尺寸得到合理优化。

2. 高强冷轧带肋钢筋应用技术

CRB600H 高强冷轧带肋钢筋（简称"CRB600H 高强钢筋"）是国内近年来开发的新型冷轧带肋钢筋。CRB600H 高强钢筋是在传统 CRB550 冷轧带肋钢筋的基础上，经过多项技术改进，从产品性能、产品质量、生产效率、经济效益等多方面均有显著提升。

CRB600H 高强钢筋的最大优势是以普通 Q235 盘条为原材，在不添加任何微合金元素的情况下，通过冷轧、在线热处理、在线性能控制等工艺生产，生产线实现了自动化、连续化、高速化作业。

CRB600H 高强钢筋与 HRB400 钢筋售价相当，但其强度更高，应用后可节约钢材达 10%。

2.3.2.6 高强钢筋直螺纹连接技术

直螺纹机械连接是高强钢筋连接采用的主要方式，按照钢筋直螺纹加工成型方式分为剥肋滚轧直螺纹、直接滚轧直螺纹和镦粗直螺纹，其中剥肋滚轧直螺纹、直接滚轧直螺纹属于无切削螺纹加工，镦粗直螺纹属于切削螺纹加工。钢筋直螺纹加工设备按照直螺纹成型工艺主要分为剥肋滚轧直螺纹成型机、直接滚轧直螺纹成型机、钢筋端头镦粗机和钢筋直螺纹加工机，并已研发了钢筋直螺纹自动化加工生产线；按照连接套筒型式主要分为标准型套筒、加长丝扣型套筒、变径型套筒、正反丝扣型套筒；按照连接接头型式主要分为标准型直螺纹接头、变径型直螺纹接头、正反丝扣型直螺纹接头、加长丝扣型直螺纹接头、可焊直螺纹套筒接头和分体直螺纹套筒接头。高强钢筋直螺纹连接应执行现行行业标准《钢筋机械连接技术规程》JGJ107 的有关规定，钢筋连接套筒应执行现行行业标准《钢筋机械连接用套筒》JG/T163 的有关规定。

高强钢筋直螺纹连接主要技术内容包括：

（1）钢筋直螺纹丝头加工。钢筋螺纹加工工艺流程是首先将钢筋端部用砂轮锯、专用圆弧切断机或锯切机平切，使钢筋端头平面与钢筋中心线基本垂直；其次用钢筋直螺纹成型机直接加工钢筋端头直螺纹，或者使用镦粗机对钢筋端部镦粗后用直螺纹加工机加工镦粗直螺纹；直螺纹加工完成后用环通规和环止规检验丝头直径是否符合要求；最后用钢筋螺纹保护帽对检验合格的直螺纹丝头进行保护。

（2）直螺纹连接套筒设计、加工和检验验收应符合现行行业标准《钢筋机械连接用套筒》JG/T163 的有关规定。

（3）钢筋直螺纹连接。高强钢筋直螺纹连接工艺流程是用连接套筒先将带有直螺纹丝头的两根待连接钢筋使用管钳或安装扳手施加一定拧紧力矩旋拧在一起，然后用专用扭矩扳手校核拧紧力矩，使其达到行业标准《钢筋机械连接技术规程》JGJ107 规定的各规格接头最小拧紧力矩值的要求，并且使钢筋丝头在套筒中央位置相互顶紧，标准型、正反丝型、异径型接头安装后的单侧外露螺纹不宜超过 2P，对无法对顶的其他直螺纹接头，应附加锁紧螺母、顶紧凸台等措施紧固。

（4）钢筋直螺纹加工设备应符合现行行业标准《钢筋直螺纹成型机》JG/T 146 的有关规定。

（5）钢筋直螺纹接头应用、接头性能、试验方法、型式检验和施工检验验收，应符合现行行业标准《钢筋机械连接技术规程》JGJ 107 的有关规定。

2.3.2.7 钢筋机械锚固技术

钢筋机械锚固技术是将螺帽与垫板合二为一的锚固板通过螺纹与钢筋端部相连形成的锚固装置。其作用机理为：钢筋的锚固力全部由锚固板承担或由锚固板和钢筋的粘结力共同承担（原理见图 2-4），从而减少钢筋的锚固长度，节省钢筋用量。在复杂节点采用钢筋机械锚固技术还可简化钢筋工程施工，减少钢筋密集拥堵绑扎困难，改善节点受力性能，提高混凝土浇筑质量。该项技术的主要内容包括：部分锚固板钢筋的设计应用技术、全锚固板钢筋的设计应用技术、锚固板钢筋现场加工及安装技术等。详细技术内容见现行行业标准《钢筋锚固板应用技术规程》JGJ 256。

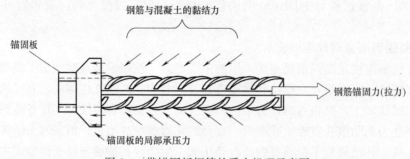

图 2-4 带锚固板钢筋的受力机理示意图

2.3.3　模板脚手架技术

2.3.3.1　液压爬升模板技术

爬模装置通过承载体附着或支承在混凝土结构上，当新浇筑的混凝土脱模后，以液压油缸为动力，以导轨为爬升轨道，将爬模装置向上爬升一层，反复循环作业的施工工艺，简称爬模。目前我国的爬模技术在工程质量、安全生产、施工进度、降低成本、提高工效和经济效益等方面均有良好的效果。

（1）爬模设计

1）采用液压爬升模板施工的工程，必须编制爬模安全专项施工方案，进行爬模装置设计与工作荷载计算。

2）爬模装置由模板系统、架体与操作平台系统、液压爬升系统、智能控制系统四部分组成

3）根据工程具体情况，爬模技术可以实现墙体外爬、外爬内吊、内爬外吊、内爬内吊、外爬内支等爬升施工。

4）模板可采用组拼式全钢大模板及成套模板配件，也可根据工程具体情况，采用铝合金模板、组合式带肋塑料模板、重型铝框塑料板模板、木工字梁胶合板模板等；模板的高度为标准层层高。

模板采用水平油缸合模、脱模，也可采用吊杆滑轮合模、脱模，操作方便安全；钢模板上还可带有脱模器，确保模板顺利脱模。

5）爬模装置全部金属化，确保防火安全。

6）爬模机位同步控制、操作平台荷载控制、风荷载控制等均采用智能控制，做到超过升差、超载、失载的声光报警。

（2）爬模施工

1）爬模组装一般需从已施工 2 层以上的结构开始，楼板需要滞后 4～5 层施工。

2）液压系统安装完成后应进行系统调试和加压试验，确保施工过程中所有接头和密封处无渗漏。

3）混凝土浇筑宜采用布料机均匀布料，分层浇筑、分层振捣；在混凝土养护期间绑

扎上层钢筋；当混凝土脱模后，将爬模装置向上爬升一层。

4）一项工程完成后，模板、爬模装置及液压设备可继续在其他工程通用，周转使用次数多。

5）爬模可节省模板堆放场地，对于在城市中心施工场地狭窄的项目有明显的优越性。爬模的施工现场文明，在工程质量、安全生产、施工进度和经济效益等方面均有良好的保证。

2.3.3.2 整体爬升钢平台技术

整体爬升钢平台技术是采用由整体爬升的全封闭式钢平台和脚手架组成一体化的模板脚手架体系进行建筑高空钢筋模板工程施工的技术。该技术通过支撑系统或爬升系统将所承受的荷载传递给混凝土结构，由动力设备驱动，运用支撑系统与爬升系统交替支撑进行模板脚手架体系爬升，实现模板工程高效安全作业，保证结构施工质量，满足复杂多变混凝土结构工程施工的要求。

整体爬升钢平台系统主要由钢平台系统、脚手架系统、支撑系统、爬升系统、模板系统构成。

（1）钢平台系统位于顶部，可由钢框架、钢桁架、盖板、围挡板等部件通过组合连接形成整体结构，具有大承载力的特点，满足施工材料和施工机具的停放以及承受脚手架和支撑系统等部件同步作业荷载传递的需要，钢平台系统是地面运往高空物料机具的中转堆放场所。

（2）脚手架系统为混凝土结构施工提供高空立体作业空间，通常连接在钢平台系统下方，侧向及底部采用全封闭状态防止高空坠物，满足高空安全施工需要。

（3）支撑系统为整体爬升钢平台提供支承作用，并将承受的荷载传递至混凝土结构；支撑系统可与脚手架系统一体化设计，协同实现脚手架功能；支撑系统与混凝土结构可通过接触支承、螺栓连接、焊接连接等方式传递荷载。

（4）爬升系统由动力设备和爬升结构部件组合而成，动力设备采用液压控制驱动的双作用液压缸或电动机控制驱动的蜗轮蜗杆提升机等；柱式爬升结构部件由钢格构柱或钢格构柱与爬升靴等组成，墙式爬升部件由钢梁等构件组成；爬升系统的支撑通过接触支承、螺栓连接、焊接连接等方式将荷载传递到混凝土结构。

（5）模板系统用于现浇混凝土结构成型，随整体爬升钢平台系统提升，模板采用大钢模、钢框木模、铝合金框木模等。整体爬升钢平台系统各工作面均设置有人员上下的安全楼梯通道以及临边安全作业防护设施等。

整体爬升钢平台根据现浇混凝土结构体型特征以及混凝土结构劲性柱、伸臂桁架、剪力钢板的布置等进行设计，采用单层或双层施工作业模式，选择适用的爬升系统和支撑系统，分别验算平台爬升作业工况和平台非爬升施工作业工况荷载承受能力；可根据工程需要在钢平台系统上设置布料机、塔机、人货电梯等施工设备，实现整体爬升钢平台与施工机械一体化协同施工；整体爬升钢平台采用标准模块化设计方法，通过信息化自动控制技术实现智能化控制施工。

2.3.3.3 清水混凝土模板技术

清水混凝土模板是按照清水混凝土要求进行设计加工的模板技术。根据结构外形尺寸要求及外观质量要求，清水混凝土模板可采用大钢模板、钢木模板、组合式带肋塑料模板、铝合金模板及聚氨酯内衬模板技术等。

（1）清水混凝土特点

清水混凝土可分为普通清水混凝土、饰面清水混凝土和装饰清水混凝土。清水混凝土在配合比设计、制备与运输、浇筑、养护、表面处理、成品保护、质量验收方面都应按现行行业标准《清水混凝土应用技术规程》JGJ 169 的相关规定处理。

（2）清水混凝土模板特点

1）清水混凝土是直接利用混凝土成型后的自然质感作为饰面效果的混凝土工程，清水混凝土表面质量的最终效果主要取决于清水混凝土模板的设计、加工、安装和节点细部处理。

2）由于对模板应有平整度、光洁度、拼缝、孔眼、线条与装饰图案的要求，根据清水混凝土的饰面要求和质量要求，清水混凝土模板更应重视模板选型、模板分块、面板分割、对拉螺栓的排列和模板表面平整度等技术指标。

（3）清水混凝土模板设计

1）模板设计前应对清水混凝土工程进行全面深化设计，妥善解决好对饰面效果产生影响的关键问题，如：明缝、蝉缝、对拉螺栓孔眼、施工缝的处理、后浇带的处理等。

2）模板体系选择：选取能够满足清水混凝土外观质量要求的模板体系，具有足够的强度、刚度和稳定性；模板体系要求拼缝严密、规格尺寸准确、便于组装和拆除，能满足周转使用次数要求。

3）模板分块原则：在起重荷载允许的范围内，根据蝉缝、明缝分布设计分块，同时兼顾分块的定型化、整体化、模数化和通用化。

4）面板分割原则：应按照模板蝉缝和明缝位置分割，必须保证蝉缝和明缝水平交圈、竖向垂直。装饰清水混凝土的内衬模板，其面板的分割应保证装饰图案的连续性及施工的可操作性。

5）对拉螺栓孔眼排布：应达到规律性和对称性的装饰效果，同时还应满足模板受力要求。

6）节点处理：根据工程设计要求和工程特点合理设计模板节点。

（4）清水混凝土模板施工特点

模板安装时遵循先内侧、后外侧，先横墙、后纵墙，先角模、后墙模的原则；吊装时注意对面板保护，保证明缝、蝉缝的垂直度及交圈；模板配件紧固要用力均匀，保证相邻模板配件受力大小一致，避免模板产生不均匀变形；施工中注意不撞击模板，施工后及时清理模板，涂刷隔离剂，并保护好清水混凝土成品。

2.3.3.4 管廊模板技术

管廊的施工方法主要分为明挖施工和暗挖施工。明挖施工可采用明挖现浇施工法与明挖预制拼装施工法。当前，明挖现浇施工管廊工程量很大，工程质量要求高，对管廊模板的需求量大，管廊模板技术主要包括支模和隧道模两类，适用于明挖现浇混凝土管廊的模板工程。

（1）管廊模板设计依据

管廊混凝土浇筑施工工艺可采取工艺为：管廊混凝土分底板、墙板、顶板三次浇筑施工；管廊混凝土分底板、墙板和顶板两次浇筑施工。按管廊混凝土浇筑工艺不同应进行相对应的模板设计与制定施工工艺。

（2）混凝土分两次浇筑的模板施工工艺：

1）底板模板现场自备；

2）墙模板与顶板采取组合式带肋塑料模板、铝合金模板、隧道模板施工工艺等（详见图2-5）。

（3）混凝土分三次浇筑的模板施工工艺：

1）底板模板现场自备；

2）墙板模板采用组合式带肋塑料模板、铝合金模板、全钢大模板等；

3）顶板模板采用组合式带肋塑料模板、铝合金模板、钢框胶合板台模等。

（a）　　　　　　　　　　　　　　　　（b）

图2-5　组合式带肋塑料模板在管廊工程中应用
（a）混凝土分两次浇筑的模板；（b）混凝土分三次浇筑的模板

（4）管廊模板设计基本要求

1）管廊模板设计应按混凝土浇筑工艺和模板施工工艺进行；

2）管廊模板的构件设计，应做到标准化、通用化；

3）管廊模板设计应满足强度、刚度要求，并应满足支撑系统稳定；

4）管廊外墙模板采用支模工艺施工应优先采用不设对拉螺栓做法，也可采用止水对拉螺栓做法，内墙模板不限；

5）当管廊采用隧道模施工工艺时，管廊模板设计应根据工程情况的不同，可以按全隧道模、半隧道模和半隧道模＋台模的不同工艺设计；

6）当管廊顶板采用台模施工工艺时，台模应将模板与支撑系统设计成整体，保证整装、整拆、整体移动，并应根据顶板拆模强度条件考虑养护支撑的设计。

（5）管廊模板施工

1）采用组合式带肋塑料模板、铝合金模板、隧道模板施工应符合各类模板的行业标准规定要求及《混凝土结构工程施工规范》GB 50666规定要求；

2）隧道模是墙板与顶板混凝土同时浇筑、模板同时拆除的一种特殊施工工艺，采用隧道模施工的工程，应重视隧道模拆模时的混凝土强度，并应采取隧道模早拆技术措施。

2.3.4 信息化技术

2.3.4.1 基于 BIM 的现场施工管理信息技术

基于 BIM 的现场施工管理信息技术是指利用 BIM 技术，并借助移动互联网技术实现施工现场可视化、虚拟化的协同管理。在施工阶段结合施工工艺及现场管理需求对设计阶段施工图模型进行信息添加、更新和完善，以得到满足施工需求的施工模型。依托标准化项目管理流程，结合移动应用技术，通过基于施工模型的深化设计，以及场布、施工组织、进度、材料、设备、质量、安全、竣工验收等管理应用，实现施工现场信息高效传递和实时共享，提高施工管理水平。

（1）深化设计：基于施工 BIM 模型结合施工操作规范与施工工艺，进行建筑、结构、机电设备等专业的综合碰撞检查，解决各专业碰撞问题，完成施工优化设计，完善施工模型，提升施工各专业的合理性、准确性和可校核性。

（2）场布管理：基于施工 BIM 模型对施工各阶段的场地地形、既有设施、周边环境、施工区域、临时道路及设施、加工区域、材料堆场、临水临电、施工机械、安全文明施工设施等进行规划布置和分析优化，以实现场地布置科学合理。

（3）施组管理：基于施工 BIM 模型，结合施工工序、工艺等要求，进行施工过程的可视化模拟，并对方案进行分析和优化，提高方案审核的准确性，实现施工方案的可视化交底。

（4）进度管理：基于施工 BIM 模型，通过计划进度模型（可以通过 Project 等相关软件编制进度文件生成进度模型）和实际进度模型的动态链接，进行计划进度和实际进度的对比，找出差异，分析原因，BIM 4D 进度管理直观的实现对项目进度的虚拟控制与优化。

（5）材料、设备管理：基于施工 BIM 模型，可动态分配各种施工资源和设备，并输出相应的材料、设备需求信息，并与材料、设备实际消耗信息进行比对，实现施工过程中材料、设备的有效控制。

（6）质量、安全管理：基于施工 BIM 模型，对工程质量、安全关键控制点进行模拟仿真以及方案优化。利用移动设备对现场工程质量、安全进行检查与验收，实现质量、安全管理的动态跟踪与记录。

（7）竣工管理：基于施工 BIM 模型，将竣工验收信息添加到模型，并按照竣工要求进行修正，进而形成竣工 BIM 模型，作为竣工资料的重要参考依据。

2.3.4.2 基于大数据的项目成本分析与控制信息技术

基于大数据的项目成本分析与控制信息技术，是利用项目成本管理信息化和大数据技术更科学和有效的提升工程项目成本管理水平和管控能力的技术。通过建立大数据分析模型，充分利用项目成本管理信息系统积累的海量业务数据，按业务板块、地区、重大工程等维度进行分类、汇总，对"工、料、机"等核心成本要素进行分析，挖掘出关键成本管控指标并利用其进行成本控制，从而实现工程项目成本管理的过程管控和风险预警。

（1）项目成本管理信息化主要技术内容

1）项目成本管理信息化技术是要建设包含收入管理、成本管理、资金管理和报表分析等功能模块的项目成本管理信息系统。

2）收入管理模块应包括业主合同、验工计价、完成产值和变更索赔管理等功能，实现业主合同收入、验工收入、实际完成产值和变更索赔收入等数据的采集。

3）成本管理模块应包括价格库、责任成本预算、劳务分包、专业分包、机械设备、物资管理、其他成本和现场经费管理等功能，具有按总控数量对"工、料、机"的业务发生数量进行限制，按各机构、片区和项目限价对"工、料、机"采购价格进行管控的能力，能够编制预算成本和采集劳务、物资、机械、其他、现场经费等实际成本数据。

4）资金管理模块应包括债务支付集中审批、支付比例变更、财务凭证管理等功能，具有对项目部资金支付的金额和对象进行管控的能力，实现应付和实付资金数据的采集。

5）报表分析应包括"工、料、机"等各类业务台账和常规业务报表，并具备对劳务、物资、机械和周转料的核算功能，能够实时反映施工项目的总体经营状态。

（2）成本业务大数据分析技术的主要技术内容

1）建立项目成本关键指标关联分析模型。

2）实现对"工、料、机"等工程项目成本业务数据按业务板块、地理区域、组织架构和重大工程项目等分类的汇总和对比分析，找出工程项目成本管理的薄弱环节。

3）实现工程项目成本管理价格、数量、变更索赔等关键要素的趋势分析和预警。

4）采用数据挖掘技术形成成本管理的"量、价、费"等关键指标，通过对关键指标的控制，实现成本的过程管控和风险预警。

5）应具备与其他系统进行集成的能力。

2.3.4.3 基于互联网的项目多方协同管理技术

基于互联网的项目多方协同管理技术是以计算机支持协同工作（CSCW）理论为基础，以云计算、大数据、移动互联网和 BIM 等技术为支撑，构建的多方参与的协同工作信息化管理平台。通过工作任务协同管理、质量和安全协同管理、图档协同管理、项目成果物的在线移交和验收管理、在线沟通服务，解决项目图档混乱、数据管理标准不统一等问题，实现项目各参与方之间信息共享、实时沟通，提高项目多方协同管理水平。

（1）工作任务协同。在项目实施过程中，将总包方发布的任务清单及工作任务完成情况的统计分析结果实时分享给投资方、分包方、监理方等项目相关参与方，实现多参与方对项目施工任务的协同管理和实时监控。

（2）质量和安全管理协同。能够实现总包方对质量、安全的动态管理和限期整改问题自动提醒。利用大数据进行缺陷事件分析，通过订阅和推送的方式为多参与方提供服务。

（3）项目图档协同。项目各参与方基于统一的平台进行图档审批、修订、分发、借阅，施工图纸文件与相应 BIM 构件进行关联，实现可视化管理。对图档文件进行版本管理，项目相关人员通过移动终端设备可以随时随地查看最新的图档。

（4）项目成果物的在线移交和验收。各参与方在项目设计、采购、实施、运营等阶段通过协同平台进行成果物的在线编辑、移交和验收，并自动归档。

（5）在线沟通服务。利用即时通信工具，增强各参与方沟通能力。

2.3.4.4 基于移动互联网的项目动态管理信息技术

基于移动互联网的项目动态管理信息技术是指综合运用移动互联网技术、全球卫星定位技术、视频监控技术、计算机网络技术，对施工现场的设备调度、计划管理、安全质量管理等环节进行信息即时采集、记录和共享，满足现场多方协同需要，通过数据的整合分析实现项目动态实时管理，规避项目过程各类风险。

（1）设备调度。运用移动互联网技术，通过对施工现场车辆运行轨迹、频率、卸点位置、物料类别等信息的采集，完成路径优化，实现智能调度管理。

（2）计划管理。根据施工现场的实际情况，对施工任务进行细化分解，并监控任务进度完成情况，实现工作任务合理在线分配及施工进度的控制与管理。

（3）安全质量管理。利用移动终端设备，对质量、安全巡查中发现的质量问题和安全隐患进行影音数据采集和自动上传，整改通知、整改回复自动推送到责任人员，实现闭环管理。

（4）数据管理。通过信息平台准确生成和汇总施工各阶段工程量、物资消耗等数据，实现数据自动归集、汇总、查询，为成本分析提供及时、准确数据。

2.3.4.5 基于物联网的工程总承包项目物资全过程监管技术

基于物联网的工程总承包项目物资全过程监管技术，是指利用信息化手段建立从工厂到现场的"仓到仓"全链条一体化物资、物流、物管体系。通过手持终端设备和物联网技术，实现集装卸、运输、仓储等整个物流供应链信息的一体化管控，实现项目物资、物流、物管的高效、科学、规范的管理，解决传统模式下无法实时、准确地进行物流跟踪和动态分析的问题，从而提升工程总承包项目物资全过程监管水平。

（1）建立工程总承包项目物资全过程监管平台，实现编码管理、终端扫描、报关审核、节点控制、现场信息监控等功能，同时支持单项目统计和多项目对比，为项目经理和决策者提供物资全过程监管支撑。

（2）编码管理：以合同 BOQ 清单为基础，采用统一编码标准，包括设备 KKS 编码、部套编码、物资编码、箱件编码、工厂编号及图号编码，并自动生成可供物联网设备扫描的条形码，实现业务快速流转，减少人为差错。

（3）终端扫描：在各个运输环节，通过手持智能终端设备，对条形码进行扫码，并上传至工程总承包项目物资全过程监管平台，通过物联网数据的自动采集，实现集装卸、运输、仓储等整个物流供应链信息共享。

（4）报关审核：建立报关审核信息平台，完善企业物资海关编码库，适应新形势下海关无纸化报关要求，规避工程总承包项目物资货量大、发船批次多、清关延误等风险，保证各项出口物资的顺利通关。

（5）节点控制：根据工程总承包计划设置物流运输时间控制节点，包括海外海运至发货港口、境内陆运至车站、报关通关、物资装船、海上运输、物资清关、陆地运输等，明确运输节点的起止时间，以便工程总承包项目物资全过程监管平台根据物联网扫码结果，动态分析偏差，进行预警。

（6）现场信息监控：建立现场物资仓储平台，通过运输过程中物联网数据的更新，实时动态监管物资的发货、运输、集港、到货、验收等环节，以便现场合理安排项目进度计划，实现物资全过程闭环管理。

2.3.4.6 基于物联网的劳务管理信息技术

基于物联网的劳务管理信息技术是指利用物联网技术，集成各类智能终端设备对建设项目现场劳务工人实现高效管理的综合信息化系统。系统能够实现实名制管理、考勤管理、安全教育管理、视频监控管理、工资监管、后勤管理以及基于业务的各类统计分析等，提高项目现场劳务用工管理能力、辅助提升政府对劳务用工的监管效率，保障劳务工人与企业利益。

（1）实名制管理。实现劳务工人进场实名登记、基础信息采集、通行授权、黑名单鉴别，人员年龄管控、人员合同登记、职业证书登记以及人员退场管理。

（2）考勤管理。利用物联网终端门禁等设备，对劳务工人进出指定区域通行信息自动采集，统计考勤信息，能够对长期未进场人员进行授权自动失效和再次授权管理。

（3）安全教育管理。能够记录劳务工人安全教育记录，在现场通行过程中对未参加安全教育人员限制通过。可以利用手机设备登记人员安全教育等信息，实现安全教育管理移动应用。

（4）视频监控。能够对通行人员人像信息自动采集并与登记信息进行人工比对，能够及时查询采集记录；能实时监控各个通道的人员通行行为，并支持远程监控查看及视频监控资料存储。

（5）工资监管。能够记录和存储劳务分包队伍劳务工人工资发放记录，亦能对接银行系统实现工资发放流水的监控，保障工资支付到位。

（6）后勤管理。能够对劳务工人进行住宿分配管理，亦能够实现一卡通在项目的消费应用。

（7）统计分析。能基于过程记录的基础数据，提供政府标准报表，实现劳务工人地域、年龄、工种、出勤数据等统计分析，同时能够提供企业需要的各类格式报表定制。利用手机设备可以实现劳务工人信息查询、数据实时统计分析查询。

2.4 新工法

2.4.1 混凝土衬砌 U 型渠道掘进衬砌一体化施工工法

1. 背景

采用混凝土衬砌 U 型渠道替代其他形式的渠道是减少渠道输水损失、加快流速、减少清淤维护工作量、提高输水效率和降低维护管理成本的有效措施，已在我国各地推广应用。传统的混凝土衬砌 U 型渠道施工多采用工厂预制 U 型渠槽，机械开挖毛渠，人工修整渠基，人工将运到现场的 U 型混凝土渠槽一节节的铺设、拼装，人工对拼缝进行砂浆勾缝的方法。即便是目前最先进的 U 型渠机械施工工法也只能解决混凝土衬砌问题，无法使 U 型土基一次成形，完成掘进衬砌一体化作业。以上施工方法均存在工序环节多、用工多、劳动强度大、建设成本高、渠道整体性差、施工质量不易控制等缺点。目前，混凝土 U 型渠道掘进衬砌一体化施工设备及技术得到了广泛应用，可解决 U 型渠道土方掘进和混凝土衬砌一次成型的难题，具有节水、节地、省工、省时，渠道质量好等多种优势。

2. 工法特点

（1）具有节省人工、提高施工效率、降低施工成本的明显优势。该工法一个班组 8 小时可完成 U 型混凝土渠道 1000m，是同等劳力传统施工效率的 2.2 倍，平均每千米可节省综合成本 1.584 万元。

（2）大幅提高了机械化作业水平，基本实现了施工作业全程机械化，降低了劳动者劳动强度和劳动力密度，减少了安全事故发生的概率。

（3）与传统方法施工完成的 U 型混凝土渠道相比，在质量上具有明显的优势。通过具有检测资质的单位进行第三方检测，U 型渠一体化施工新技术具有五个方面明显优势：

1）外观：人工铺砌或拼接的 U 型渠存在较多的鼓包、蜂窝、破损，裂缝也较多，且以贯穿裂缝为主。而一体机施工的 U 型渠不存在鼓包、蜂窝，均无贯穿裂缝。

2）顺直性：人工铺砌的 U 型渠顺直性细节控制不足，所检渠道只有少量偏移平均值在要求范围内；一体机施工的 U 型渠能精确控制细节，所检渠道偏移平均值均在要求范围内。

3）横断面尺寸：两种施工方法在横断面尺寸上均存在偏差，但一体机施工渠道的偏差更小，断面较标准。

4）压实度：在渠道上随机选取断面，每个断面取土三组进行检验，取平均值。经检测，人工铺砌的 U 型渠土方密实度低于设计值较多，大多数填土不合格；一体机施工的 U 型渠填土密实度满足设计要求，合格率接近 100%。

5）防渗性：人工铺砌的 U 型渠经过自然风化，连接处的勾缝开裂严重，通过蓄水试验，在几小时内可全部渗漏完，不能满足设计要求；一体机施工的 U 型渠几乎不存在渗漏问题，满足设计要求。

（4）配套使用混凝土 U 型渠分水闸门，使渠道保水节水性能更好，分水、用水、计水更加方便。

3. 使用范围

本施工工法适用于平原、丘陵多种土质结构掘进衬砌直径为 0.5～0.8m 的 U 型混凝土渠道施工。

4. 工艺原理

（1）设备原理

该设备由掘进机和衬砌机两大部件组成，由连接杆连接而成。掘进机由操作室、柴油机、液压装置、操作台、减速器、U 型掘进头、土方输送装置、行走履带等组成。U 型掘进头为核心部件之一，它参考盾构掘进原理，由锥形绞土叶片、U 型模、切土刀片、深度控制板、土方导流板、方向指示标等构成。衬砌部分由料斗、振动器、导向滑模、成形 U 型滑模、压边板、分料板和翼板构成，它与混凝土搅拌、运送上料等辅助设备配合，完成混凝土现场浇筑成型衬砌（图 2-6 为自走式 U 型沟渠土方掘进衬砌一体机结构图）。

（2）施工技术原理

鉴于混凝土拌合物具有极强的可塑性，在初凝前均会表现出一定的流动性。在进行混凝土衬砌施工时，混凝土拌合物被振捣后进入土模和成型滑模中间的缝隙中，贴合在土模上，凝固后即可成为连续的混凝土 U 型渠。但是，在凝固过程中，U 型一体机的成型滑模会随一体机运动，脱离混凝土拌合物，此时混凝土拌合物只有一面受土模约束，另一面临空，混凝土拌合物表现出的流动性会导致其在临空面发生一定的塑性变形，最终可能会发生鼓包、坍塌等现象，导致浇筑处的混凝土 U 型渠道达不到质量要求。本工法在充分考虑混凝土现浇工程的塑性和 U 型渠工程的特性后，综合采取以下几种措施来解决这一问题，最终达到预期的效果。

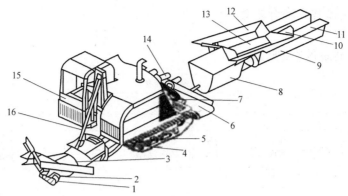

图 2-6　自走式 U 型沟渠土方掘进衬砌一体机结构图

1—掘进叶片；2—切土盘；3—U 型掘进成形筒；4—倾斜传送带；5—履带；6—水平传送带；
7—减速器；8—导向滑模；9—U 型滑模；10—振捣器；11—压边板；12—翼板；
13—分型板；14—液压装置；15—机组室；16—提升液压缸

1）选用合适的断面形式

在一体机施工时，综合考虑了一体机的施工特性，选择的混凝土 U 型渠断面形式如图 2-7 所示，对于不同开口的 U 型渠，设计了不同的尺寸数据，见表 2-1。

其断面属于直线圆弧相切型，其控制混凝土拌合物坍落的机理是：直线部分并非铅直面，而是与铅直面形成一定的角度，该角度有利于混凝土拌合

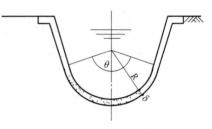

图 2-7　混凝土 U 型渠断面

物可以贴合在渠槽土表面不发生下滑，同时将混凝土 U 型渠的占地面积与工程量的增加量控制在可接受范围内。该角度通过论证确定在 14°，这个角度的确可以对缓解混凝土拌合物的下滑起到一定的作用。

不同开口宽度混凝土 U 型渠尺寸数据　　　　　　　　　　　　　　　　表 2-1

渠道尺寸	断面尺寸						
	R	B	H	δ	h	D	θ
U50	200	560	500	60	400	750	152°
U60	250	660	550	60	450	780	152°
U80	300	840	650	60	550	870	152°

2）充分压实土基，杜绝土方脆弱面造成的影响。

3）开挖衬砌一体施工，减少开挖回弹的影响。

4）降低混凝土流动性，减少水泥浆含水量，选用碎石骨料。使用多棱角的碎石料作为粗骨料替代卵石可以增加骨料之间的磨阻，降低润滑性，达到降低流动性的目的。在浇筑过程中，碎石在振捣作用下会插入土基中，进一步稳固混凝土拌合物。但同时，也要相应地增强振捣强度。

5）锁扣与渠身同时浇筑，充分利用混凝土拌合物本身的黏聚性。

6）考虑土基的湿陷作用。

5. 施工工艺流程及操作要点

(1) 工艺流程

施工工艺流程如图 2-8 所示。

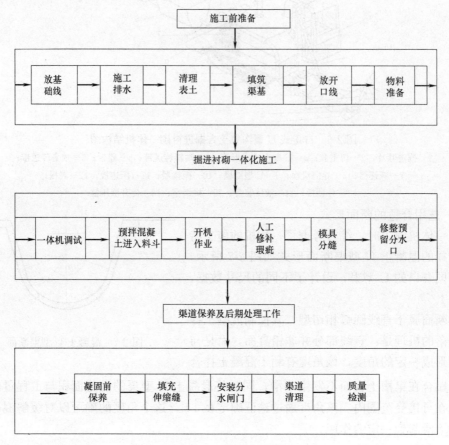

图 2-8　施工工艺流程图

(2) 操作要点

1) 施工现场准备

① 按设计要求勘测放渠基线。

② 施工排水处理，将有碍施工作业和影响工程质量的地表水、地下水排到施工场地以外，如果渠基部分有淤泥，还应做好清淤工程。

③ 剥离渠基及取土施工区域的表层土，做到无腐殖土、石块、树根等杂物残留。

④ 使用机械进行土方填筑渠基。控制好分层碾压厚度、土料含水量、碾压遍数，压实到设计的密实度，形成符合渠道落差设计的平面。

⑤ 渠道复测，按设计要求放开口线。

2) 原材料准备

使用经检测合格的原材料，主要是达标水泥、水、粗砂和用作粗骨料的多棱角碎石。

3) 掘进衬砌一体化施工

① 调试好掘进衬砌一体机。机手要经过专门培训考核，全面了解一体机的工作原理、各主要部件，熟练掌握各种操作手柄、踏板和仪表指示灯的位置和功能，以及设备在不同

的工况、温度、湿度环境下的启动和操作要领；了解一体机的运输、施工、停放应注意事项及保养方法；了解机械安全注意事项，严格按照《U型渠掘进衬砌一体机操作手册》进行操作。

② 将合格的预拌混凝土运至施工现场附近，保证混凝土各项理化指标良好，不离析、不分层、不凝结。

③ 用小型铲运机将混凝土转至衬砌机并上入料斗。

④ 遵照作业手册和技术规范进行掘进衬砌一体化施工，根据不同的土质结构和渠道的规格，合理掌握掘进速度，做到压口与渠身同时浇筑，人工即时修整局部缺陷。

⑤ 浇筑衬砌后 30min 内按 10m 一段使用专制模具进行不穿透分缝。

⑥ 按照设计分水闸门的规格，修整好预留分水口。

4）渠道保养及后期处理等工作

① 对新修建的 U 型混凝土渠道采取必要的防冻、防裂措施，进行保养。

② 凝固保养期后使用聚氯乙烯胶泥填缝或者用沥青砂进行高温填缝。

③ 安装公司发明的 U 型混凝土渠道专用高分子树脂分水闸门。

④ 进行渠道清整。

⑤ 质检员对施工质量进行检测。

5）渠面、渠坡处理

对渠面、渠坡进行机械整形，达到 U 型渠渠身表面光滑、密实、平直的要求。

6. 材料与设备

（1）材料

预拌混凝土。其原理包括达标的水、水泥、粗砂、多棱角碎石等。

（2）机械设备

U 型渠道掘进衬砌一体机 1 台、挖掘机 2 台、碾压机 1 台、混凝土拌合机 1 台、混凝土搅拌运输车 2 台、混凝土储料斗 1 个、铲运车 1 台、U 型专用分缝刀具 1 把。

7. 质量控制

（1）建立以项目经理为第一责任人的质量管理体系，实行统一指挥和分级领导。各个职能部门分工合作，加强全体人员的岗位责任，把质量工作落实到每一道工序中。

（2）对每一道工序严格执行质量"三检制"，在自检合格的基础上，再报请监理方进行验收，经验收合格后，再进行下一道工序的施工。

（3）严格按操作规程和施工技术规范进行施工，加强施工现场的管理，做到不违章指挥，不违章操作，对不合格材料坚决清理出场，对质量达不到设计要求的坚决返工，并确保工程外观美观。

（4）做到充分压实土基，要保证混凝土拌合物浇筑在密实、稳定的土基之上。

（5）运输过程中保证混凝土的均质性、不分层、不离析，同时保证混凝土运到浇筑地后到混凝土初凝前有足够的时间进行混凝土浇筑、振捣。

（6）注意克服混凝土坍落现象发生。

（7）混凝土浇筑完毕后，应根据施工技术方案及时采取有效的养护措施。

8. 安全措施

（1）在公司安全生产领导小组的领导下，设置以项目部负责人为组长的安全生产专班，负责安全工作。每个工地设专职安全员一名，负责施工现场的安全工作。每个班组设兼职安全员，由班组长兼任。各工序施工前进行安全检查，把安全隐患消灭在萌芽状态。形成自上而下的施工安全监督保障体系。

（2）开展安全生产教育，树立"安全为了生产、生产必须安全"的强烈意识，使职工自觉地遵守各种安全生产规章制度和作业规程，保护自己和他人的安全和健康。特种作业人员必须进行专门培训及考核发证，持证上岗。

（3）在醒目的位置设置安全警示牌、警示标语等警示标志。

（4）设专职机手，持证上岗，非专职机手不得操作机械设备。

（5）施工人员必须佩戴防护用品，防止铲运设备对施工人员的意外伤害。

（6）加强现场指挥，遵守机械操作规程。

9. 环保措施

（1）施工现场保持良好的施工环境和施工秩序，抓好工程现场管理，明确施工设备停放场地，机械设备、材料停放整齐。积极开展文明工地创建活动。

（2）保证施工现场道路畅通、平坦整洁，对主要施工道路进行必要的养护。

（3）生产和生活区内，在醒目的地方挂有保护环境的宣传标语，生产和生活区内设置足够的临时卫生设施，对生产、生活垃圾及时清理、集中存放、及时清运。

（4）为减少施工作业产生的灰尘，在施工区域随时洒水抑尘，运输细料用盖套覆遮。

（5）尽量降低施工现场的噪声，符合噪声限值的规定。

（6）严格控制工程破坏植被的面积，保护现有绿色植被。因修建临时工程破坏了现有植被，拆除临时工程时予以恢复。

（7）完工后，及时对施工现场进行清理，努力恢复施工前的环境状况，将损害降低到最低程度。

2.4.2 大跨度小截面预应力渡槽造槽机施工新型工法

1. 背景

我国目前已建渡槽数以万计，随着科学技术水平的发展，采用造槽机施工的大跨度预应力渡槽设计日益普遍，针对大型渡槽工程如东深供水、南水北调工程中造槽机设计及施工经验都十分丰富。但在大跨度小截面预应力箱梁结构的中小型渡槽施工中应用尚属首次。出于对水工建筑物如渡槽等骨干工程建设新型施工装备及技术应用尚无标准化工法的思考。如何选择一种安全，简单，施工快速方便的标准施工工法，克服各类不利因素，确保大跨度小截面槽身预应力混凝土施工质量需要认真的探索及论证。

大跨度小截面预应力槽身造槽机施工新型工法是以普溪河渡槽造槽机施工作为研究的主题，通过综合调查，现场试验，理论分析、数值模拟和仿真分析相结合的综合手段有效解决大跨度小截面预应力槽身施工中遇到的各类难题，消除各类对工程质量有较大影响的因素，针对大跨度小截面槽身选定标准化造槽机混凝土施工工法，提出最优的张拉顺序及锚端施工缝止水方案，确保工程质量。

根据现已实施的造槽机设计、施工技术，在预应力槽身施工问题上，大型的矩形、U型渡槽已经有采用造槽机施工的案例。但少有针对大跨度小截面预应力槽身采用造槽机施工的详细施工质量要求及标准施工工法。同时现行水利部颁发的《混凝土工程单元工程施工质量验收评定标准》SL 632—2012 等标准中未涉及预应力槽身造槽机施工质量评定等相关内容。在大跨度小截面预应力渡槽槽身施工中必须考虑基于造槽机施工的各种不同于常规的检验与评定、各工序间衔接及外界环境的影响，而本项目提出的大跨度小截面预应力渡槽造槽机施工新型标准工法正是造槽机设计优化、创新施工工法标准化及通过调整张拉顺序有效减小槽身预应力损失的研究基础，因此本工法的研究具有较好的应用前景。

2. 工法特点

本项目的施工的主要特点，通过优化设计造槽机及模板系统、调整优选混凝土配合比、控制混凝土的凝结时间及坍落度、改善入舱方式、加强温控和养护，采取措施在模板系统解除约束的条件下，安全的实施渡槽槽身混凝土预应力张拉，成功利用造槽机完成了大跨度、小截面预应力现浇混凝土渡槽工程。

（1）常规钢制排架、满堂脚手架支撑模板体系受高度限制，其强度、刚度、稳定性等难以满足质量、安全、进度要求。支撑模板体系的基础承载能力随渡槽槽身的高度、跨度、自重等增加，处理难度增加，费用投入增加很多，且受风、雨、雪等自然气候影响，安全风险增加。

（2）内模系统、外模系统均采用全液压系统控制，造槽机依靠电机和液压驱动，运行平稳、制动灵活；由于操作的自动化程度的提高，稳定性增强，减少了高空作业的工作量，从而提高了施工的安全保障。

（3）造槽机过跨及外模合模完成后，后续的钢筋、波纹管、预埋件、内模等安装工序作业均在外模内部，可以实行全封闭作业，施工作业安全高效。

（4）预应力槽身的内模外模均采用大型定型模板，安装、支持、锁定方便快捷，提高了模板体系的强度、刚度、稳定性，确保了薄壁混凝土施工的内在质量，并改善了其混凝土的外观质量。

（5）减少了人工和材料的投入，缩短了施工工期，造槽机过跨及外模合拢作业仅需一天，外模调校及打磨需一天，仅两天时间即可为后续工序提供安全高效的作业平台。造槽机顶部设雨棚内部设照明系统，可全天候作业。

3. 适用范围

高度较高的大跨度小截面预应力的中小型渡槽施工。

4. 工艺原理（图2-9）

DZS40/500型造槽机是应用于大跨度小截面预应力渡槽槽身结构施工的一种施工设备；造槽机主梁由两个支腿分别支撑于上下游墩帽顶部，横穿主梁侧面安装有挑梁，外肋悬挂在挑梁上，外模及底模安装在挑

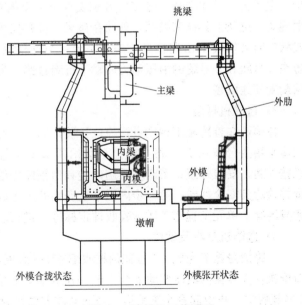

图 2-9　造槽机工艺原理

梁上形成槽身外部轮廓，并为后续施工如钢筋及波纹管安装等提供施工平台；内梁采用电动液压方式驱动由事先铺设好的轨道滑移就位，就位后通过吊杆与主梁形成一整体；内模系统安装固定在内梁上，由液压杆件驱动张开形成槽身内部轮廓；外模系统及内模系统配合形成槽身各工序施工的操作平台，使预应力槽身模板、钢筋、预应力等工序能够安全高效完成；待整跨槽身施工完成后，造槽机向前移动至下一跨就位，进行下一跨的槽身施工直至所有槽身浇筑完毕。

5. 施工工艺流程及操作要点

（1）施工工艺程序

DZS40/500上行式造槽机在每一节预应力槽身施工中应用，施工流程如下：

1）首跨施工流程：施工准备→设备拼装→内、外模安装调试→预压试验→外模安装调试→底板及侧墙钢筋制安、布置预应力波纹管→内膜系统就位及固定→顶板钢筋制安、布置预应力波纹管→混凝土浇筑及养护→预应力张拉锚固→灌浆封锚。

2）标准施工流程：首跨或上一跨施工完成→造槽机过跨及就位→外模安装调试→底板及侧墙钢筋制安、布置预应力波纹管→内膜系统就位及固定→顶板钢筋制安、布置预应力波纹管→混凝土浇筑及养护→预应力张拉锚固→灌浆封锚→二期混凝土浇筑。

（2）施工方法

1）造槽机概述

DZS40/500型造槽机主要结构包括主梁、外模系统、内模系统、1号支腿、2号支腿、3号支腿、4号支腿、端模、起升小车、电气系统、液压系统、配重块及其他附属结构。主梁由4号支腿和1号支腿分别支撑于上下游两个墩帽顶部，横穿主梁侧面设有12根挑梁，挑梁上悬挂有外肋，外肋在挑梁上横移实现外模的开、合模功能，当外模处于合拢状态时可形成40m跨槽身的施工平台；当外模处于完全张开状态时，主梁携带外模系统在3号腿和2号腿的液压动力驱动下行走过跨；另外起升小车可承担垂直运输任务，无须配置其他设备。

2）造槽机拼装

造槽机在首跨施工现场进行原位拼装，第一步在事先浇筑的支墩上进行主梁拼装；第二步采用两台300t吊车将主梁抬至墩帽顶部由1号腿和4号腿支撑；第三步横穿挑梁，悬挂外肋，安装外模；第四步采用砂袋和型钢模拟混凝土的加载过程，确定造槽机的预拱度并检验其安全性能；第五步内模系统安装并行走就位；第六步按照《普溪河渡槽预应力槽身混凝土单元工程施工质量验收评定标准》进行验收。

3）造槽机过跨及就位

一跨槽身施工完成，4号腿油缸收缩35cm底模脱开，由液压驱动外肋带动外模张开；造槽机在3号腿的液压驱动下行走至13m位置，2号腿由小车吊运至槽身前端支撑主梁使1号腿脱空，再由起升小车吊运1号腿至前方墩帽就位，在2号腿和3号腿的配合驱动下使主梁平稳向前行走到位。

4）外模安装就位

造槽机行走就位后用水准仪调校左右高度至水平，并调整至设计预拱值。

5）钢筋及波纹管安装（底板及侧墙）

外模调校安装完成后，由起升小车将预制好的钢筋吊运至造槽机内部进行安装作业，同时进行波纹管的安装定位。

6）内模系统就位及固定

槽身底板及侧墙钢筋和波纹管安装完成后，在底板中央铺设马凳和轨道，内模系统在电动液压的驱动下行走就位；内模系统通过四组刚性吊杆与主梁进行连接，调整好槽身顶板高程和预拱度然后进行固定，在四组吊杆作用下内模系统与主梁变形一致；内模系统固定之后，内模模板由固定在内梁上的液压连杆驱动张开形成槽身内部轮廓，模板缝间采用橡胶条和双面胶进行止浆处理。

7）混凝土浇筑及养护

根据《水工混凝土施工规范》，结合现场施工实际将槽身分成8层进行浇筑，第一层为底板厚约60cm；底板倒角至顶板倒角为第二至第七层，每层层厚约为40cm；顶板为第八层。

① 底板（第一层）

混凝土采用肋部入仓的方案进行入仓，即混凝土经泵车泵送至槽身顶部，用特制弯头使混凝土经肋部直接落入底板，并向底板中间扩散。混凝土从肋部入仓可避免波纹管上搁料子而形成的蜂窝和侧墙挂帘子等质量通病，而且该方案避开了30cm的最薄处，增大了混凝土的入仓通道加快了混凝土的入仓速度，将总体浇筑时间由19h缩短至10h。

为了确保浇筑完成的底板混凝适应造槽机在浇筑混凝土逐步加载工程中的下挠变形，保证底板混凝土无裂缝产生。混凝土初凝时间为10h，底板应及时将浇筑完成的混凝土表面用薄膜覆盖，避免混凝土水分散失过快表面形成乳皮，与第二层之间形成冷缝，尽量延长混凝土的初凝时间。

② 倒角（第二层）

底板浇筑完成后，为避免倒角浇筑时由于侧压力而导致底板翻浆，此时底板左右两边应设置宽60cm的木质压模板，并将泵管接自开始浇筑端进行第二层浇筑。混凝土入仓后应用50mm的振捣棒和高频振捣器予以充分的振捣，以排除倒角部位的气泡并保证密实，避免出现蜂窝。

③ 侧墙（第三至第七层）

由于侧墙混凝土浇筑的高度不断升高，底板承受的压力也越大，底板和倒角的混凝土仍具有流动性，为避免底板处翻浆，倒角浇筑完成间歇60min左右开始浇筑第三层，此时底板混凝土已有5h的经时损失，已成为低塑性混凝土可以有效抵抗侧墙浇筑时的压力。

第三层混凝土入仓之前对第二层进行充分的复振，一方面是排除气泡和使混凝土密实，另一方面是破坏混凝土表面形成的乳皮，是其与新混凝土有机结合。第三层在振捣时振捣棒应插入第二层5~10cm，并用高频振捣器辅助振捣，使上下两层混凝土有机结合。振捣和复振的间距不超过25cm，由施工员配备强光电筒，跟踪观察，并确认每一位置振捣到位。重复上述步骤浇筑第三至第七层。

④ 顶板（第八层）

顶板浇筑过程中应适当增大混凝土的坍落度，以方便浇筑完成后的收面工作。顶板浇筑完毕后，立即安排人工抹面压光，抹面次数不少于3遍。收面完成后表面用薄膜及时覆盖避免水分散失致使表面产生龟裂纹。渡槽顶面的平整度按两米靠尺量测不得大于5mm。严禁施工人员直接踩踏刚浇筑好混凝土面上，在强度达到$2.5N/mm^2$之前，禁止承受任何荷载。

⑤ 端头

端头混凝土是否密实直接关系到预应力张拉能否进行，肋部入仓的方案巧妙地避开了加密区钢筋形成的栏栅，混凝土从钢筋加密区以外由钢筋层间缝隙自流到锚垫板背后，用30mm的振捣棒由保护层和钢筋缝隙将端头振捣密实，振捣间距不超过20cm。

⑥ 养护

为确保槽身混凝土不出现表面裂缝和贯穿裂缝，混凝土的保温保湿工作尤为重要。在槽身浇筑完成后及时将上下游端头进行封堵，槽身顶部以一层薄膜一层保湿毯的形式总共覆盖四层，另外覆盖一层油布进行封闭，造槽机外模和端模表面均在浇筑前贴满保温泡沫进行保温。

混凝土浇筑完成后及时开始混凝土表面和内部温度监测工作，为混凝土的养护和拆模时间提供依据，并绘制成槽身温度变化曲线（图2-10），总结出槽身养护上热水和内模拆除的关键性时间节点。在累计养护10h左右混凝土温度到达峰值是混凝土表面会出现缺水泛白现象，为避免此现象发生影响混凝土质量应在峰值来临之前（即累计养护8h）用和混凝土表面等温度的热水进行养护。表面浇热水的方法避免了蒸汽养护时大量的蒸汽汽水对造槽机构件的锈蚀，并有效增加混凝土表面的湿度，同时也不会引起混凝土表面温度的骤变形成龟裂纹。

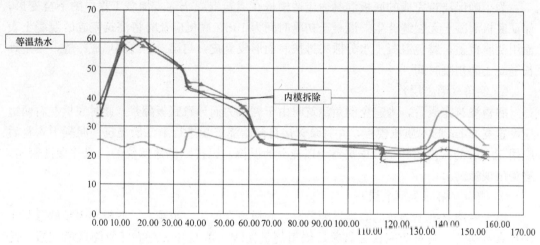

图2-10　槽身温度变化曲线

8）预应力张拉及灌浆

两槽身间预留1.2m的空间进行预应力张拉，张拉灌浆完成后进行二期混凝土浇筑封闭保护锚头；槽身张拉采用压力值与伸长量双控法左右两侧对称张拉。

6. 材料与设备

（1）主要材料（表2-2）

主要材料及规格型号

表2-2

序号	材料名称	规格型号
1	水泥	PO42.5R
2	粉煤灰	Ⅰ级
3	黄砂	中砂

序号	材料名称	规格型号
4	江砂	细砂
5	碎石	5～25mm
6	钢筋	HRB400E
7	减水剂	CR-P200
8	止水铜片	T2Y2,1＊500
9	锚具及夹片	YJM15-4 锚板、YJM15-5 锚板、YJM15-6 锚板、YJM15-9 锚板
10	波纹管	JBG-50 标准型管
11	钢绞线	1＊7 标准型、Φ15.2mm

（2）主要设备（表 2-3）

主要设备及参数　　　　　　　　　　　　　　　　　表 2-3

序号	设备名称	设备型号	数量	主要参数及用途
1	造槽机	DZS40/500	1 台	1）施工跨度：40m（直线正交渡槽） 2）渡槽自重：500t 3）施工适应纵坡：±1/600（与渡槽主体纵坡一致） 4）整机移位速度：0～1m/min 5）整机重量：约 515t 6）整机外形尺寸：76.5m×13m×12.2m（长×宽×高）
2	吊车	JQZ350	2 台	每台的起重能力为 350t，完成造槽机拼装即可退场
3	地泵	HBT60·13·90SB	2 台	输送能力：69m³/h；输送压力：13MPa；其中一台为备用泵
4	混凝土运输车	/	3 台	12m³/台
5	强制型拌合机	SJ-750	2 台	0.8m³/盘
6	装载机	ZL30	2 台	斗容量：1m³
7	电焊机	BX1-500	3 台	钢筋安装
8	张拉设备	YDC-2000	4 套	预应力张拉
9	灌浆设备	/	1 套	预应力孔道灌浆

7. 质量控制

（1）严格执行获湖北省水利厅批准的《宜昌市东风渠灌区普溪河渡槽预应力槽身混凝土单元工程施工质量验收评定标准》。

（2）每跨混凝土槽身浇筑、养护完成后，必须在外模系统脱模，解除渡槽外肋板约束后，在保证造槽机稳定的情况下，实施槽身预应力张拉，造槽机模板系统的稳定、安全是本工程的重点和难点。通过优化、改进后的造槽机系统，提高了自身强度、刚度、稳定性，降低了安全风险，满足工程施工需要。

（3）由于槽身跨度达 40m，造槽机主梁在不断的加载跨中最大挠度 5cm，模板系统的预拱度按照最大挠度设置。整个混凝土浇筑时长达 10h，先浇筑的底板混凝土易产生贯穿性裂缝。精确控制混凝土的凝结时间和准确掌握混凝土的历时强度变化情况，在槽身混凝土浇筑的前一天进行现场试验，通过调整和检验缓凝剂掺量，将混凝土的凝结时间准确控制在 10h 左右。

（4）由于槽身钢筋及波纹管布置复杂，侧墙及倒角部位的气泡难以排出，锚垫板背后、倒角、波纹管下方等地方易产生蜂窝，薄壁混凝土易产生贯穿裂缝等，混凝土浇筑质量难以控制。

（5）为克服混凝土入仓间隙小、钢筋密度大等现场实际问题，保证混凝土强度和外观质量，混凝土的坍落度现场试验确定。根据施工方案底板混凝土流动性 5h 历时损失后，变为低塑性混凝土，为满足混凝土的流动性、工作性，确定混凝土入仓坍落度应控制在 200～220mm。

（6）槽身底板混凝土采取从肋部入仓的方式，先将底板倒角充满、然后漫溢到底板中间，保证了倒角的密实，同时将倒角的空气彻底排出，避免了倒角部位的蜂窝和麻面现象。侧墙薄壁混凝土从肋部向腹板中间水平自流，先将波纹管底部填充，然后才覆盖波纹管上方，使混凝土充分包裹预埋波纹管。肋部入仓方式，增大了入仓断面，加快混凝土入仓速度，缩短了两层混凝土之间的间歇时间，辅以复振措施，彻底解决了冷缝问题。

（7）混凝土浇筑完成后及时开始混凝土表面和内部温度监测工作，为混凝土的养护和拆模时间提供依据，并绘制成槽身温度变化的"几"字形曲线，总结出槽身养护上热水和内模拆除的关键性时间节点。

8. 安全措施

（1）施工中严格遵守《水利水电工程土建施工安全技术规程》SL 399—2007，机械操作必须符合《建筑机械使用安全技术规程》JGJ 33—2012。

（2）加强安全教育，对操作人员进行详细的安全、技术交底，施工人员分工明确、任务明确、责任明确及工作位置明确。

（3）所有进入造槽机施工场地的人员，必须按规定佩戴好安全防护用品，遵章守法听从指挥。

（4）所有作业人员必须接受现场安全培训并考试合格后方可进入现场作业，特种作业人员还必须持证上岗。

（5）现场的临时用电严格按照《施工现场临时用电安全技术规范》JGJ 46—2005 的有关规范、规定执行。

（6）每次过跨前对造槽机进行全面的安全检查，特别是主梁与导梁连接接头、主梁梁体、起升小车、电气系统、液压系统等部位的检查。

（7）过跨时指挥长负责全过程的安全监督，另外造槽机下方、1 号腿、2 号腿、主梁与导梁接头处、主梁梁体等处各设一名安全员。

（8）1 号腿吊运至前方墩帽期间，施工人员必须将安全带系在指定位置，1 号腿就位完成后留指定人员进行锚杆螺栓加固，留安全员看护。

（9）槽身施工均属高空作业，所有人员严禁高空抛物。

（10）造槽机作业时需对风速进行实时监控并记录，风速大于 6 级严禁过跨作业，大于 8 级严禁浇筑作业，大于 10 级所有人员均须撤离。

（11）1 号腿、2 号腿就位后应及时搭设防护栏杆。

（12）其他安全措施按国家和行业有关标准执行。

水利水电工程项目施工管理

3.1　注册建造师施工管理签章文件的应用

3.1.1　注册建造师施工管理签章文件背景和意义

1. 背景

《注册建造师管理规定》第二十二条规定，"建设工程施工活动中形成的有关工程施工管理文件，应当由注册建造师签字并加盖执业印章。施工单位签署质量合格的文件上，必须有注册建造师的签字盖章。"在施工管理文件上签章不仅是注册建造师的权利，也是注册建造师的职责。《注册建造师执业管理办法（试行）》第十二条规定，"担任建设工程施工项目负责人的注册建造师应当按《注册建造师施工管理签章文件目录》和配套表格要求，在建设工程施工管理相关文件上签字并加盖执业印章，签章文件作为工程竣工备案的依据。"

签章文件的责任主体是担任建设工程施工项目负责人的注册建造师。

签章包含两层含义，即签字和盖章。在执业过程中，注册建造师在本部分文件表格中都要求有完整签章，亦即在这类文件表格上，注册建造师不仅需要本人签字，而且还需要加盖执业印章，两者缺一不可。当然，如出现《注册建造师执业管理办法（试行）》第十六条"因续期注册、企业名称变更或印章污损遗失不能及时盖章的"情形的，"经注册建造师聘用企业出具书面证明后，可先在规定文件上签字后补盖执业印章，完成签章手续。"

注册建造师施工管理签章文件是规定注册建造师执业秩序的配套文件，其目的在于以法律法规、工程建设强制性标准、建设工程合同来规范施工项目负责人执业行为，提高施工项目负责人执业效率，统一执业标准。施工管理签章文件涉及注册建造师对施工项目自开工准备至竣工验收，实施全过程、全面管理。

根据《注册建造师管理规定》（建设部令第153号），住房和城乡建设部发布了《注册建造师施工管理签章文件目录》（试行）（建市〔2008〕42号），并制定《注册建造师施工管理签章文件（试行）》（建市监函〔2008〕49号）。上述文件均涵盖了房屋建筑工程、公路工程、铁路工程、民航机场工程、港口与航道工程、水利水电工程、电力工程、矿山工程、冶炼工程、石油化工工程、市政公用与城市轨道工程、通信与广电工程、机电安装工程、装饰装修工程等十四个专业内容。

2. 意义

施行注册建造师施工管理签章文件的意义在于：

（1）强化地位。我国推行注册建造师制度，是将我国项目管理与世界接轨重要举措，本质是以制度的方式强调注册建造师在工程项目管理中的核心地位。为此，必须明确注册建造师和企业法定代表人及组织管理层的关系，给注册建造师以必要的责、权、利。强化注册建造师责任制是项目管理成功的基本保证。

（2）加强执业管理。注册建造师执业管理的关键是状态管理，而不是结果管理。状态管理必须建立在注册建造师执业成果和能力的考核与评价基础上，注册建造师施工管理签章文件正是注册建造师执业成果和能力的考核与评价的依据。

状态管理包括初始状态、执业状态和历史状态。初始状态主要包括执业人员的姓名、注册单位、注册专业、执业的工程范围、可否执业等；执业状态主要包括注册人员目前是否处于执业状态以及执业的工程名称、执业的工程规模、执业的地点、执业的岗位等，历史状态主要包括注册人员的注册变更记录、已经完成的执业项目及对项目的评价情况等。

（3）信用评价。注册建造师施工管理签章文件是注册建造师执业的动态信息，对这些动态信息的管理有助于社会或有关方面对执业人员及其所在企业进行客观的评价，可以较好地解决信息的不对称性问题，有助于建立个人和企业的信用体系。执业状态不公开使得一些管理要求就难以落到实处，将之公之于社会接受社会的监督尤其是接受市场的监督，借助社会、借助市场去规范执业人员的行为、规范企业的有关行为。

（4）落实责任。企业作为在市场运行当中的一个负民事责任的主体。企业负主要的民事责任，企业反过来可以追究项目负责人的责任。建造师执业签章文件反映出注册建造师执业过程所负有相应的责任，即在施工项目管理过程中施工组织、进度、质量、安全和成本控制管理等方面的责任。

3.1.2 水利水电工程注册建造师施工管理签章文件目录

根据《水利水电工程标准施工招标文件》（2009 年版），"4.5.3 承包人为履行合同发出的一切函件均应盖有承包人授权的施工场地管理机构章，并由承包人项目经理或其授权代表签字。""4.5.4 承包人项目经理可以授权其下属人员履行其某项职责，但事先应将这些人员的姓名和授权范围通知监理人。"

水利水电行业现行相关标准、规程对施工单位项目负责人需签署的文件已经进行了规定，主要体现在《水利工程施工监理规范》SL 288—2014、《水利工程施工质量检验与评定规程》SL 176—2007、《水利水电工程标准施工招标文件》（2009 年版）、《水利水电建设工程验收规程》SL 223—2008 等，共有近百份表格，其中，又以《水利工程施工监理规范》SL 288—2014 中居多。

本着突出重点、兼顾全面的原则，从上述近百种表式文件中选取了 35 份作为水利水电工程注册建造师签章文件，详见表 3-1。其中，施工组织文件 2 份，进度管理文件 5 份，合同管理文件 12 份，质量管理文件 5 份，安全及环保管理文件 3 份，成本费用管理文件 4 份，验收管理文件 4 份。

考虑与其他行业的统一，所有表式均进行了调整和修订。另外，为突出注册建造师在工程施工中的作用，对个别文件签署人员还进行了修正。签章文件与现行标准使用的表式文件基本对应，详见表 3-2。

注册建造师签章文件的 35 份表格总体表式基本一致，现对各表式文件共性部分说明

如下:

（1）表右上角的"CF×××"，指水利水电工程注册建造师签章文件的表式编号，如"CF203"指的是水利水电工程注册建造师签章文件第2组的第3份表式文件；"CF502"是水利水电工程注册建造师签章文件中第5组的第2份表式文件，依此类推。

（2）工程名称，指工程施工合同上所标注的名称，填写时可将合同编号用括号附在其后。

（3）编号：指该表式文件需编写的流水号，可自行编排。

（4）承包人、监理机构、发包人、设代机构，均指各方的现场管理机构，如"项目经理部"、"项目监理部"、"建管处"、"设代组"等。

（5）表式文件中的"□"，指示选择项，在文件对应的"□"上打"√"。

（6）"签章"，指的是签字并加盖注册建造师印章。

水利水电工程注册建造师施工管理签章文件目录　　　表 3-1

序号	工程类别	文件类别	文件名称	表号	备注
1	水库工程（蓄水枢纽工程）	施工组织文件	施工组织设计报审表	CF101	
			现场组织机构及主要人员报审表	CF102	
		进度管理文件	施工进度计划报审表	CF201	
			暂停施工申请表	CF202	
			复工申请表	CF203	
			施工进度计划调整报审表	CF204	
			延长工期报审表	CF205	
		合同管理文件	合同项目开工申请表	CF301	
			合同项目开工令	CF302	
			变更申请表	CF303	
			变更项目价格签认单	CF304	
			费用索赔签认单	CF305	
			报告单	CF306	
			回复单	CF307	
			施工月报	CF308	
			整改通知单	CF309	
			施工分包报审表	CF310	
			索赔意向通知单	CF311	
			索赔通知单	CF312	
		质量管理文件	施工技术方案报审表	CF401	
			联合测量通知单	CF402	
			施工质量缺陷处理措施报审表	CF403	
			质量缺陷备案表	CF404	
			单位工程施工质量评定表	CF405	

续表

序号	工程类别	文件类别	文件名称	表号	备注
1	水库工程（蓄水枢纽工程）	安全及环保管理文件	施工安全措施文件报审表	CF501	
			事故报告单	CF502	
			施工环境保护措施文件报审表	CF503	
		成本费用管理	工程预付款申请表	CF601	
			工程材料预付款申请表	CF602	
			工程价款月支付申请表	CF603	
			完工/最终付款申请表	CF604	
		验收管理文件	验收申请报告	CF701	
			法人验收质量结论	CF702	
			施工管理工作报告	CF703	
			代表施工单位参加工程验收人员名单确认表	CF704	

注：1. 表中工程类别的划分是与注册建造师执业工程规模标准中的工程类别相一致的，包括：①水库工程（蓄水枢纽工程）；②防洪工程；③治涝工程；④灌溉工程；⑤供水工程；⑥发电工程；⑦拦河水闸工程；⑧引水枢纽工程；⑨泵站工程（提水枢纽工程）；⑩堤防工程；⑪灌溉渠道或排水沟；⑫灌排建筑物；⑬农村饮水工程；⑭河湖整治工程（含疏浚、吹填工程等）；⑮水土保持工程（含防浪林）；⑯环境保护工程；⑰其他（其他强制要求招标的项目或上述小型工程项目）等。

2. 本表以水库工程（蓄水枢纽工程）为例对注册建造师施工管理签章文件目录进行规定，其他16个类别的工程其签章文件目录同样适合本规定。

3.1.3 水利水电工程注册建造工程师施工管理签章文件解读

3.1.3.1 施工组织文件

1. 施工组织设计报审表（CF101）

（1）表格背景

《水利工程建设安全生产管理规定》第二十三条：施工单位应当在施工组织设计中编制安全技术措施和施工现场临时用电方案，对下列达到一定规模的危险性较大的工程应当编制专项施工方案，并附具安全验算结果，经施工单位技术负责人签字以及总监理工程师核签后实施，由专职安全生产管理人员进行现场监督：

1）基坑支护与降水工程；

2）土方和石方开挖工程；

3）模板工程；

4）起重吊装工程；

5）脚手架工程；

6）拆除、爆破工程；

7）围堰工程；

8）其他危险性较大的工程。

对前款所列工程中涉及高边坡、深基坑、地下暗挖工程、高大模板工程的专项施工方案，施工单位还应当组织专家进行论证、审查。

《水利水电工程标准施工招标文件》（2009年版）4.1.4条："承包人应按合同约定的工

注册建造师签章文件与现行规程使用文件对照表

表 3-2

序号	工程类别	文件类别	文件名称	表号	对应表号	对应规范	对应文件名称	备注
1	水库工程（蓄水枢纽工程）	施工组织文件	施工组织设计报审表	CF101	CB01	《水利工程施工监理规范》SL 288	施工技术方案申报表	
			现场组织机构及主要人员报审表	CF102	CB06	《水利工程施工监理规范》SL 288		
		进度管理文件	施工进度计划报审表	CF201	CB02	《水利工程施工监理规范》SL 288	施工进度计划申报表	
			暂停施工申请表	CF202	CB22	《水利工程施工监理规范》SL 288	暂停施工报审表	
			复工申请表	CF203	CB23	《水利工程施工监理规范》SL 288	复工申请报审表	
			施工进度计划调整报审表	CF204	CB25	《水利工程施工监理规范》SL 288	施工进度计划调整申报表	
			延长工期报审表	CF205	CB26	《水利工程施工监理规范》SL 288	延长工期申请表	
			合同项目开工申请表	CF301	CB14	《水利工程施工监理规范》SL 288	合同工程开工申请表	
			合同项目开工令	CF302	JL02	《水利工程施工监理规范》SL 288	合同工程开工批复	
			变更申请表	CF303	CB24	《水利工程施工监理规范》SL 288	变更申报表	
			变更项目价格签认单	CF304	JL14	《水利工程施工监理规范》SL 288	变更项目价格/工期确认单	
		合同管理文件	费用索赔签认单	CF305	JL18	《水利工程施工监理规范》SL 288	索赔确认单	
			报告单	CF306	CB36	《水利工程施工监理规范》SL 288		
			回复单	CF307	CB37	《水利工程施工监理规范》SL 288		
			施工月报	CF308	CB34	《水利工程施工监理规范》SL 288		
			整改通知单	CF309	JL11	《水利工程施工监理规范》SL 288	整改通知	
			施工分包报审单	CF310	CB05	《水利工程施工监理规范》SL 288	施工分包申报表	
			索赔意向通知单	CF311	CB28	《水利工程施工监理规范》SL 288	索赔意向通知	
			索赔通知单	CF312	CB29	《水利工程施工监理规范》SL 288	索赔申请报告	
		质量管理文件	施工技术方案报审表	CF401	CB01	《水利工程施工监理规范》SL 288	施工技术方案申报表	
			联合测量报审表	CF402	CB12	《水利工程施工监理规范》SL 288		
			施工质量缺陷处理措施报审表	CF403	CB19	《水利工程施工监理规范》SL 288	施工质量缺陷处理措施计划报审表	

续表

序号	工程类别	文件类别	文件名称	表号	对应表号	对应规范	对应文件名称	备注
1	水库工程（蓄水枢纽工程）	质量管理文件	质量缺陷备案表	CF404	附录B	《水利工程施工质量检验与评定规程》SL 176—2007	施工质量缺陷备案表	
			单位工程施工质量评定表	CF405	附录G表G-2	《水利工程施工质量检验与评定规程》SL 176—2007		
		安全及环保管理文件	施工安全措施文件报审表	CF501	CB01	《水利工程施工监理规范》SL 288	施工技术方案报审表	
			事故报告单	CF502	CB21	《水利工程施工监理规范》SL 288		
			施工环境保护措施文件报审表	CF503				
		成本费用管理文件	工程预付款申请表	CF601	CB09	《水利工程施工监理规范》SL 288	工程预付款申请单	
			工程材料预付款申请表	CF602	CB10	《水利工程施工监理规范》SL 288	材料预付款报审表	
			工程价款月支付申请表	CF603	CB33	《水利工程施工监理规范》SL 288	工程进度付款申请单	
			完工/最终付款申请表	CF604	CB39	《水利工程施工监理规范》SL 288	完工付款/最终结算申请单	
		验收管理文件	验收申请报告	CF701	CB35	《水利工程施工监理规范》SL 288		
			法人验收质量结论	CF702		《水利水电建设工程验收规程》SL 223—2008		
			施工管理工作报告	CF703		《水利水电建设工程验收规程》SL 223—2008		
			代表施工单位参加工程验收人员名单确认表	CF704		《水利水电建设工程验收规程》SL 223—2008		

作内容和施工进度要求，编制施工组织设计和施工措施计划，并对所有施工作业和施工方法的完备性和安全可靠性负责。"

（2）填表说明

编制施工组织设计应包括以下主要内容：编制原则和依据；工程概况（包括项目内容及水文地质情况等）；现场组织机构及主要人员分工；主要的管理制度；工程总体目标；投入的施工资源；施工平面布置（附图）；工程总体布置和安排；施工组织；施工总体进度计划；各专项工程施工方案和措施计划；工程质量控制措施和重点；工程进度控制措施和重点；施工成本控制措施和重点；施工安全控制措施和重点；文明施工和环境保护（水土保持）措施和重点；档案管理措施和重点。

施工组织设计文件是承包人为完成合同规定的各项工作而进行的总体策划，是指导施工的纲领性文件。它有别于一般的施工措施计划、试验及测量方法等作业性文件，因此，本签章文件规定此项单独报审。注意，该签章文件的报审要求和施工组织设计文件本身的审批要求有所不同，施工组织设计文件在报出前，一般情况下是需要施工单位技术负责人审批同意的。承包人应在合同规定的时间内提交施工组织设计给监理人审批。施工组织设计报审表填表示范见表3-3。

水利水电工程施工组织设计报审表（例表）　　　　CF101　　　表3-3

合同名称：×××枢纽节制闸工程	编号：×××
致：　×××项目监理部	
现提交__×××枢纽节制闸（×××-××)__工程(名称及编码)的施工组织设计,请贵方审批。	
承包人（盖章）：×××项目部 　　　　　×年×月×日	施工项目负责人（签章）：××× 　　　　　　×年×月×日
审批意见另行签发。	
签收机构（盖章）：×××项目监理部 　　　　　×年×月×日	签收人（签名）：××× 　　　　　×年×月×日

说明：本表一式__肆__份，由承包人填写。签收机构审签后，随同审批意见，承包人、监理机构、发包人、设代机构各壹份。

2. 现场组织机构及主要人员报审表（CF102）

（1）表格背景

《水利水电工程标准施工招标文件》（2009年版）规定：

4.6.1　承包人应在接到开工通知后28天内，向监理人提交承包人在施工场地的管理机构以及人员安排的报告，其内容应包括管理机构的设置、各主要岗位的技术和管理人员名单及其资格，以及各工种技术工人的安排状况。承包人应向监理人提交施工场地人员变动情况的报告。

4.6.2　为完成合同约定的各项工作，承包人应向施工场地派遣或雇佣足够数量的下列人员：

1）具有相应资格的专业技工和合格的普工；

2）具有相应施工经验的技术人员；

3）具有相应岗位资格的各级管理人员。

4.6.3 承包人安排在施工场地的主要管理人员和技术骨干应相对稳定。承包人更换主要管理人员和技术骨干时，应取得监理人的同意。

4.6.4 特殊岗位的工作人员均应持有相应的资格证明，监理人有权随时检查。监理人认为有必要时，可进行现场考核。

（2）填表说明

1）现场组织机构是指承包人为完成合同规定的各项工作，向工地派遣具有相应岗位资格的管理、技术人员而成立现场组织。其全权代表承包人履行合同规定的义务、责任和权利。主要人员是指，现场组织机构中各岗位负责人（包括各专业班组长和特殊工种人员）。

2）施工现场的相关人员需有相关资格要求，如施工项目负责人、施工员、安全员、试验员、财务人员、焊工、起重工、电工等，因此，此文件中需附相关资格证书或岗位证书；

3）实际投入人员与投标承诺进场人员如有变化，应说明变化的内容和原因，另外，替代人员与投标人员的资历、业绩、经验与水平需相当，且需提前征得监理人和发包人同意；

4）考虑施工单位现场人员进场先后之分，施工人员、机构在施工过程中可能有所调整等因素，因此，可能有多次报审，故表中有"第　　次"之分。

现场组织机构及主要人员报审表填表示范见表3-4。

水利水电工程现场组织机构及主要人员报审表　　　CF102　　　表3-4

合同名称：　　　　　　　　　　　　　　　　　　　　　　　　　　　编号：

致监理机构：

　　现提交第＿＿次现场组织机构及主要人员报审表，请贵方审核。

　　附件：1. 组织机构图；

　　　　　2. 部门职责及主要人员数量及分工；

　　　　　3. 人员清单及其资格或岗位证书；

　　　　　4. 与投标文件的主要变化及原因说明。

承包人：（全称及盖章）

施工项目负责人：（签章）

日　期：　　年　月　日

审核意见另行签发。

签收机构：（全称及盖章）

签收人：（签名）

日　期：　　年　月　日

说明：本表一式＿＿份，由承包人填写。签收机构审签后，随同审核意见，承包人、监理机构、发包人、设代机构各1份。

3.1.3.2 进度管理文件

1. 施工进度计划报审表（CF201）

（1）表格背景

《水利水电工程标准施工招标文件》（2009年版）规定：

10.1 合同进度计划

承包人应按技术标准和要求（合同技术条款）约定的内容和期限以及监理人的指示，编制详细的施工总进度计划及其说明提交监理人审批。监理人应在技术标准和要求（合同技术条款）约定的期限内批复承包人，否则该进度计划视为已得到批准。经监理人批准的施工进度计划称为合同进度计划，是控制合同工程进度的依据。承包人还应根据合同进度计划，编制更为详细的分阶段或单位工程或分部工程进度计划，报监理人审批。

（2）填表说明

1）施工进度计划有总进度、年进度、月进度计划之分，甚至在工程施工紧张期，还有旬进度、周进度等，此文件将进度计划报审作为一种表式，并以"口"作为选择项处理；

2）承包人应在项目开工前七天提交该项目施工的进度计划，编制的原则要满足合同工期的要求。

3）附件的主要内容为：①按工期和规定格式要求编报的进度计划图表及编制说明。②注明提交材料的页数。③其他，包括为完成该进度计划应投入的施工资源、拟采用的新材料、新工艺、新技术、新工法等。

施工进度计划报审表填表示范见表 3-5。

水利水电工程施工进度计划报审表　　　　　　　CF201　　　表 3-5

合同名称：　　　　　　　　　　　　　　　　　　　　　　　　　编号：

致：监理机构

现提交＿＿＿＿＿＿＿＿＿＿＿工程（名称及编码）的：

　　　　□　施工总进度计划
　　　　□　施工年进度计划
　　　　□　施工月进度计划
　　　　□
　　　　□　专项施工进度计划（如度讯计划，赶工计划等）

请贵方审批。

附件：1. 施工（　）进度计划；

　　　2. 图表、说明书共＿＿＿＿页；

　　　3. 其他（应填写具体名称）。

承包人：（全称及盖章）

施工项目负责人：（签章）

　　　　　　　　　　　　　　　　　日　期：　　年　　月　　日

审批意见另行签发。

　　　　　　　　　　　　签收机构：（全称及盖章）

　　　　　　　　　　　　签收人：（签名）

　　　　　　　　　　　　日　期：　　年　　月　　日

说明：本表一式＿＿＿份，由承包人填写。签收机构审签后，随同审批意见，承包人、监理机构、发包人、设代机构各 1 份。

2. 暂停施工申请表（CF202）

（1）表格背景

《水利水电工程标准施工招标文件》（2009 年版）规定：

12.3 监理人暂停施工指示

12.3.1 监理人认为有必要时,可向承包人作出暂停施工的指示,承包人应按监理人指示暂停施工。不论由于何种原因引起的暂停施工,暂停施工期间承包人应负责妥善保护工程并提供安全保障。

12.3.2 由于发包人的原因发生暂停施工的紧急情况,且监理人未及时下达暂停施工指示的,承包人可先暂停施工,并及时向监理人提出暂停施工的书面请求。监理人应在接到书面请求后的 24 小时内予以答复,逾期未答复的,视为同意承包人的暂停施工请求。

(2)填表说明

1)工程施工中出现的任何暂停施工和复工都是影响进度甚至影响投资的重大事项,有可能引起合同纠纷,因此,本文件规定需由注册建造师签署;

2)工程施工中,由于出现地质变异、文物、地方环境干扰、质量问题、图纸供应、原材料供应、气候因素等,均有可能致使工程暂停施工,因此需要详述停工部位、原因、适用合同条款等,以便为审批作出正确决策。

3)编制本表时应详细写明以下内容:暂停施工的工程项目范围、部位;暂停施工的原因、责任方;引用的合同条款;附注一般包括,分析暂停施工对工程进度的影响(包括工期、投资、效益、安全、环境等);待工的人员、机械设备及损失;有关证明材料。

4)监理机构在收到申请后,应及时进行调查、核实,并报告发包人,同时做好记录,且协调发包人与承包人共同努力消除造成停工的因素,创造条件尽快复工。

暂停施工申请表填表示范见表 3-6。

水利水电工程暂停施工申请表(例表)　　　　**CF202**　　　**表 3-6**

合同名称:×××工程　　　　　　　　　　　　　编号:×××

致:×××项目监理部
由于发生下列原因,造成工程无法正常施工,依据施工合同约定,我方申请对所列工程项目暂停施工,请审批。

暂停施工工程项目范围/部位	×××枢纽节制闸工程下游河道土方开挖,距闸中心线 185m 处河道范围内。
暂停施工原因	因发现古墓。
引用合同条款	通用合同条款:1.10 化石、文物
附　注	

承包人(盖章):×××项目经理部　　　　　　　施工项目负责人(签章):×××
　　　　×年×月×日　　　　　　　　　　　　　　　　　　×年×月×日

审批意见另行签发。

签收机构(盖章):×××项目监理部　　　　　　签收人(签名):×××
　　　　×年×月×日　　　　　　　　　　　　　　　　　　×年×月×日

说明:本表一式叁份,由承包人填写。签收机构审签后,随同审批意见,承包人、监理机构、发包人各壹份。

3.复工申请表(CF203)

(1)表格背景

《水利水电工程标准施工招标文件》(2009 年版)规定:

12.4 暂停施工后的复工

12.4.1 暂停施工后，监理人应与发包人和承包人协商，采取有效措施积极消除暂停施工的影响。当工程具备复工条件时，监理人应立即向承包人发出复工通知。承包人收到复工通知后，应在监理人指定的期限内复工。

12.4.2 承包人无故拖延和拒绝复工的，由此增加的费用和工期延误由承包人承担；因发包人原因无法按时复工的，承包人有权要求发包人延长工期和（或）增加费用，并支付合理利润。

（2）填表说明

造成暂停施工的因素业经消除，承包人应尽快提出复工申请，以减小工程损失和避免工期延误。附件"复工条件说明"应主要包括：造成停工的因素及处理结果；相关的验收、证明材料等。

暂停施工申请表填表示范见表3-7。

<table>
<tr><td colspan="2" align="center">水利水电工程复工申请表</td><td align="center">CF203</td><td align="right">表 3-7</td></tr>
<tr><td>合同名称：</td><td></td><td></td><td align="right">编号：</td></tr>
</table>

致：监理机构

_____ 工程项目已于 _____ 年 ___ 月 ___ 日 ___ 时暂停施工。鉴于致使该工程停工的因素已经消除，复工条件已具备，特报请贵方批准于 _____ 年 ___ 月 ___ 日 ___ 时复工。

附件：复工条件说明。

承包人：（全称及盖章）	施工项目负责人：（签章）
日　期：　年　月　日	日　期：　年　月　日

审批意见另行签发。

签收机构：（全称及盖章）

签收人：（签名）

日　期：　年　月　日

说明：本表一式 ____ 份，由承包人填写。签收机构审签后，随同审批意见，承包人、监理机构、发包人各1份。

4. 施工进度计划调整报审表（CF204）

（1）表格背景

《水利水电工程标准施工招标文件》（2009年版）规定：

10.2 合同进度计划的修订

不论何种原因造成工程的实际进度与第10.1款的合同进度计划不符时，承包人均应在14天内向监理人提交修订合同进度计划的申请报告，并附有关措施和相关资料，报监理人审批，监理人应在收到申请报告后的14天内批复。当监理人认为需要修订合同进度计划时，承包人应按监理人的指示，在14天内向监理人提交修订的合同进度计划，并附调整计划的相关资料，提交监理人审批。监理人应在收到进度计划后的14天内批复。

不论何种原因造成施工进度延迟，承包人均应按监理人的指示，采取有效措施赶上进度。承包人应在向监理人提交修订合同进度计划的同时，编制一份赶工措施报告提交监理人审批。由于发包人原因造成施工进度延迟，应按第11.3款的约定办理；由于承包人原因造成施工进度延迟，应按第11.5款的约定办理。

（2）填表说明

1）无论何种原因使得工程进度未能按计划完成预定工作，从而影响关键项目的原进度计划，承包人均可提交本表。

2）附件"施工进度调整计划"的主要内容应包括：调整后的进度计划；投入的施工资源计划；对工程项目的影响（包括工期、投资、效益、安全、环境等）；若采取赶工措施进行弥补，应编制具体的措施方案、赶工效果及费用。

3）当监理机构和发包人不同意调整计划时，应立即指示承包人采取赶工措施进行弥补。

施工进度计划调整报审表填表示范见表3-8。

水利水电工程施工进度计划调整报审表	CF204	表 3-8

合同名称：　　　　　　　　　　　　　　　　　　　　　　　　　　　　　编号：

致：监理机构

现提交＿＿＿＿＿＿＿＿＿＿＿工程项目施工进度调整计划，请贵方审批。

附件：施工进度调整计划。
承包人：（全称及盖章）
施工项目负责人：（签章）
日　　期：　　年　　月　　日

审批意见另行签发。

签收机构：（全称及盖章）
签收人：（签名）
日　　期：　　年　　月　　日

说明：本表一式＿＿＿份，由承包人填写。签收机构审签后，随同审批意见、承包人、监理机构、发包人各1份。

5. 延长工期报审表（CF205）

（1）表格背景

《水利水电工程标准施工招标文件》（2009年版）规定：

11.3　发包人的工期延误

在履行合同过程中，由于发包人的下列原因造成工期延误的，承包人有权要求发包人延长工期和（或）增加费用，并支付合理利润。需要修订合同进度计划的，按照第10.2款的约定办理。

（1）增加合同工作内容；

（2）改变合同中任何一项工作的质量要求或其他特性；

（3）发包人迟延提供材料、工程设备或变更交货地点的；

（4）因发包人原因导致的暂停施工；

（5）提供图纸延误；

（6）未按合同约定及时支付预付款、进度款；

（7）发包人造成工期延误的其他原因。

（2）填表说明

1）合同规定的由于非承包人的原因使其未能按进度计划完成预定工作，从而影响关键项目原进度计划，使得合同完工日期延迟，承包人可提出延长工期。

2）附件应包括以下主要内容：①延长工期申请报告：延长工期的原因；对工期的影

响程度；工期延长的计算资料。②证明材料（书面、图片等）。③其他：如采取赶工措施，拟采用的措施方案，赶工效果及费用计算和修订的进度计划；承包人、监理人认为应提供的资料。

3）若发包人、监理人要求承包人采取赶工措施进行弥补，则由发包人承担赶工费用；若采取赶工措施仍无法实现工程按计划完成时，监理人应在调查核实的基础上与发包人、承包人协商确定工期延误的合理天数。

延长工期报审表填表示范见表 3-9。

水利水电工程延长工期报审表　　　　　CF205　　　　表 3-9

合同名称：　　　　　　　　　　　　　　　　　　　　　　　　　编号：

致：监理机构

由于发生本报审表附件所列原因,依据施工合同约定,我方要求对所报审的

_____工程项目工期延长____天,合同项目工期顺延____天,完工日期从_____年___月___日延至__

_____年___月___日,请贵方审批。

附件:1. 延长工期申请报告;

　　　2. 证明材料;

　　　3. 其他。

承包人:(全称及盖章)
施工项目负责人:(签章)
日　期:　年　月　日

审批意见另行签发。

签收机构:(全称及盖章)
签收人:(签名)
日　期:　年　月　日

说明：本表一式____份，由承包人填写。签收机构审签后，随同审批意见、承包人、监理机构、发包人各 1 份。

3.1.3.3 合同管理文件

1. 合同项目开工申请表（CF301）

（1）表格背景

《水利水电工程标准施工招标文件》（2009 年版）规定：

11.1.2 承包人应按第 10.1 款约定的合同进度计划，向监理人提交工程开工报审表，经监理人审批后执行。开工报审表应详细说明按合同进度计划正常施工所需的施工道路、临时设施、材料设备、施工人员等施工组织措施的落实情况以及工程的进度安排。

（2）填表说明

1）合同项目是指施工合同文件规定的所有工程施工内容的总和。

2）本表应在施工前的一切准备工作完成，且具备开工条件时提交给监理人。

3）附件应包括以下主要内容：①开工申请报告（由项目负责人签署、盖章）。②开工条件说明：施工临时设施基本完成，满足首批开工项目要求；施工组织设计已批准；施工测量放样成果已批准；首批开工项目的施工方案和措施计划已批准；首批开工项目的专项试验成果已批准。③其他：为不影响后续工程施工，目前需发包人着手解决的问题；承包人或监理人认为应提交的书面材料。

合同项目开工申请表填表示范见表 3-10。

水利水电工程合同项目开工申请表（例表）　CF301　表 3-10

合同名称：×××工程施工 1 标　　　　　编号：HZLSJ-GHSG-1

致：×××工程项目监理部

　我方承担的　×××工程施工 1 标(HZLSJ-GHSG-1)　合同项目工程，已完成了各项准备工作，具备了开工条件，现申请开工，请贵方审批。

　附件：1. 开工申请报告；
　　　　2. 开工条件说明；
　　　　3. 其他。

承包人：×××工程局　　　　　　　　　　　　　施工项目负责人：×××
×××工程项目经理部
× 年 × 月 × 日　　　　　　　　　　　　　　　　× 年 × 月 × 日

审批后另行签发合同项目开工令。

签收机构：×××工程项目监理部　　　　　　　　监理工程师：×××
× 年 × 月 × 日　　　　　　　　　　　　　　　　× 年 × 月 × 日

　说明：本表一式　4　份，由承包人填写。签收机构审签后，随同"合同项目开工令"，承包人，监理机构、发包人、设代机构各 1 份。

2. 合同项目开工令（CF302）

（1）表格背景

《水利水电工程标准施工招标文件》（2009 年版）规定：

11.1.1　监理人应在开工日期 7 天前向承包人发出开工通知。监理人在发出开工通知前应获得发包人同意。工期自监理人发出的开工通知中载明的开工日期起计算。承包人应在开工日期后尽快施工。

（2）填表说明

1）开工令是监理机构在对承包人提交的开工申请报告审核通过后由总监理工程师签发的项目开工的指令，是计算合同工期的重要依据。

2）发布开工令前，监理机构应对承包人的开工准备工作逐项、细致地进行审查，同时对发包人提供的开工条件进行核实，认为确实具备开工条件且不影响后续项目施工时，才可签发，避免留下索赔的隐患。

3）在审查、核实工程中，如发现不满足开工条件，则通知责任方继续准备，必要时限定时间；如发现部分工作不完善，但不影响首批开工项目，且在较短的时间内能够弥补，不会影响后续项目施工，可征得发包人、承包人的同意并形成记录后发布开工令。

4）实际开工日期应在签收日期之后。

合同项目开工申请表填表示范见表 3-11。

水利水电工程合同项目开工令	CF302	表 3-11

合同名称：　　　　　　　　　　　　　　　　　　　　　　　　　　　　　　编号：

致：监理机构

　　你方_____年___月___日报送的_____工程项目开工申请报告已经通过审核,同意工程开工。

　　本开工令确定本合同项目的实际开工日期为_____年___月___日。

签发机构：(全称及盖章)

签发人：(签名)

日　　期：　年　月　日

今已收到合同项目开工令。

承包人：(全称及盖章)

施工项目负责人：(签章)

日　　期：　年　月　日

　　说明：本表一式____份,由签发机构填写。承包人签收后,承包人、监理机构、发包人、设代机构各1份。

3. 变更申请表（CF303）

（1）表格背景

《水利水电工程标准施工招标文件》（2009 年版）规定：

15.3.1　变更的提出

承包人收到监理人按合同约定发出的图纸和文件，经检查认为其中存在第 15.1 款（变更的范围和内容）约定情形的，可向监理人提出书面变更建议。变更建议应阐明要求变更的依据，并附必要的图纸和说明。监理人收到承包人书面建议后，应与发包人共同研究，确认存在变更的，应在收到承包人书面建议后的 14 天内作出变更指示。经研究后不同意作为变更的，应由监理人书面答复承包人。

（2）填表说明

1）由于某种原因而改变了工程部分设计方案、施工内容、施工顺序等称为工程变更。

2）附件应包括以下主要内容：①工程变更建议书：变更后的方案、图纸（如需要）及采取的施工方案和技术措施；计算依据及计算书；变更费用计算书；变更后对工程的影响（包括质量、工期、投资、效益、安全、环境等）。②工程变更原因说明：变更的原因；变更的责任方。

3）无论变更是否在监理机构处理的权限内，均应征得发包人、设计人（如需要）的同意，但在紧急情况下，需立即进行变更的，应先实施变更工作，同时报告发包人并办理有关手续。

4）变更申请在项目实施或实施过程中均可提出，监理机构应在合同规定的时间内予以审批。

变更申请表填表示范见表 3-12。

水利水电工程变更申请表　　　　**CF303**　　　　　　表 3-12

合同名称：　　　　　　　　　　　　　　　　　　　　　　　　　　　编号：

致：监理机构

由于附件所列原因,我方现提出工程变更建议,变更内容及有关说明详见附件,请贵方审批。

附件:1. 工程变更建议书;

　　　2. 工程变更原因说明。

承包人:(全称及盖章)

施工项目负责人:(签章)

日　期：　年　月　日

审批意见另行签发。

签收机构:(全称及盖章)

签收人:(签名)

日　期：　年　月　日

说明：本表一式___份,由承包人填写。签收机构审签后,随同审批意见,承包人、监理机构、发包人、设代机构各 1 份。

4. 变更项目价格签认单（CF304）

（1）表格背景

《水利水电工程标准施工招标文件》（2009 年版）规定：

15.3.2　变更估价

1）除专用合同条款对期限另有约定外,承包人应在收到变更指示或变更意向书后的 14 天内,向监理人提交变更报价书,报价内容应根据第 15.4 款约定的估价原则,详细开列变更工作的价格组成及其依据,并附必要的施工方法说明和有关图纸。

2）变更工作影响工期的,承包人应提出调整工期的具体细节。监理人认为有必要时,可要求承包人提交要求提前或延长工期的施工进度计划及相应施工措施等详细资料。

3）除专用合同条款对期限另有约定外,监理人收到承包人变更报价书后的 14 天内,根据第 15.4 款约定的估价原则,按照第 3.5 款商定或确定变更价格。

15.4 变更的估价原则

除专用合同条款另有约定外,因变更引起的价格调整按照本款约定处理。

15.4.1　已标价工程量清单中有适用于变更工作的子目的,采用该子目的单价。

15.4.2　已标价工程量清单中无适用于变更工作的子目,但有类似子目的,可在合理范围内参照类似子目的单价,由监理人按第 3.5 款商定或确定变更工作的单价。

15.4.3　已标价工程量清单中无适用或类似子目的单价,可按照成本加利润的原则,由监理人按第 3.5 款商定或确定变更工作的单价。

（2）填表说明

1）本表为变更项目价格经监理机构审核，发包人、承包人协商同意后而签署的证明，是变更费用结算的依据之一。

2）由于非承包人的原因并经监理机构等单位批准实施的变更项目，监理机构应及时组织有关单位对变更工程进行计量，同时在规定的时间内，对承包人提交的变更项目价格进行审核，并组织发包人、承包人对审核结果进行协商，而形成最终的审核意见，由监理机构填写本表，三方签字认可。

3）本表应在三方就变更项目价格达成一致意见时及时签发。

变更项目价格签认单填表示范见表 3-13。

水利水电工程变更项目价格签认单　　　　CF304　　　　表 3-13

合同名称：　　　　　　　　　　　　　　　　　　　　　　　　　　　　　编号：

根据施工合同约定,经协商,发包人、承包人原则同意监理机构签发的变更项目价格审核意见,最终确定变更项目价格如下：

序号	项目名称	单位	核定单价	备　注

承包人：(全称及盖章)
施工项目负责人：(签章)
日　　期：　年　月　日

发包人：(全称及盖章)
负责人：(签名)
日　　期：　年　月　日

监理机构：(全称及盖章)
总监理工程师：(签名)
日　　期：　年　月　日

说明：本表一式＿＿＿份，由监理机构填写。各方签字后，监理机构、发包人各 1 份，承包人 2 份，办理结算时使用。

5．费用索赔签认单（CF305）

（1）表格背景

《水利水电工程标准施工招标文件》（2009 年版）规定：

23.1　承包人索赔的提出

根据合同约定，承包人认为有权得到追加付款和（或）延长工期的，应按以下程序向发包人提出索赔：

1）承包人应在知道或应当知道索赔事件发生后 28 天内，向监理人递交索赔意向通知书，并说明发生索赔事件的事由。承包人未在前述 28 天内发出索赔意向通知书的，丧失要求追加付款和（或）延长工期的权利；

2）承包人应在发出索赔意向通知书后 28 天内，向监理人正式递交索赔通知书。索赔通知书应详细说明索赔理由以及要求追加的付款金额和（或）延长的工期，并附必要的记录和证明材料；

3）索赔事件具有连续影响的，承包人应按合理时间间隔继续递交延续索赔通知，说明连续影响的实际情况和记录，列出累计的追加付款金额和（或）工期延长天数；

4）在索赔事件影响结束后的 28 天内，承包人应向监理人递交最终索赔通知书，说明最终要求索赔的追加付款金额和延长的工期，并附必要的记录和证明材料。

23.2　承包人索赔处理程序

1）监理人收到承包人提交的索赔通知书后，应及时审查索赔通知书的内容、查验承包人的记录和证明材料，必要时监理人可要求承包人提交全部原始记录副本。

2）监理人应按第 3.5 款商定或确定追加的付款和（或）延长的工期，并在收到上述索赔通知书或有关索赔的进一步证明材料后的 42 天内，将索赔处理结果答复承包人。

3）承包人接受索赔处理结果的，发包人应在作出索赔处理结果答复后 28 天内完成赔付。承包人不接受索赔处理结果的，按第 24 条的约定办理。

23.3　承包人提出索赔的期限

23.3.1　承包人按第 17.5 款的约定接受了完工付款证书后，应被认为已无权再提出在合同工程完工证书颁发前所发生的任何索赔。

23.3.2　承包人按第 17.6 款的约定提交的最终结清申请单中，只限于提出合同工程完工证书颁发后发生的索赔。提出索赔的期限自接受最终结清证书时终止。

（2）填表说明

1）本表为索赔费用经监理机构审核，发包人、承包人协商同意后而签署的费用支付证明，是索赔费用结算的依据。

2）索赔事件终止后，在规定的时间内，监理机构对承包人提交的所有《索赔通知单》进行审核，并组织发包人、承包人对审核结果进行协商，而形成最终的审核意见，由监理机构填写本表，三方签字认可。

3）本表应在三方就索赔费用达成一致意见后签发。

费用索赔签认单填表示范见表 3-14。

6. 报告单（CF306）

（1）表格背景

《水利水电工程标准施工招标文件》（2009 年版）规定：

1.7　联络

1.7.1　与合同有关的通知、批准、证明、证书、指示、要求、请求、同意、意见、确定和决定等，均应采用书面形式。

1.7.2　第 1.7.1 项中的通知、批准、证明、证书、指示、要求、请求、同意、意见、确定和决定等来往函件，均应在合同约定的期限内送达指定地点和接收人，并办理签收手续。来往函件的送达期限在技术标准和要求（合同技术条款）中约定，送达地点在专用合同条款中约定。

1.7.3　来往函件均应按合同约定的期限及时发出和答复，不得无故扣压和拖延，亦不得拒收。否则，由此造成的后果由责任方负责。

水利水电工程费用索赔签认单　　　　CF305　　　表 3-14

合同名称：　　　　　　　　　　　　　　　　　　　　　　编号：

根据施工合同约定,经协商,发包人、承包人原则同意监理机构签发的(_____)费用索赔审核意见,最终核定索赔金额确定为(大写_____)(小写_____)。

承包人：(全称及盖章)
施工项目负责人：(签章)
日　期：　年　月　日

发包人：(全称及盖章)
负责人：(签名)
日　期：　年　月　日

监理机构：(全称及盖章)
总监理工程师：(签名)
日　期：　年　月　日

说明：本表一式___份，由监理机构填写。各方签字后，监理机构、发包人各 1 份，承包人 2 份，办理结算时使用。

（2）填表说明

1）本表为承包人认为与施工项目有关联的、对施工过程有可能产生影响的且须经监理人和发包人认可的相关事宜的书面报告。

2）凡报告的事宜在相关规程、规范中无规定的样表时，均可采用此报告单形式。

3）如果报告事宜内容提交较多事件时，可另附附件。

报告单填表示范见表 3-15。

7. 回复单（CF307）

（1）表格背景

《水利水电工程标准施工招标文件》（2009 年版）规定：

1.7.3　来往函件均应按合同约定的期限及时发出和答复，不得无故扣压和拖延，亦不得拒收。否则，由此造成的后果由责任方负责。

（2）填表说明

1）本表为承包人在收到监理人的通知、指令、指示时而提交的书面回复。

2）回复内容应简练，主要包括：表明对通知等的意见；为满足要求拟做的工作；如有异议须说明原因及提出建议；按来文要求或认为有必要应附的书面材料。

3）回复单应在收文之时起 24 小时内提交，以便对通知等内容及时落实。

回复单填表示范见表 3-16。

8. 施工月报（CF308）

（1）表格背景

《水利工程施工监理规范》SL288—2014 中，施工监理工作常用表格分为承包人用表和监理机构用表两类。施工月报属于承包人用表。

（2）填表说明

1）施工月报是承包人对本月项目实施过程的全面性的总结，包括管理和生产等方面。

水利水电工程报告单	CF306	表 3-15
合同名称：		编号：

报告事由：

附件：

承包人：(全称及盖章)
施工项目负责人：(签章)
日　期：　年　月　日

监理机构意见：

监理机构：(全称及盖章)
总监理工程师：(签名)
日　期：　年　月　日

发包人意见：

发包人：(全称及盖章)
负责人：(签名)
日　期：　年　月　日

说明：本表一式____份，由承包人填写。监理机构、发包人审签后，承包人2份，监理机构、发包人各1份。

2）月报应包括以下内容：①综述。②现场机构运行情况。③工程总体形象进度。④工程施工内容。⑤工程施工进度。⑥工程施工质量。⑦完成合同工程量及金额。⑧安全、文明施工及施工环境管理。⑨现场资源投入等合同履约情况。⑩下月进度计划及工作安排。⑪需解决或协商的问题及建议。⑫施工大事记。⑬附表。

3）施工月报附表包括：①原材料/中间产品使用情况月报表。②原材料/中间产品检验月报表。③主要施工设备情况月报表。④现场人员情况月报表。⑤施工质量检测月汇总表。⑥施工质量缺陷月报表。⑦工程施工月报表。⑧合同完成额约汇总表。⑨主要实物工程量月汇总表。

4）施工月报如无特别要求，应于每月25日提交。

施工月报填表示范见表3-17。

9.整改通知单（CF309）

（1）表格背景

《水利工程建设安全生产管理规定》建设监理单位在实施监理过程中，发现存在生产安全事故隐患的，应当要求施工单位整改；对情况严重的，应当要求施工单位暂时停止施工，并及时向水行政主管部门、流域管理机构或者其委托的安全生产监督机构以及项目法人报告。

水利水电工程回复单　　　　　　**CF307**　　　**表 3-16**

合同名称：　　　　　　　　　　　　　　　　　　　　　　　　　　编号：

致:监理机构
　事由：
　回复内容：

　附件:1.
　　　　2.

承包人：(全称及盖章)
施工项目负责人：(签章)
日　期：　年　月　日

今已收到＿＿＿＿＿＿＿＿＿＿＿＿＿＿＿(承包人全称)关于＿＿＿＿＿＿的回复单共＿份。

监理机构：(全称及盖章)
总监理工程师：(签名)
日　期：　年　月　日

说明：1. 本表一式＿份，由承包人填写。监理机构签收后，承包人、监理机构各 1 份。
　　　2. 本表主要用于承包人对监理机构发出的监理通知、指令、指示的回复。

水利水电工程施工月报　　　　　　**CF308**　　　**表 3-17**

合同名称：　　　　　　　　　　　　　　　　　　　　　　　　　　编号：

致(监理机构)：
现呈报我方编写的＿＿＿＿年＿＿＿＿月施工月报(＿＿＿年＿＿＿月＿＿＿日至＿＿＿年＿＿＿月＿＿＿日),请贵方审阅。
附件:施工月报。

承包人：(现场机构名称及盖章)
施工项目负责人：(签章)
日　期：　年　月　日

今收到＿＿＿＿＿＿＿＿＿＿＿＿＿＿＿(承包人全称)所报＿＿＿＿年＿＿＿＿月的施工月报及附件共＿＿＿份。

签收机构：(全称及盖章)
签收人：(签名)
日　期：　年　月　日

说明：施工月报一式＿＿＿份，由承包人填写。每月 28 日前报签收机构。签收机构签收后，承包人 1 份，监理机构、发包人各 1 份。

（2）填表说明

1）整改是指活动主体因活动中某项不符合合同、协议、承诺、标准及有关规定的要求而采取一定得措施使其符合的过程。

2）本表由监理人编写发给承包人，无论是在施工准备期还是在施工过程中及施工完成后，均可采用。

3）编写本表要说明整改的原因和依据、整改要求和费用承担方。在提出整改要求时，要本着实事求是、科学、方便、节约的宗旨。

4）承包人签收后，要在规定的时间内报审整改措施报告，报告的主要内容应包括：

① 整改项发生的时间、部位、原因及主要责任人。

② 拟采取的措施及整改责任人。

③ 如采取弥补措施，应附依据、计算书及设计和发包人签署的意见（视需要）。

④ 整改费用计算书（视需要）。

⑤ 整改后达到的标准及整改完成时间。

5）整改完成后，须提交整改结果报告，并编写相关的验收记录。

整改通知单填表示范见表 3-18。

水利水电工程整改通知单

CF309　　　　表 3-18

合同名称：

编号：

致:(承包人)

由于下述原因,依据施工合同约定,现通知你方对_____工程项目按下述要求进行整改,并于_____年___月_____日前提交整改措施报告,确保整改结果达到要求。

整改原因	□ 施工质量经检验不合格 □ 材料、设备不符合要求 □ 未按设计文件要求施工 □ 工程变更 □		
整改要求	□ 拆除 □ 更换、增加材料、设备 □ 调整施工人员		□ 返工 □ 修补缺陷 □

□ 整改所发生费用由承包人承担
□ 整改所发生费用可另行申报
□

监理机构:(全称及盖章)
总监理工程师:(签名)
日　　期:　年　月　日

整改通知已收到,我方将根据通知要求进行整改,并及时提交整改措施报告。

承包人:(全称及盖章)
施工项目负责人:(签章)
日　　期:　年　月　日

说明:本表一式___份,由监理机构填写。承包人签收后,承包人、监理机构、发包人各1份。

10. 施工分包报审表（CF310）

（1）表格背景

《水利水电工程标准施工招标文件》（2009 年版）规定：

4.3 分包

4.3.1 承包人不得将其承包的全部工程转包给第三人，或将其承包的全部工程肢解后以分包的名义转包给第三人。

4.3.2 承包人不得将工程主体、关键性工作分包给第三人。除专用合同条款另有约定外，未经发包人同意，承包人不得将工程的其它部分或工作分包给第三人。

4.3.3 分包人的资格能力应与其分包工程的标准和规模相适应。

4.3.4 按投标函附录约定分包工程的，承包人应向发包人和监理人提交分包合同副本。

4.3.5 承包人应与分包人就分包工程向发包人承担连带责任。

根据《水利建设工程施工分包管理规定》（水建管〔2005〕304号），第七条 承揽工程分包的分包人必须具有与所分包承建的工程相应的资质，并在其资质等级许可范围内承揽业务。

第八条工程分包应在施工承包合同中约定，或经项目法人书面认可。劳务作业分包由承包人与分包人通过劳务合同约定。

分包人必须自行完成所承包的任务。

（2）填表说明

1）施工分包是指承包人将其承包的工程部分分包给其他单位施工。

2）根据有关规定，主体工程不允许分包；承包人不得将其承包的工程肢解后分包出去；经同意分包项目总额不得超过承包人合同总额的30%，且不允许分包人再分包。

3）施工分包分为承包人申请和发包人指定两种，一般事先在施工合同中约定。在合同实施过程中，根据工程需要，也可进行分包，但首先需征得承包人同意。

4）承包人与分包人应签订分包合同，承包人应对其分包出去的工程以及分包人的任何工作和行为负全部责任，分包人应就其完成的工作成果向发包人承担连带责任。

5）在分包工程实施14天前，承包人应编报施工分包报审表，附件应包括以下主要内容：①工程分包的原因或依据。②分包人的主要情况：如企业基本情况、资质、信誉、技术力量及管理水平、财务能力和投入本工程的主要人员及其类似工程业绩、材料设备资源等。③附分包人主要资质证书复印件、投入本工程主要人员及特殊工种的资格证和上岗证复印件及其类似工程业绩的书面证明材料（包括工程图片资料）。

施工分包报审表填表示范见表3-19。

11. 索赔意向通知单（CF311）

（1）表格背景

《水利水电工程标准施工招标文件》（2009年版）规定：

23.1 承包人索赔的提出

根据合同约定，承包人认为有权得到追加付款和（或）延长工期的，应按以下程序向发包人提出索赔：

（1）承包人应在知道或应当知道索赔事件发生后28天内，向监理人递交索赔意向通知书，并说明发生索赔事件的事由。承包人未在前述28天内发出索赔意向通知书的，丧失要求追加付款和（或）延长工期的权利；

（2）承包人应在发出索赔意向通知书后28天内，向监理人正式递交索赔通知书。索赔通知书应详细说明索赔理由以及要求追加的付款金额和（或）延长的工期，并附必要的记录和证明材料；

（3）索赔事件具有连续影响的，承包人应按合理时间间隔继续递交延续索赔通知，说明连续影响的实际情况和记录，列出累计的追加付款金额和（或）工期延长天数；

（4）在索赔事件影响结束后的28天内，承包人应向监理人递交最终索赔通知书，说明最终要求索赔的追加付款金额和延长的工期，并附必要的记录和证明材料。

(2) 填表说明

1) 索赔是一项合同赋予合同双方的正当权利。在合同履行过程中，由于一方不履行或不完全履行合同义务而使另一方遭受损失时，受损方应有权提出赔偿要求。

水利水电工程施工分包报审表　　　　　　**CF310**　　　　　表 3-19

合同名称：×××水库工程　　　　　　　　　　　　　　　　　　　　　　编号：

致：×××项目监理部

根据施工合同约定和工程需要，我方拟将以下项目分包。经考察，附件所列分包人具备按照合同要求完成分包工程的资质、经验、技术和管理水平、资源和财务能力，并具有良好的业绩和信誉，请贵方审核。

分包人名称		×××公司				
分包工程编码	分包工程名称	单位	数量	单价	分包金额（万元）	占合同总金额的百分比（%）
××-01-06	铸铁闸门、螺杆启闭机制造	套	12	98100	117.72	1.12
合　　计					117.72	1.12

附件：分包人简况。

承包人(盖章)：×××项目部　　　　　　　　　　施工项目负责人(签章)：×××
××××年×月×日　　　　　　　　　　　　　　　　××××年×月×日

审批意见另行签发。

签收机构(盖章)：×××项目监理部　　　　　　　签收人(签名)：×××
××××年×月×日　　　　　　　　　　　　　　　　××××年×月×日

说明：本表一式四份，由承包人填写。签收机构审签后，随同审批意见，承包人、监理机构、发包人、设代机构各一份。

承包人有权根据施工合同文件任何条款及其他有关规定（合同约定的有关法律、法规和规章），向发包人索取追加付款。

2) 本表是为承包人向发包人索赔而设计的，应在索赔事件或原因发生后合同规定的时间内及时提交监理人和发包人。

3) 填写本表时应写明发生索赔的主要事件或原因。

4) 附件索赔意向书是填写本表的关键性材料，编写时主要内容应包括：①索赔事件或原因。②事件或原因发生的初始时间，③见证人。④索赔依据。⑤如事件或原因影响延续，对工程建设将会产生间不利因素（包括对工期、质量、安全、投资、环境和效益的影响），⑥意向书应落款承包人全称、编写日期并盖章，须由施工项目负责人签字（章）。⑦附书面证明材料（如需要），如合同第三方向承包人索赔等。

索赔意向通知单填表示范见表 3-20。

12. **索赔通知单（CF312）**

(1) 表格背景

《水利水电工程标准施工招标文件》(2009年版)规定：

23.1 承包人索赔的提出

根据合同约定，承包人认为有权得到追加付款和（或）延长工期的，应按以下程序向发包人提出索赔：

水利水电工程索赔意向通知单   **CF311**   **表 3-20**

工程名称：×××工程   编号：

致：×××项目监理部

根据施工合同约定，由于工程招标工程量清单无厂区围墙及泵站主体混凝土强度等级原因，我方现提出索赔意向书，请贵方审核。

附件：索赔意向书（包括索赔事件、索赔依据）。

承包人（盖章）：×××项目经理部   施工项目负责人（签章）：×××

×××××年×月×日   ×××××年×月×日

审核意见另行签发。

签收机构（盖章）：×××项目监理部   签收人（签名）：×××

×××××年×月×日   ×××××年×月×日

说明：本表一式三份，由承包人填写。签收机构审签后，随同审核意见，承包人、监理机构、发包人各一份。

(1) 承包人应在知道或应当知道索赔事件发生后 28 天内，向监理人递交索赔意向通知书，并说明发生索赔事件的事由。承包人未在前述 28 天内发出索赔意向通知书的，丧失要求追加付款和（或）延长工期的权利；

(2) 承包人应在发出索赔意向通知书后 28 天内，向监理人正式递交索赔通知书。索赔通知书应详细说明索赔理由以及要求追加的付款金额和（或）延长的工期，并附必要的记录和证明材料；

(3) 索赔事件具有连续影响的，承包人应按合理时间间隔继续递交延续索赔通知，说明连续影响的实际情况和记录，列出累计的追加付款金额和（或）工期延长天数；

(4) 在索赔事件影响结束后的 28 天内，承包人应向监理人递交最终索赔通知书，说明最终要求索赔的追加付款金额和延长的工期，并附必要的记录和证明材料。

(2) 填表说明

1) 当索赔费用发生后，承包人为了获取赔偿款项而向监理人提交的书面通知，分为中期索赔通知单和最终索赔通知单。中期索赔是指如果索赔事件继续发展或继续产生影响，承包人应按监理人要求的合理时间间隔列出索赔累计金额和提出中期索赔申请报告。最终索赔是指索赔事件结束后，承包人在规定的时间内向监理人和发包人提交的包括最终索赔金额、延续记录、证明材料在内的最终索赔申请报告。

2) 填写本表应依据索赔意向通知单写明发生索赔费用的事件或原因（包括次生索赔事件）及索赔费用。

3) 附件索赔通知书是获取索赔费用的主要材料，编写的主要内容应包括：①详细叙述索赔事件及次生索赔事件的成因，各项索赔事件的起止时间和见证人，实事求是地阐明索赔的范围和内容。②各项索赔费用计算的依据（包括合同条款、法律、法规和规章及第三方书面证明等）。③各项索赔费用计算书（包括编制说明、第三方见证采集的数据、计算过程及计算结果）。④有第三方见证的索赔事实发生的过程记录和证据（包括书面证明、影像资料、传真、电报、电子邮件等）。⑤承包人为了充分证明其付出而认为需提供的支持文件、资料等。⑥索赔通知书应落款承包人全称、编写日期并盖章，须由施工项目负责人签字（章）。

4）承包人应根据合同和监理人的要求，按时提交最终索赔通知单。

索赔通知单填表示范见表 3-21。

水利水电工程索赔通知单　　　　**CF312**　　　**表 3-21**

合同名称：×××工程

编号：

致：×××项目监理部

根据施工合同约定，我方对管理区围墙施工设计图纸和泵站主体施工图纸变更事件申请索赔，索赔金额为（大写）壹佰贰拾万伍仟伍佰伍拾伍元整（小写￥1205555.00 元），请贵方审核。

附件：索赔通知书。

承包人（盖章）：×××项目经理部	施工项目负责人（签章）：×××
××××年×月×日	××××年×月×日

审核意见另行签发。

签收机构（盖章）：×××项目监理部	签收人（签名）：×××
××××年×月×日	××××年×月×日

说明：本表一式三份，由承包人填写。签收机构审签后，随同审核意见，承包人、监理机构、发包人各一份。

3.1.3.4 质量管理文件

1. 施工技术方案报审表（CF401）

（1）表格背景

《水利水电工程标准施工招标文件》（2009 年版）4.1.4："承包人应按合同约定的工作内容和施工进度要求，编制施工组织设计和施工措施计划，并对所有施工作业和施工方法的完备性和安全可靠性负责。"

（2）填表说明

1）表头定义。施工技术方案是针对性指导施工过程中某一项工作准备和组织措施的专业性技术文件，是施工单位技术部门的重要工作。

根据合同约定及相应规范的规定，"承包人应按合同规定的内容和时间要求，编制施工组织设计、施工措施计划和由承包人负责的施工图纸，报送监理人审批，并对现场作业和施工方法的完备和可靠负全部责任。"

因此在工程施工建设过程中，施工单位要在各专业工程（土方、混凝土、基础处理、砌石等）、各主要建筑物、质保体系、试验、测放等方面编制施工措施计划、方案并报审，它对加快施工进度、保证施工质量、保证安全施工、降低成本都会起到重要作用。上述各种方案、计划均可统一采用此表式文件，以"□"作为选择项处理，并规定需由注册建造师签署。

2）内容描述。

① 名称及编码。本处所填写的"名称及编码"应为相应质量监督机构确认的项目划分表，项目划分表的确定程序按照《水利水电工程施工质量检验与评定规程》SL176—

2007中有关规定执行。

②施工技术方案在其编制过程中，主要应包括的内容如下：A. 工程概况。B. 施工布置及进度计划。C. 施工方法及工艺流程。根据建筑、结构设计情况以及工期、施工季节等因素，确定施工方法及工艺流程，并宜有工艺流程图，如基坑开挖工程、钢筋工程、模板工程、脚手架工程、混凝土工程等。D. 施工质量安全保证措施。根据施工质量安全要求和特点分析，对影响施工质量安全的关键环节、部位和工序设置质量控制点，作为确定施工质量安全控制点的依据。

根据工艺流程顺序，提出各环节的施工要点和注意事项，对易发生质量安全通病的项目，新技术、新工艺、新材料等应作重点说明，并绘制详细的施工图加以说明。对具有安全隐患的工序，应进行详细计算并绘制详细的施工图加以说明。

主要从以下几个方面进行控制：原材料设备的控制，施工设备的控制，从业人员的控制，施工方法的控制，环境的控制。E. 主要资源配置根据进度计划要求和施工工艺要求，提出各种人力，原材料、成品、半成品以及施工机具的配置计划，宜采用表格或文字形式准确描述人员、材料、设备的进场时间状况等，同时应考虑到施工组织设计中所列的相关内容。F. 其他。

3）签收机构名称应与收文单位名称一致、签收人应为收文单位事前约定或指定的人员。

4）根据通用施工合同条款的规定，施工技术方案应在规定的时间内上报监理机构，监理机构应在合同约定的时间内批复，时间确认按签收人签署的时间计算。

施工技术方案报审表填表示范见表3-22。

水利水电工程施工技术方案报审表	CF401	表 3-22

合同名称：×××枢纽节制闸工程　　　　　　　　　　　　　编号：

致：×××项目监理部

现提交×××枢纽节制闸(××-×××)工程(名称及编码)的：

　　☑ 施工措施计划；
　　□ 工程测量施测计划和方案
　　□ 施工工法
　　□ 工程放样计划
　　□ 专项试验计划和方案
　　□ 专项施工方案
　　□ 度汛方案
　　□

请贵方审批。

承包人(盖章)：×××项目部　　　　　　　　施工项目负责人(签章)：×××
××××年×月×日　　　　　　　　　　　　　××××年×月×日

审批意见另行签发。

监理机构(盖章)：×××项目监理部　　　　　　签收人(签名)：×××
××××年×月×日　　　　　　　　　　　　　××××年×月×日

说明：本表一式四份，由承包人填写。签收机构审签后，随同审批意见，承包人、监理机构、发包人、设代机构各一份。

2. 联合测量通知单（CF402）

（1）表格背景

《水利水电工程标准施工招标文件》（2009 年版）规定：

8.2 施工测量

8.2.1 承包人应负责施工过程中的全部施工测量放线工作，并配置合格的人员、仪器、设备和其他物品。

8.2.2 监理人可以指示承包人进行抽样复测，当复测中发现错误或出现超过合同约定的误差时，承包人应按监理人指示进行修正或补测，并承担相应的复测费用。

17.1.4 单价子目的计量

监理人对承包人提交的工程量月报表进行复核，以确定当月完成的工程量。有疑问时，可以要求承包人派员与监理人共同复核，并可要求承包人按第 8.2 款的规定进行抽样复测，承包人应指派代表协助监理人进行复核并按监理人的要求提供补充的计量资料。

若承包人未按监理人的要求派代表参加复核，则监理人复核修正的工程量应被视为承包人实际完成的准确工程量。

监理人认为有必要时，可要求与承包人联合进行测量计量，承包人应遵照执行。

根据上述条款可以看出，监理机构可以在承包人测量工作完成并编制成果性文件上报审查时再对其测量成果的真实性、准确性进行复核。但为了节省时间，避免矛盾，对于关键的和重要的测量工作，如在工程开工前，工程范围内的原始地形地貌测量是对工程投资影响较大的技术工作，一般均采用联合测量方法，这对严格程序、简化手续、加快施工进度起到十分重要的作用。

同时，由于联合测量工作对发包人和监理机构的人力、物力投入要求较高，一般只对关键的和重要的测量工作，对正常测量工作仍应按合同规定的程序实施。

工程开工前，工程范围内的原始地形地貌测量是一项对工程投资影响较大的技术工作，一般情况都采用发包人、监理机构、施工单位三方联合测量的方式，以节省时间、避免矛盾。该表式文件中需详述施测部位、内容、时间安排等，监理机构签收后将与发包人协商，以确定具体方案。

（2）填表说明

1）表头定义。联合测量一般定义为在工程实施测量作业过程时，由发包人、监理机构和施工单位三方共同派人参加组织测量工作组进行测量工作。

2）内容描述。

① 施测工程部位。本处所填写"施测工程部位"应为具体的分部、单元或有明确标志的区间、范围等。

② 测量工作内容。本处应明确本次联合测量的工作内容，如控制网布置、原始地形地貌测量、施工放样、计量收方或验收测量等。

③ 任务要点。此处应简明扼要列出本次测量工作的具体要求和应达到的目的。

④ 施测时间。根据测量工作的强度、投入人力和设备情况及其他影响因素（如天气影响等），计划完成本次测量工作的全部时间。

⑤ 施工项目负责人和签署时间。本表施工项目负责人应为具有注册建造师资格的项目经理或项目总工签署，施工项目负责人的签署时间应在拟施测时间开始前 48 小时。

⑥ 监理机构意见的签署。监理机构在接到联合测量通知单后可根据具体的测量工作需要，在施工单位计划施测的时间段内任何时间派人参加测量工作；也可不派人参加联合测量，但施工单位的联合测量通知单应在拟施测时间开始前 48 小时送抵监理机构。

联合测量通知单填表示范见表 3-23。

水利水电工程联合测量通知单	CF402	表 3-23

合同名称：××大堤加固工程　　　　　　　　　　　　　　　　　　编号：

致：××大堤加固工程项目监理部

根据施工合同约定和工程进度情况，我方拟对以下工程内容进行测量，请贵方派员参加。

施测工程部位：桩号 23＋500～桩号 28＋500

测量工作内容：现有堤防原始地形测量

任务要点：绘制堤防原始地形横断面图(沿堤轴线每 30m 测量一个断面，局部变化段加密；测量断面范围为两侧堤防坡脚外 100m；测量精度满足四等水准要求)。

施测时间：××××年×月×日至××××年×月×日

承包人(盖章)：××建筑公司　　　　　　　　　　　　××大堤加固工程项目部

××××年×月×日　　　　　　　　　　　　　　　　××××年×月×日

√ 拟于××××年×月×日保监理人员参加测量。

□ 不派人参加联合测量，你方测量后将测量结果报我方审核。

监理机构(盖章)：××大堤加固工程　　　　　　　　　　监理工程师(签章)：

项目监理部

××××年×月×日　　　　　　　　　　　　　　　　××××年×月×日

说明：本表一式三份，由承包人填写。监理机构审签后，承包人、监理机构、发包人各一份。

3. 施工质量缺陷处理措施报审表（CF403）

（1）表格背景

根据《水利工程质量事故处理暂行规定》（水利部令第 9 号），小于一般质量事故的质量问题称为质量缺陷。

1）对因特殊原因，使得工程个别部位或局部达不到规范和设计要求（不影响使用），且未能及时进行处理的工程质量缺陷问题（质量评定仍为合格），必须以工程质量缺陷备案形式进行记录备案。

2）质量缺陷备案的内容包括：质量缺陷产生的部位、原因，对质量缺陷是否处理和如何处理以及对建筑物使用的影响等。内容必须真实、全面、完整，参建单位（人员）必须在质量缺陷备案表上签字，有不同意见应明确记载。

3）质量缺陷备案资料必须按竣工验收的标准制备，作为工程竣工验收备查资料存档。质量缺陷备案表由监理单位组织填写。

4）工程项目竣工验收时，项目法人必须向验收委员会汇报并提交历次质量缺陷的备案资料。

《水利水电工程标准施工招标文件》（2009 年版）规定：

13.8.3　承包人应对质量缺陷进行备案。发包人委托监理人对质量缺陷备案情况进行监督检查并履行相关手续。

13.8.4　除专用合同条款另有约定外，工程竣工验收时，发包人负责向竣工验收委员会汇报并提交历次质量缺陷处理的备案资料。

（2）填表说明

1）表头定义。按照《水利工程质量事故处理暂行规定》（水利部令第9号）的有关规定，水利水电工程质量事故分为一般质量事故、较大质量事故、重大质量事故和特大质量事故4类（表3-24）。其中小于一般质量事故的质量问题称为质量缺陷。

水利工程质量事故分类标准 表3-24

损失情况		事故标准			
		特大质量事故	重大质量事故	较大质量事故	一般质量事故
事故处理所需的物质、器材和设备、人员等直接损失费用（万元人民币）	大体积混凝土、金属制作和机电安装工程	＞3000	＞500，≤3000	＞100，≤500	＞20，≤100
	土石方工程、混凝土薄壁工程	＞1000	＞100，≤1000	＞30，≤100	＞10，≤30
事故处理所需合理工期（月）		＞6	＞3，≤6	＞1，≤3	≤1
事故处理后对工程功能和寿命影响		影响工程正常使用、需限制条件运行	不影响正常使用，但对工程寿命有较大影响	不影响正常使用，但对工程寿命有一定影响	不影响正常使用和工程寿命

注1. 直接经济损失费用为必需条件，共余两项主要适用于大中型工程；

2. 小于一般质量事故的质量问题称为质量缺陷。

在工程施工过程中，质量缺陷是难以避免的，如混凝土的蜂窝、麻面、错台、露筋；如土方工程的压实度；如砌石工程的表面平整度；如金属结构的喷锌防腐厚度等。这些质量缺陷的处理措施需由施工单位报送给监理机构审批后才能实施，并规定需由注册建造师签署。

2）内容描述。

① 名称及编码。

"现提交_____工程施工质量缺陷处理措施"。

本处所填写的应为具体的质量缺陷单元工程名称；如该质量缺陷具有普遍性，不是一个或两个单元工程独有，应填写该分部工程名称或单位工程名称。

"名称及编码"应为相应质量监督机构确认的项目划分表，项目划分表的确定程序按照《水利水电工程施工质量检验与评定规程》SL176—2007中有关规定执行。

② 单位工程、分部工程、单元工程及编码同样按照确认的项目划分表执行。

③ 质量缺陷工程部位。质量缺陷的具体工程位置，可以用所在单元工程名称或分部工程名称来表示，也可用桩号、区间、高程等明确的表达方法说明。

④ 质量缺陷情况简要说明。简要说明质量缺陷的表现形式和特征。

⑤ 拟采用的处理措施简述。简要说明处理措施中的关键性工艺和方法、使用的材料及机械设备等。

⑥ 附件目录。针对特定的质量缺陷处理，施工单位在上报《施工质量缺陷处理措施

报审表》的同时，应附有具体、详细的处理措施报告、图纸等文件，以"口"作为选择项处理。

⑦ 计划施工时段。为完成质量缺陷处理所计划需要的工期。按表格填写出准确的开始时间和完成时间。

⑧ 施工项目负责人的签名。本表可由具有注册建造师执业资格的项目经理签署，也可委托其他有注册建造师执业资格的项目部人员签署。

⑨ 监理机构的审批意见。根据具体情况有三种填写方式：

A. 同意处理方案。

B. 不同意处理方案，重新上报。

C. 根据监理机构的审批意见（当审批意见较多时，可另附页）修改后实施。

⑩ 总监理工程师/监理工程师的签名。本表可由总监理工程师直接签署，也可由负责质量的监理工程师预审后总监理工程师再签署。

施工质量缺陷处理措施报审表填表示范见表 3-25。

水利水电工程施工质量缺陷处理措施报审表（例表）　　CF403　　表 3-25

合同名称：×××工程　　　　　　　　　　　　　　　　　　编号：×××

致：×××项目监理部
现提交引水闸涵洞段工程施工质量缺陷处理措施，请贵方审批。

单位工程名称	引水闸工程	分部工程名称	涵洞段
单元工程名称	1号、2号、3号左右边墙	单元工程编码	I-3-2、I-3-7、I-3-12

质量缺陷工程部位	涵洞段1号箱涵左右边墙、2号箱涵左右边墙、3号箱涵左右边墙
质量缺陷情况简要说明	涵洞段墩墙施工时间为2005年7月25日至9月11日。至2007年3月，墩墙上有长短不等的竖向裂缝共9条，裂缝大都自墙底抹角向上，基本竖直，缝宽0.1～0.3mm，缝长0.2～5.3m不等。经检测，裂缝缝长及缝宽均未继续发展。2008年4月发现箱涵边墩局部裂缝出现渗水现象
拟采用的处理措施简述	贯通型裂缝进行化学灌浆处理，浅表型裂缝开V型槽，采用CST管道抢修剂填塞密实，处理完毕经检测合格后进行其外观修整

附件目录	☐ 处理措施报告 ☐ 图纸 ☐	计划施工时段	×年×月×日 至×年×月×日

承包人(盖章)：×××项目监理部　　　　　　　　　　　　施工项目负责人(签章)：×××
×年×月×日　　　　　　　　　　　　　　　　　　　　　×年×月×日

（审批意见）
经参建单位共同查看研究同意按此措施方案实施，详见备案表

监理机构(盖章)：×××项目监理部　　　　　　　　　　　总监理工程师(签章)：×××
监理工程师
×年×月×日　　　　　　　　　　　　　　　　　　　　　×年×月×日

说明：本表一式三份，由承包人填写。监理机构审签后，承包人、监理机构、发包人各1份。

4. 质量缺陷备案表（CF404）

（1）表格背景

按照《水利水电工程施工质量检验与评定规程》SL 176—2007 的有关规定，在施工过程中，工程个别部位或局部发生达不到技术标准和设计要求（但不影响使用），且未能及时进行处理的工程质量缺陷问题（质量评定仍为合格），应以工程质量缺陷备案形式进行记录备案。

（2）填表说明

1）表头定义。

质量缺陷备案表由监理机构组织填写，内容应真实、准确、完整。各参建单位代表应在质量缺陷备案表上签字，有不同意见应明确记载。质量缺陷备案表应及时报工程质量监督机构备案。质量缺陷备案资料按竣工验收的标准制备。工程竣工验收时，项目法人应向竣工验收委员会提交历次质量缺陷备案资料。

2）内容描述。A. 本处所填写的"质量缺陷产生的部位"应与相应质量监督机构确认的项目划分表相对应，项目划分表的确定程序按照《水利水电工程施工质量检验与评定规程》SL 176—2007 中有关规定执行。B. 如有保留意见，应说明主要理由或采用其他方案及主要理由。

质量缺陷备案表填表示范见表 3-26。

5. 单位工程施工质量评定表（CF405）

（1）表格背景

根据《水利水电工程施工质量检验与评定规程》SL 176—2007 的有关规定，单位工程质量，在施工单位自评合格后，由监理单位复核，项目法人认定。单位工程验收的质量结论由项目法人报工程质量监督机构核定。

该表式文件将在单位工程以上级别的验收时附于提供资料文件中。

（2）填表说明

1）表头定义。

此表格式是水利水电工程单位工程质量评定表的统一格式。

2）内容描述。

① 名称及编码。本表所填写的单位工程名称、分部工程（重要分部工程）名称应与质量监督机构确认的项目划分表相对应，项目划分表的确定程序按照《水利水电工程施工质量检验与评定规程》SL 176—2007 中有关规定执行。

② 主要工程量，只填写本单位工程的主要工程量。

③ 分部工程量，只填写本分部工程的主要工程量。

④ 分部工程名称按项目划分填写，并在相应的质量等级栏内用"√"符号标明。主要分部工程前面应加"△"标明。

⑤ 表身各项由施工单位按照经业主（现场建设管理机构）、监理机构复核的质量结论填写。

⑥ 表尾填写：

A. 施工单位评定人指施工单位终检工程师（或质检负责人）。施工项目负责人指具有建造师执业资格的项目经理。若本工程是分包单位施工，本表应由分包单位上述人员填

水利水电工程质量缺陷备案表 　　(CF404) 　　表 3-26

合同名称：×××工程 　　　　　　　　　　　　　　　　　　编号：×××

_____工程施工质量缺陷备案表

质量缺陷所在单位工程：引水闸工程

缺陷类别：引水闸涵洞段边墙混凝土竖向裂缝

备案日期：××××年×月×日

1. 质量缺陷产生的部位(主要说明具体部位、缺陷描述并附示意图)：涵洞段两侧边墩。
2. 质量缺陷产生的主要原因：温度收缩及凝固过程不均匀干缩引起的裂缝。
3. 对工程的安全性、使用功能和运用影响分析：对工程的安全性和使用功能无影响，但在运用过程中可能会引起结构钢筋锈蚀，继而产生工程不安全因素。
4. 处理方案或不处理原因分析：贯通型裂缝进行化学灌浆处理，浅表型裂缝开 V 型槽，采用 CST 管道抢修剂填塞密实，处理完毕经检测合格后进行其外观修整。
5. 保留意见(保留意见应说明主要理由，或采用其他方案及主要理由)：无。

　　　　　　　　　　　　　　　　　　　　　　　　　　保留意见人(签名)
　　　　　　　　　　　　　　　　　　　　　　(或保留意见单位及责任人，盖公章，签名)

6. 参建单位和主要人员
(1)施工单位：×××项目经理部
　(盖公章)
施工项目负责人：××× 　　　　　　　　　　　　　　　　　　　　　　(签章)
技术负责人：××× 　　　　　　　　　　　　　　　　　　　　　　　　(签名)
(2)设计单位：×××设计院 　　　　　　　　　　　　　　　　　　　　(盖公章)
设计代表：××× 　　　　　　　　　　　　　　　　　　　　　　　　　(签名)
(3)监理单位：×××项目监理部 　　　　　　　　　　　　　　　　　　(盖公章)
监理工程师：××× 　　　　　　　　　　　　　　　　　　　　　　　　(签章)
总监理工程师：××× 　　　　　　　　　　　　　　　　　　　　　　　(签章)
(4)项目法人：×××建设管理局 　　　　　　　　　　　　　　　　　　(盖公章)
现场代表：××× 　　　　　　　　　　　　　　　　　　　　　　　　　(签名)
技术负责人：×××· 　　　　　　　　　　　　　　　　　　　　　　　(签名)

填表说明：
1. 本表由监理单位组织填写。
2. 填写以及签名应采用深蓝色或黑色墨水，字迹应规范、工整、清晰。除签名外，也可以使用打印件。

写和自评，总包施工单位相应人员审查、签字并加盖公章。

　　B. 监理单位复核人，指负责本单位工程质量控制的监理工程师。总监理工程师，指本工程监理机构任命的总监理工程师。

　　C. 质量监督机构的核定人指负责本单位工程的质量监督员。项目监督负责人指项目站长或该项目监督责任人。

　　⑦ 关于原材料、中间产品、金属结构与启闭机质量：对工程量大的工程，应计入分部工程进行质量评定；评定单位工程质量时，不再重复评定原材料、中间产品等质量。对工程量不大的工程则计入单位工程评定。

⑧ 质量标准：

合格：所含分部工程质量全部合格；质量事故已按要求进行处理；工程外观得分率达到70％以上；单位工程施工质量检验与评定资料基本齐全；工程施工期及试运行期，单位工程观测资料分析结果符合国家和行业标准以及合同约定要求。

优良：分部所含分部工程质量全部合格，其中70％以上达到优良等级，主要分部工程质量优良，且施工中未发生过较大质量事故；质量事故已按要求进行处理；工程外观得分率达到85％以上；单位工程施工质量检验与评定资料基本齐全；工程施工期及试运行期，单位工程观测资料分析结果符合国家和行业标准以及合同约定要求。

单位工程施工质量评定表填表示范见表3-27。

水利水电工程单位工程施工质量评定表　　　　　**CF405**　　　**表 3-27**

合同名称：×××水利枢纽工程　　　　　　　　　　　　　　　　　　　　编号：

单位工程名称	溢流泄水坝	施工单位	××水电工程局
主要工程量	混凝土 225600m³	施工日期	自 年 月 日至 年 月 日
分部工程量	5 坝段▽ 412m 以下：混凝土 24600m³ 5 坝段▽ 412m 以下：混凝土 12300m³	评定日期	年 月 日

序号	分部工程类别	质量等级 合格	质量等级 优良	序号	分部工程名称	质量等级 合格	质量等级 优良
1	5 坝段▽ 412m 以下	√		7	7 坝段(中孔坝段)		√
2	5 坝段▽ 412m 至坝顶		√	8	△坝基灌浆		√
3	△溢流面及闸墩		√	9	坝基及坝体排水		√
4	6 坝段▽ 412m 以下		√	10	坝基开挖与处理		√
5	6 坝段▽ 412m 至坝顶		√	11	中孔弧门及启闭机安装		√
6	坝顶工程	√		12	1 号、2 号弧门及启闭机安装		√

分部工程共 12 个，其中优良 10 个，优良率 83.3％，主要分部工程优良率 100％

原材料质量	合格
中间产品质量	合格，其中混凝土拌合质量优良
金属结构、启闭机制造质量	合格
外观质量	应得 118 分，实得 104.3 分，得分率 88.4％
施工质量检验资料	齐全
质量事故情况	施工中未发生过质量事故

施工单位自评等级： 优良	监理复核等级： 优良	质量监督机构核定等级： 优良
评定人：	复核人：	核定人：
施工项目负责人（签章）： （公章） 　年 月 日	总监理工程师： （公章） 　年 月 日	项目监督负责人： （公章） 　年 月 日

3.1.3.5 安全及环保管理文件

1. 施工安全措施文件报审表（CF501）

（1）表格背景

按照《水利工程建设安全生产管理规定》（水利部令第 26 号），施工单位在工程开工前需编报安全技术措施、专项施工方案等。

《标准施工招标文件》第四章"合同条款及格式"中"9.2 承包人的施工安全责任"中也规定：承包人应按合同约定履行安全职责，执行监理人有关安全工作的指示，并在专用合同条款约定的期限内，按合同约定的安全工作内容，编制施工安全措施计划报送监理人审批。

（2）填表说明

1）表头定义。施工安全措施是具体安排和指导工程安全施工的安全管理与技术文件，是针对每项工程在施工过程中可能发生的事故隐患和可能发生安全问题的环节进行预测，从而在技术上和管理上采取措施，消除或控制施工过程中的不安全因素，防范发生事故。

工程中的安全技术措施、专项施工方案、度汛方案等方案、措施均可统采用此表式文件，此外还有些工程需编报消防安全方案、民用爆破品安全方案、临时用电方案等，也使用本文件上报，以"□"作为选择项处理，并规定需由注册建造师签署。

2）内容描述。

① 名称及编码。本表所填写的"名称及编码"应与质量监督机构确认的项目划分表相对应，项目划分表的确定程序按照《水利水电工程施工质量检验与评定规程》SL 176—2007 中有关规定执行。

② 主要提交件的编制。由于水利工程的结构复杂多变，各施工工程所处地理位置、环境条件不尽相同，无统一的施工安全措施，所以编制时应结合本企业的经验教训，工程所处位置和结构特点，以及既定的安全目标。

安全技术措施的编制一般主要考虑以下内容：

A. 进入施工现场的安全规定。土建工程首先考虑施工期内对周围道路、行人及邻近居民、设施的影响，采取相应的防护措施（全封闭防护或部分封闭防护）；平面布置应考虑施工区与生活区分隔，注意施工排水、通道安全，以及高处作业对下部和地面人员的影响；临时用电线路的整体布置、架设方法；安装工程中的设备、构配件吊运，起重设备的选择和确定，起重半径以外安全防护范围等。复杂的吊装工程还应考虑视角、信号、步骤等细节。

B. 地面及深坑作业的防护。对深基坑、基槽的土方开挖，首先应了解土壤种类，选择土方开挖方法，放坡坡度或固壁支撑的具体做法。总的要求是防坍塌。人工挖孔桩基础工程还须有测毒设备和防中毒措施。

C. 高处及立体交叉作业的防护。大型混凝土模板工程，应进行架体和模板承重强度、荷载计算，以保证施工过程中的安全。严格安全平网、立网的架设要求，注意架设层次段落。

D. "四口"防护措施。施工过程中的"四口"防护措施，即楼梯口、通道口、预留洞口应有防护措施。如楼梯、通道口应设置 1.2m 高的防护栏杆并加装安全立网；预留孔洞应加盖；大面积孔洞，如吊装孔、设备安装孔、天井孔等应加周边栏杆并安装立网。

E. 施工用电安全。

F. 机械设备的安全使用。

G. 为确保安全，对于采用的新工艺、新材料、新技术和新结构，制定有针对性的、行之有效的专门安全技术措施。

H. 预防因自然灾害（防台风、防雷击、防洪水、防地震、防暑降温、防冻、防寒、防滑等）促成事故的措施。

I. 防火防爆措施。

③ 签收机构名称应与收文单位名称一致，签收人应为收文单位事前约定或指定的人员。

④ 根据通用施工合同条款的规定，安全技术措施应在规定的时间内上报监理机构，监理机构应在合同约定的时间内批复，时间确认按签收人签署的时间计算。

施工安全措施文件报审表填表示范见表 3-28。

水利水电工程施工安全措施文件报审表　　　　CF501　　　　表 3-28

合同名称：×××工程　　　　　　　　　　　　　　　　　　　　　　　　　　　　编号：

致：×××工程项目监理部

现提交　×× 工程施工 1 标（0101）　工程（名称及编码）的：

　　　□ 安全技术措施

　　　☑ 专项施工方案

　　　□ 度汛方案

　　　□

请贵方审批。

　　　承包人（盖章）：×××工程局　　　　　　　　　　　　　　施工项目负责人：（签章）

×××工程项目经理部

××××年×月×日　　　　　　　　　　　　　　　　　　　　　　××××年×月×日

审批意见另行签发。

签收机构（盖章）：×××工程项目监理部　　　　　　　　　　　签收人（签名）：×××

××××年×月×日　　　　　　　　　　　　　　　　　　　　　　××××年×月×日

说明：本表一式四份，由承包人填写。签收机构审签后，随同审批意见，承包人、监理机构、发包人、设代机构各一份。

2. 事故报告单（CF502）

（1）表格背景

《水利水电工程标准施工招标文件》（2009 年版）规定：

9.5　事故处理

9.5.1　发包人负责组织参建单位制定本工程的质量与安全事故应急预案，建立质量与安全事故应急处置指挥部。

9.5.2　承包人应对施工现场易发生重大事故的部位、环节进行监控，配备救援器材、设备，并定期组织演练。

9.5.3 工程开工前，承包人应根据本工程的特点制定施工现场施工质量与安全事故应急预案，并报发包人备案。

9.5.4 施工过程中发生事故时，发包人、承包人应立即启动应急预案。

9.5.5 事故调查处理由发包人按相关规定履行手续，承包人应配合。

（2）填表说明

1）表头定义。水利工程中的事故一般分两类，一类为安全事故，另一类为质量事故。

安全事故的定义就是指生产经营单位在生产经营活动（包括与生产经营有关的活动）中突然发生的，伤害人身安全和健康，或者损坏设备设施，或者造成经济损失的，导致原生产经营活动（包括与生产经营活动有关的活动）暂时中止或永远终止的意外事件。

质量事故的定义就是指在水利工程建设过程中，由于建设管理、监理、勘测、设计、咨询、施工、材料、设备等原因造成工程质量不符合规程规范和合同规定的质量标准，影响使用寿命和对工程安全运行造成隐患和危害的事件。

此表式文件适用于工程现场出现质量、安全事故时，施工单位在第一时间根据事故类别向发包人或监理机构进行报告，并规定需由注册建造师签署。

2）内容描述。

事故报告应当包括以下内容：

① 工程名称、建设规模、建设地点、工期、项目法人、主管部门；②事故发生的时间、地点、工程部位以及相应的参建单位名称；③事故发生的简要经过、伤亡人数和直接经济损失的初步估计；④事故发生原因初步分析；⑤事故发生后采用的措施及事故控制情况。

本表施工项目负责人应为具有注册建造师资格的项目经理签署。应在事故发生后24小时内签署并上报。

3）签收机构名称应与收文单位名称一致，签收人应为收文单位事前约定或指定的人员。

签收意见主要应根据事故报告确认其内容的真实性和可信性。

事故报告单填表示范见表3-29。

水利水电工程事故报告单　　　　　　CF502　　　　　表3-29

合同名称：×××工程　　　　　　　　　　　　　　　　　　编号：

致：×××项目监理部

_____年___月_____日_____时,在基坑上游侧发生临时围堰水毁事故,现提交事故报告(见附件)。根据事故处置情况将及时续报。

附件:事故报告。

承包人(盖章):××工程公司　　　　　　　　　　施工项目负责人(签章):×××××
水库工程项目部××××年×月×日　　　　　　　　××××年×月×日

(签收意见)
调查事故原因,认真落实整改,坚持"四不放过"的原则进行处理。

签收机构(盖章):××工程项目监理部　　　　　　签收人(签名):
××××年×月×日　　　　　　　　　　　　　　××××年×月×日

说明:本表一式四份,由承包人填写。随同签收机构签收意见,承包人、监理机构、发包人、设代机构各一份。

3. 施工环境保护措施文件报审表（CF503）

（1）表格背景

《水利水电工程标准施工招标文件》（2009 年版）规定：

9.4.2 承包人应按合同约定的环保工作内容，编制施工环保措施计划，报送监理人审批。

（2）填表说明

1）表头定义。《中华人民共和国环境保护法》赋予环境的概念是："指影响人类社会生存和发展的各种天然的和经过人工改造的自然因素的总体，包括大气、水、海洋、土地、矿藏、森林、草原、野生生物、自然遗迹、人文遗迹、自然保护区、风景名胜区、城市和乡村等。"

施工环境影响主要指因水利工程在其施工期产生的一定量的生产废水、生活污水、机械噪声、废气、固体废弃物等污染物对环境造成的不利影响。

施工环境保护措施是具体安排和指导工程施工环境保护的专门性技术文件，是针对单项工程或某一具体施工工艺在施工过程中可能发生影响环境的事故、隐患或可能发生破坏周边环境的环节进行预防性措施计划，主要从技术上和管理上采取措施，消除或控制施工过程中对施工环境的破坏因素。

2）内容描述。

① 主要提交件的编制。针对水利工程在其施工期对环境造成的不利影响的因素分析，在进行施工环境保护措施的编制时一般主要以确定影响因素和采取针对措施两方面考虑。

A. 确定影响因素。

B. 针对措施。

② 签收机构名称应与收文单位名称一致，签收人应为收文单位事前约定或指定的人员。

③ 根据通用施工合同条款的规定，施工环境保护措施应在规定的时间内上报监理机构，监理机构应在合同约定的时间内将批复，时间确认按签收人签署的时间计算。

施工环境保护措施文件报审表填表示范见表 3-30。

3.1.3.6 成本费用管理文件

1. 工程预付款申请表（CF601）

（1）表格背景

《水利水电工程标准施工招标文件》（2009 年版）规定：

17.2.1 预付款

预付款用于承包人为合同工程施工购置材料、工程设备、施工设备、修建临时设施以及组织施工队伍进场等，分为工程预付款和工程材料预付款。预付款必须专用于合同工程。预付款的额度和预付办法在专用合同条款中约定。

17.2.2 预付款保函（担保）

水利水电工程施工环境保护措施文件报审表（例表）　CF503　　表 3-30

合同名称：×××工程　　　　　　　　　　　　　　　　　　　编号：×××

致：×××项目监理部

现提交×××节制闸工程的施工环境保护措施文件。

请贵方审批。

附件：施工环境保护措施文件。

承包人（盖章）：×××项目经理部　　　　　　　　施工项目负责人（签章）：×××
　　　　　×年×月×日　　　　　　　　　　　　　　　　　　×年×月×日

审批意见另行签发。

签收机构（盖章）：×××项目监理部　　　　　　　　签收人（签名）：×××

　×年×月×日　　　　　　　　　　　　　　　　　　×年×月×日

说明：本表一式四份，由承包人填写。签收机构审签后，随同审批意见，承包人、监理机构、发包人、设代机构各一份。

1）承包人应在收到第一次工程预付款的同时向发包人提交工程预付款担保，担保金额应与第一次工程预付款金额相同，工程预付款担保在第一次工程预付款被发包人扣回前一直有效。

2）工程材料预付款的担保在专用合同条款中约定。

3）预付款担保的担保金额可根据预付款扣回的金额相应递减。

按施工合同约定的工程预付款和材料预付款，在不同的工程中有各种处理方式，如有的将预付款分为两次，一次是施工单位进场，相当于动员预付款；一次是大宗设备进场报验后再支付。材料预付款在土建工程中大都不采用，仅对金属结构工程还在采用。申请时，重要的是要符合施工合同约定的条件。

（2）填表说明

1）表头定义。工程预付款是发包人为解决承包人在施工准备阶段资金周转问题提供的协助，是用于承包人为工程施工购置材料、工程设备、施工设备、修建临时设施以及组织施工队伍进场等活动的款项，其额度和预付办法在合同条款中约定，预付款必须专用于合同工程。

工程预付款在进度付款中扣回，扣回办法在合同条款中约定。在颁发工程接收证书前，由于不可抗力或其他原因解除合同，预付款尚未扣清的，尚未扣清的预付款余额应作为承包人的到期应付款。本表按规定需由注册建造师签署。

2）内容描述。

① 支付条件说明。工程预付款一般分两次拨付，首次是施工单位进场，相当于动员

预付款；第二次是大宗设备进场报验后再支付。除合同条款另有约定外，承包人在收到预付款同时应向发包人提交保函，预付款保函的担保金额应与预付款金额相同。第二次预付款申请支付时需同时提交经审核的进场设备报验单。

②计算依据。工程预付款按合同约定拨付，原则上预付比例为合同金额的10%～30%.预付款总额、分期拨付次数、每次拨付金额、付款时间以及预付数担保手续等由发包人根据工程具体情况确定。并在合同条款中约定，承包人据此进行计算、按时申请付款。

工程预付款申请表填表示范见表3-31。

水利水电工程工程预付款申请表（例表）   CF601   表3-31

合同名称：×××枢纽节制闸工程   编号：××－×××

致：×××项目监理部

　我方承担的×××枢纽节制闸工程合同项目，依据施工合同约定，已具备工程预付款支付条件，现申请支付第一次预付款，金额总计为（大写）贰佰贰拾叁万元整（小写 2230000.00 元），请贵方审核。

　　附件：1. 支付条件说明；
　　　　　2. 计算依据；
　　　　　3. 其他。

承包人（盖章）：×××项目部　　　　　　　　　　施工项目负责人（签章）：×××
×年×月×日　　　　　　　　　　　　　　　　　　×年×月×日

工程预付款付款证书另行签发。

签收机构（盖章）：×××项目监理部　　　　　　　　　　　签收人：（签名）×××
×年×月×日　　　　　　　　　　　　　　　　　　　　　　　×年×月×日

　　说明：本表一式　四　份，由承包人填写。签收机构审签后，随同付款证书，承包人2份，监理机构、发包人各
　　　　　1份。

2. 工程材料预付款申请表（CF602）

（1）表格背景

同前（CF601）。

（2）填表说明

1）表头定义。工程材料预付款是发包人为解决承包人资金周转问题提供的协助，主要用于承包人为工程施工购置的水泥、钢材等大宗材料以及采购价值较高的工程设备。其额度和预付办法在合同条款中约定。目前水利行业在土建工程中大都不采用材料预付款，仅对金属结构工程还在采用。工程材料预付款在进度付款中扣回，扣回办法在合同条款中约定。

2）内容描述。

①支付条件说明。当施工单位已为合同工程采购了大宗材料和（或）价值较高的工程设备时可向监理部提出工程材料预付款付款申请，随同付款申请必须同时提交材料和（或）设备采购付款收据复印件、材料和（或）设备报验单，施工单位采购进场的材料、

设备必须已经过自检和通过监理机构检验，水泥、钢材等大宗材料如送交检测机构检测的还需提供检测机构出具的检验报告。

表格中"小计"栏只需汇总填写采购的材料和（或）设备价值总额；"监理审核意见"栏可汇总填写：经查验，进场材料和（或）设备规格、型号、数量、质员均满足技术规范和合同要求。

② 计算依据。工程材料预付款的额度和预付办法在合同条款中会明确约定，承包人根据采购进场的材料和设备价值计算，按时申请付款，监理部依据合同约定进行审核支付。

工程材料预付款申请表填表示范见表 3-32。

水利水电工程工程材料预付款申请表（例表）　　CF602　　表 3-32

合同名称：×××节制闸枢纽工程　　　　　　　　　　　　　　　　编号：

致：×××项目监理部

下列材料、设备我方已采购进场，经自检和监理机构检验，符合技术规范和合同要求，特申请预付款，请贵方审核。

项目号	材料、设备名称	规格	型号	单位	数量	单价	合价	付款收据编号	监理审核意见
1	水泥	P.O 32.5		t	755	320	241600		已审核
2	钢筋	Φ28		t	33	4470	147510		已审核
3	钢筋	Φ25		t	26	4470	116220		已审核
4	钢筋	Φ22		t	56	4470	250320		已审核
5	钢筋	Φ20		t	86	4470	384420		已审核
小计							1140070		

附件：1. 材料、设备采购付款收据复印件＿＿张；
　　　2. 材料、设备报验单＿＿份；
　　　3. 其他。

承包人(盖章)：×××项目部　　　　　　　　　施工项目负责人(签章)：××
××××年×月×日　　　　　　　　　　　　　××××年×月×日

经审核后，另行签发材料预付款付款证书。

签收机构(盖章)：×××项目监理部　　　　　　签收人(签名)：
××××年×月×日　　　　　　　　　　　　　××××年×月×日

说明：本表一式四份，由承包人填写。签收机构审签后，随同付款证书，承包人 2 份，监理人、发包人各 1 份。

3. 工程价款月支付申请表（CF603）

（1）表格背景

《水利水电工程标准施工招标文件》（2009 年版）规定：

17.3.1　付款周期

付款周期同计量周期。

17.1.3　计量周期

除专用合同条款另有约定外，单价子目已完成工程量按月计量，总价子目的计量周期按批准的支付分解报告确定。

17.3.2　进度付款申请单

承包人应在每个付款周期末，按监理人批准的格式和专用合同条款约定的份数，向监理人提交进度付款申请单，并附相应的支持性证明文件。除专用合同条款另有约定外，进度付款申请单应包括下列内容：

1）截至本次付款周期末已实施工程的价款；

2）根据第 15 条应增加和扣减的变更金额；

3）根据第 23 条应增加和扣减的索赔金额；

4）根据第 17.2 款约定应支付的预付款和扣减的返还预付款；

5）根据第 17.4.1 项约定应扣减的质量保证金；

6）根据合同应增加和扣减的其他金额。

工程价款一般按月支付，只有当工程工期要求太紧，月施工强度太大，耗费的人力、物力资源太多，又未约定材料预付款等特殊情况时，经与发包人协商一致，支付频率才可加大（如半月、旬支付等）。月支付申请表中含本月工程中发生的一切费用，如合同内总价项目、单价项目、计日工，合同外新增项目，合同索赔项目等。

（2）填表说明

1）表头定义。工程价款月支付申请表是以月为计量和支付周期，承包人在每个付款周期末按监理人批准的格式和约定的份数向监理人提交的要求付款的申请，并附相应的支持性证明文件。工程价款一般按月支付，只有当工程工期要求太紧、月施工强度太大、耗费资源太多等特殊情况时，经与发包人协商一致，支付频率才可加大（如半月、旬支付等）。

2）内容描述。

① 工程价款月支付汇总表。按照《水利工程施工监理规范》SL288 中常用表格 CB31 附表 1 逐项填写。

填写注意事项：A. 表中"本期前累计完成金额"栏应填写本期前监理人审核的累计完成金额。例如××工程于 2008 年 7 月进行首次工程价款拨付，在"××工程 2008 年 7 月工程价款月支付申请表"中承包人申请支付工程价款玖佰万元整（不含扣除款项），经监理人和发包人审核后认定应支付工程价款捌佰万元整（不含扣除款项），则承包人在"××工程 2008 年 8 月工程价款月支付申请表"中"本期前累计完成金额"栏应填写捌佰万元整。B. 表中"预付款扣除"数额应按合同条款约定扣回方法计算后填写当月该扣除金额。

② 已完工程量汇总表。按照《水利工程施工监理规范》SL 288 中常用表格 CB31 附表 2 逐项填写。

填写注意事项：表中"核准工程量"栏应填写本月完成的经监理人审核认可的各项目工程量。

③ 合同单价项目月支付明细表。按照《水利工程施工监理规范》SL 288 中常用表格 CB31 附表 3 逐项填写。

填写注意事项：表中"累计完成工程量"数额为本月完成工程量与前期经监理人核准的已拨付工程价款的工程量之和。

④ 合同合价项目月支付明细表。按照《水利工程施工监理规范》SL 288 中常用表格 CB31 附表 4 逐项填写。

填写注意事项：表中"监理审核意见"栏填写依据为各合同合价项目当月完成情况及其形象进度。

⑤ 合同新增项目月支付明细表。按照《水利工程施工监理规范》SL 288 中常用表格 CB31 附表 5 逐项填写。

填写注意事项：本表应按要求附相应的支持性文件，如工程量确认单、变更项目价格签认单等。如果某新增项目投资较多面变更单价尚未确认，经与发包人协商一致后，可按某一暂定价格进行初期支付，待变更项目单价确认后在后期付款中重新调整。

⑥ 计日工项目月支付明细表。按照《水利工程施工监理规范》SL 288 中常用表格 CB31 附表 6 逐项填写。

⑦ 计日工工程量月汇总表。按照《水利工程施工监理规范》SL 288 中常用表格 CB31 附表 6-1 逐项填写。

⑧ 索赔项目价款月支付汇总表。按照《水利工程施工监理规范》SL 288 中常用表格 CB31 附表 7 逐项填写。

填写注意事项：本表应按要求附相应的支持性文件，如费用索赔签认单等。

⑨ 监理人应在规定的期限内完成核查工作，经发包人审核同意后出具工程价款月付款证书。

⑩ 在申请付款的各项目中，若监理人发现存在着部分工程质量不符合要求时，监理，仍可在出具付款证书时扣发该部分质量不符合要求的价款；监理人出具付款证书，不应视为监理人已同意、批准或接受了承包人完成的该部分工作。

⑪ 工程价款月支付属工程施工合同的中间支付，监理机构可按照合同约定对中间支付的金额进行修正和调整。

工程价款月支付申请表填表示范见表 3-33。

4. 完工/最终付款申请表（CF604）

（1）表格背景

《水利水电工程标准施工招标文件》（2009 年版）规定：

17.5.1 竣工（完工）付款申请单

1）承包人应在合同工程完工证书颁发后 28 天内，按专用合同条款约定的份数向监理人提交完工付款申请单，并提供相关证明材料。完工付款申请单应包括下列内容：完工结算合同总价、发包人已支付承包人的工程价款、应扣留的质量保证金、应支付的完工付款金额。

2）监理人对完工付款申请单有异议的，有权要求承包人进行修正和提供补充资料。经监理人和承包人协商后，由承包人向监理人提交修正后的完工付款申请单。

17.6.1 最终结清申请单

1）工程质量保修责任终止证书签发后，承包人应按监理人批准的格式提交最终结清

水利水电工程工程价款月支付申请表 　　CF603　　表 3-33

合同名称：×××枢纽节制闸工程　　　　　　　　　　　　　　　　　　编号：

致：×××项目监理部

现申请支付_____年___月工程价款金额共计(大写)贰佰壹拾伍万零伍佰叁拾贰元伍角贰分(小写：2150532.52 元)，请贵方审核。

附表：1. 工程价款月支付汇总表；
　　　2. 已完工程量汇总表；
　　　3. 合同单价项目月支付明细表；
　　　4. 合同合价项目月支付明细表；
　　　5. 合同新增项目月支付明细表；
　　　6. 计日工项目月支付明细表；
　　　7. 计日工工程量月汇总表；
　　　8. 索赔项目价款月支付汇总表；
　　　9. 其他。

承包人(盖章)：×××项目部　　　　　　　　　　施工项目负责人(签章)：×××
××××年×月×日　　　　　　　　　　　　　　　××××年×月×日

经审核后，工程价款月付款证书另行签发。

签收机构(盖章)：×××项目监理部　　　　　　　　　　签收人(签名)：
××××年×月×日　　　　　　　　　　　　　　　××××年×月×日

说明：本申请书及附表一式四份，由承包人填写。签收机构审签后，作为月付款证书的附件报送发包人批准。

申请单。提交最终结清申请单的份数在专用合同条款中约定。

2) 发包人对最终结清申请单内容有异议的，有权要求承包人进行修正和提供补充资料，由承包人向监理人提交修正后的最终结清申请单。

在工程价款月支付中，合同外新增项目，索赔项目因各种原因并经各方协商一致，往往不能逐月结付或以"暂定价"先行支付，此项工作在合同项目完工或工程项目竣工前予以进行；另外，有可能还涉及甲供材、工程量增减达到合同约定调价的比例、材料差价调整等其他原因，因此，完工结算便不仅是逐月结付的累加，而是合同约定范围内所有工程的完工决算。另外，即便在完工结算后，在工程质量保修责任期内还有可能发生其他应付费用，因此，还会有最终付款申请。

（2）填表说明

1) 表头定义。合同项目已通过合同项目完工验收，合同工程完工证书已签发后，承包人提出的工程价款支付申请为完工付款申请表；合同项目的工程质量保修责任终止证书已签发后，承包人提出的工程价款支付申请为最终付款申请表。

在工程价款月支付中，合同外新增项目、索赔项目因各种原因并经各方协商一致，往往不能逐月结付或以"暂定价"先行支付，此项工作在合同项目完工或工程项目竣工前予以进行；另外，有可能还涉及甲供材、甲控乙供材、工程量增减达到合同约定调价的比例、材差调整等其他原因，因此，完工结算不仅是逐月结付的累加，而是合同约定范围内所有工程的完工决算。完工结算后，在工程质量保修责任期内还有可能发生其他应付费用，以及剩余保留金的结清等，因此存在最终付款申请。

2）内容描述。

① 完工付款申请。申报内容及证明文件应包括：

到合同项目完工证书上注明的完工日期止，承包人按施工合同约定累计完成的工程金额；承包人认为还应得到的其他金额；发包人认为还应支付或扣除的其他金额。

承包人根据经监理人和发包人确认的各合同项目工程量和金额填报完工付款申请表。

② 最终付款申请。申报内容及证明文件应包括：

承包人按施工合同约定和经监理机构批准已完成的全部工程金额；承包人认为还应得到的其他金额；发包人认为还应支付或扣除的其他金额。

承包人根据经监理人和发包人确认的施工合同内所有项目的工程量和金额填报完工付款申请表。合同工程最终付款时，如果发包人扣留的质量保证金不足以抵减发包人损失的，按合同约定的争议解决程序办理。

完工/最终付款申请表填表示范见表3-34。

水利水电工程完工/最终付款申请表　CF604

表3-34

合同名称：×××枢纽节制闸工程　　　　　　　　　　　　　　　编号：

致：×××项目监理部

根据施工合同约定，我方已完成合同项目×××枢纽节制闸工工程的施工，并

☑通过合同项目完工验收；

□通过竣工验收；

☑合同工程完工证书已签发；

□工程质量保修责任终止证书已签发；

现申请该工程的

☑完工付款；

□最终付款；

经核计，我方共应获得工程价款总价为（大写）<u>陆仟柒佰伍拾伍万叁仟贰佰捌拾叁元整</u>（小写 67553283 元），已得到各项付款总价为（大写）<u>伍仟捌佰伍拾伍万肆仟贰佰捌拾壹元整</u>（小写 58554281 元），请贵方审核。

附件：1. 计算文件（略）；

　　　2. 证明文件（略）。

承包人（盖章）：×××项目部　　　　　　　　施工项目负责人（签章）：××

××××年×月×日　　　　　　　　　　　　　××××年×月×日

经审核后，另行签发完工/最终付款证书。

签收机构（盖章）：××××项目监理部　　　　签收人（签名）：××××

××××年×月×日　　　　　　　　　　　　　××××年×月×日

说明：本表一式四份，由承包人填写。签收机构审签后，随同付款证书，承包人两份，监理机构、发包人各一份。

3.1.3.7　验收管理文件

1. 验收申请报告（CF701）

（1）表格背景

《水利水电工程标准施工招标文件》（2009 年版）规定：

18.2.1　分部工程具备验收条件时，承包人应向发包人提交验收申请报告，发包人应在收到验收申请报告之日起 10 个工作日内决定是否同意进行验收。

18.3.1　单位工程具备验收条件时，承包人应向发包人提交验收申请报告，发包人应

在收到验收申请报告之日起 10 个工作日内决定是否同意进行验收。

18.4.1　合同工程具备验收条件时，承包人应向发包人提交验收申请报告，发包人应在收到验收申请报告之日起 20 个工作日内决定是否同意进行验收。

根据《水利水电建设工程验收规程》SL 223—2008，施工单位仅在法人验收阶段需进行验收申请，即该表式文件中的分部工程、单位工程、合同项目完工验收等；在政府验收阶段时，验收申请报告是由发包人向项目验收单位申请的。

（2）填表说明

1）表头定义。验收申请报告是当合同工程已具备相应的法人验收条件时，承包人提交的申请验收的报告。按照《水利水电建设工程验收规程》SL 223—2008 规定，施工单位仅在法人验收阶段需提交验收申请报告，即该表式文件中的分部工程、单位工程、合同项目完工验收等；在政府验收阶段时，验收申请报告是由发包人向项目验收单位提交。

2）内容描述。

① 验收申请报告必须包括以下内容：A. 验收类别。按照《水利水电建设工程验收规程》SL 223—2008 规定进行填写，注明验收类别，详细列出拟验工程项目内容。B. 工程验收条件自查结果。按照《水利水电建设工程验收规程》SL 223—2008 中各类法人验收须具备的条件逐一检查，满足所有条件后如实填写检查结果。C. 建议验收时间。承包人根据验收准备工作完成情况、零星未完工程及缺陷修复工作计划如实填报。

② 表格填写注意事项：表中"验收工程名称、编码"栏填写内容应与质量监督机构审批的项目划分表中工程名称及编码相一致；按照不同类型的法人验收分别进行文件编号。

验收申请报告填表示范见表 3-35。

水利水电工程验收申请报告　　　　CF701　　　　　表 3-35

合同名称：　　　　　　　　　　　　　　　　　　　　　　　　　　　编号：

致：监理机构

　　　　　　　　　　　　　　　　工程项目已经按计划于　　　　年　　月　　日基本完工，零星未完工程及缺陷修复拟按申报计划实施，验收文件也已准备就绪，现申请验收。

□ 分部工程验收 □ 单位工程验收 □ 合同项目完工验收 □ 其他（　　）	验收工程名称、编码	申请验收时间

附件：××工程××验收申请报告。

承包人：（全称及盖章）
施工项目负责人：（签章）
日　期：　年　月　日

审批意见另行签发。

签收机构：（全称及盖章）
签收人：（签名）
日　期：　年　月　日

说明：本表一式四份，由承包人填写。签收机构审签后，随同审批意见，承包人、监理机构、发包人、设代机构各 1 份。

备注：页面不够时，可加页。

2. 法人验收质量结论（CF702）

根据《水利水电建设工程验收规程》SL 223—2008，法人验收时，为分清各参建方职责，要求各参建方对所验收工程的质量分别填写各自的意见。

法人验收质量结论填表示范见表 3-36。

水利水电工程　法人验收质量结论（例表）　　　**CF702**　　　表 3-36

1) 封面格式

××工程

法人验收质量结论

单位工程名称：×××

分部工程名称：×××

项目法人：×××建设管理局

××××年××月××日

表 3-36

2）结论内容

项目法人意见
该分部工程符合国家有关施工及验收规范,满足设计要求;且资料齐全合格,故该分部工程验收合格。 签字 ×××   ×年×月×日
监理机构意见
该分部工程符合国家有关施工及验收规范,满足设计要求;且资料齐全合格,故该分部工程验收合格。 签字 ×××   ×年×月×日
设计单位意见
该分部工程符合国家有关施工及验收规范,满足设计要求;且资料齐全合格,故该分部工程验收合格。   签字 ××× ×年×月×日
施工单位意见
该分部工程符合国家有关施工及验收规范,满足设计要求;且资料齐全合格,故该分部工程验收合格。   签章 ××× ×年×月×日
验收工作组意见
验收委员会通过现场检查、听取汇报、查阅资料和认真讨论认为:本次验收范围内的工程已按设计和规范要求完成,工程档案资料基本齐全,未发生工程质量和安全生产事故,同意通过验收。
质量监督机构核备(定)意见
符合质量评定规程要求,同意验收委员会结论意见。 质量监督机构(盖章) 质量监督机构项目负责人(签字)×××

3. 施工管理工作报告（CF703）

根据《水利水电建设工程验收规程》SL 223—2008,在法人验收的单位工程验收、合同项目完工验收及所有的政府验收中,施工单位需编制施工管理工作报告并提供给验收委员会（组）。

施工管理工作报告填表示范见表 3-37。

水利水电工程施工管理工作报告　　　　　　**CF703**　　　　　**表 3-37**

1) 封面格式

×　×　工　程　施　工　管　理

工　作　报　告

施　工　单　位
_____年___月___日

2) 扉页格式

批　准:

审　定:

审　核:

主要编写人员:

(注:施工项目负责人在批准或审定栏签章)

4. 代表施工单位参加工程验收人员名单确认表（CF704）

根据《水利水电建设工程验收规程》SL 223—2008，在各类验收中，各参建方参加验收的人员需经各单位书面授权确认，以明确各参建方验收人员的职责。

代表施工单位参加工程验收人员名单确认表填表示范见表 3-38。

水利水电工程代表施工单位参加工程验收人员名单确认表 CF704　　表 3-38

合同名称：　　　　　　　　　　　　　　　　　　　　　　　　　　编号：

致：监理机构 　　现委托下列人员代表我方参加＿＿＿＿＿工程验收，并在验收成果性文件上签字。   　　附件：验收人员名单及负责验收项目表   　　　　　　　　　　　　　　　　　　　　　　　承包人：（全称及盖章） 　　　　　　　　　　　　　　　　　　　　　　　施工项目负责人：（签章） 　　　　　　　　　　　　　　　　　　　　　　　日　期：　年　月　日
名单已收到。   　　　　　　　　　　　　　　　　　　　　　　　签收机构：（全称及盖章） 　　　　　　　　　　　　　　　　　　　　　　　签收人：（签名） 　　　　　　　　　　　　　　　　　　　　　　　日　　期：　年　月　日

说明：本表一式四份，由承包人填写。签收机构审签后，承包人、监理机构、发包人、设代机构各 1 份。

3.2　专项施工方案

3.2.1　概述

1. 专项施工方案的内容

根据《水利水电工程施工安全管理导则》SL 721—2015，施工单位应在施工前，对达到一定规模的危险性较大的单项工程编制专项施工方案；对于超过一定规模的危险性较大的单项工程，施工单位应组织专家对专项施工方案进行审查论证。

专项施工方案应包括以下内容：

（1）工程概况：危险性较大的单项工程概况、施工平面布置、施工要求和技术保证条件等；

（2）编制依据：相关法律、法规、规章、制度、标准及图纸（国标图集）、施工组织设计等；

（3）施工计划：包括施工进度计划、材料与设备计划等；

（4）施工工艺技术：技术参数、工艺流程、施工方法、质量标准、检查验收等；

（5）施工安全保证措施：组织保障、技术措施、应急预案、监测监控等；

（6）劳动力计划：专职安全生产管理人员、特种作业人员等；

（7）设计计算书及相关图纸等。

2. 专项施工方案有关程序要求

专项施工方案应由施工单位技术负责人组织施工技术、安全、质量等部门的专业技术人员进行审核。经审核合格的，应由施工单位技术负责人签字确认。实行分包的，应由总承包单位和分包单位技术负责人共同签字确认。

不需专家论证的专项施工方案，经施工单位审核合格后应报监理单位，由项目总监理工程师审核签字，并报项目法人备案。

超过一定规模的危险性较大的单项工程专项施工方案应由施工单位组织召开审查论证会。审查论证会应有下列人员参加：

（1）专家组成员；

（2）项目法人单位负责人或技术负责人；

（3）监理单位总监理工程师及相关人员；

（4）施工单位分管安全的负责人、技术负责人、项目负责人、项目技术负责人、专项施工方案编制人员、项目专职安全生产管理人员；

（5）勘察、设计单位项目技术负责人及相关人员等。

专家组应由5名及以上符合相关专业要求的专家组成，各参建单位人员不得以专家身份参加审查论证会。

施工单位应根据审查论证报告修改完善专项施工方案，经施工单位技术负责人、总监理工程师、项目法人单位负责人审核签字后，方可组织实施。

施工单位应严格按照专项施工方案组织施工，不得擅自修改、调整专项施工方案。

如因设计、结构、外部环境等因素发生变化确需修改的，修改后的专项施工方案应当重新审核。对于超过一定规模的危险性较大的单项工程的专项施工方案，施工单位应重新组织专家进行论证。

3. 专项施工方案的实施与监督

监理、施工单位应指定专人对专项施工方案实施情况进行旁站监理。发现未按专项施工方案施工的，应要求其立即整改；存在危及人身安全紧急情况的，施工单位应立即组织作业人员撤离危险区域。

总监理工程师、施工单位技术负责人应定期对专项施工方案实施情况进行巡查。

对于危险性较大的单项工程，施工单位、监理单位应组织有关人员进行验收。验收合格的，经施工单位技术负责人及总监理工程师签字后，方可进入下一道工序。

监理单位应编制危险性较大的单项工程监理规划和实施细则，制定工作流程、方法和措施。

监理单位发现未按专项施工方案实施的，应责令整改；施工单位拒不整改的，应及时向项目法人报告；如有必要，可直接向有关主管部门报告。

项目法人接到监理单位报告后，应立即责令施工单位停工整改；施工单位仍不停工整改的，项目法人应及时向有关主管部门和安全监督机构报告。

4. 达到一定规模的危险性较大的单项工程范围

（1）基坑支护、降水工程：开挖深度超过 3m（含 3m）或虽未超过 3m 但地质条件和周边环境复杂的基坑（槽）支护、降水工程。

（2）土方开挖工程：开挖深度超过 3m（含 3m）的基坑（槽）的土方开挖工程。

（3）模板工程及支撑体系

1）各类工具式模板工程：包括大模板、滑模、爬模、飞模等工程。

2）混凝土模板支撑工程：搭设高度 5m 及以上；搭设跨度 10m 及以上；施工总荷载 10kN/m^2 及以上；集中线荷载 15kN/m 及以上；高度大于支撑水平投影宽度且相对独立无连系构件的混凝土模板支撑工程。

3）承重支撑体系：用于钢结构安装等满堂支撑体系。

（4）起重吊装及安装拆卸工程

1）采用非常规起重设备、方法，且单件起吊重量在 10kN 及以上的起重吊装工程。

2）采用起重机械进行安装的工程。

3）起重机械设备自身的安装、拆卸。

（5）脚手架工程

1）搭设高度 24m 及以上的落地式钢管脚手架工程。

2）附着式整体和分片提升脚手架工程。

3）悬挑式脚手架工程。

4）吊篮脚手架工程。

5）自制卸料平台、移动操作平台工程。

6）新型及异型脚手架工程。

（6）拆除、爆破工程

（7）围堰工程

（8）水上作业工程

（9）沉井工程

（10）临时用电工程

（11）其他危险性较大的工程

5. 超过一定规模的危险性较大的单项工程范围

（1）深基坑工程

1）开挖深度超过 5m（含 5m）的基坑（槽）的土方开挖、支护、降水工程。

2）开挖深度虽未超过 5m，但地质条件、周围环境和地下管线复杂，或影响毗邻建筑（构筑）物安全的基坑（槽）的土方开挖、支护、降水工程。

（2）模板工程及支撑体系

1）工具式模板工程：包括滑模、爬模、飞模工程。

2）混凝土模板支撑工程：搭设高度 8m 及以上；搭设跨度 18m 及以上，施工总荷载 15kN/m^2 及以上；集中线荷载 20kN/m 及以上。

3）承重支撑体系：用于钢结构安装等满堂支撑体系，承受单点集中荷载 700kg 以上。

（3）起重吊装及安装拆卸工程

1）采用非常规起重设备、方法，且单件起吊重量在 100kN 及以上的起重吊装工程。

2）起重量 300kN 及以上的起重设备安装工程；高度 200m 及以上内爬起重设备的拆除工程。

（4）脚手架工程

1）搭设高度 50m 及以上落地式钢管脚手架工程。

2）提升高度 150m 及以上附着式整体和分片提升脚手架工程。

3）架体高度 20m 及以上悬挑式脚手架工程。

（5）拆除、爆破工程

1）采用爆破拆除的工程。

2）可能影响行人、交通、电力设施、通信设施或其他建筑物、构筑物安全的拆除工程。

3）文物保护建筑、优秀历史建筑或历史文化风貌区控制范围的拆除工程。

（6）其他

1）开挖深度超过 16m 的人工挖孔桩工程。

2）地下暗挖工程、顶管工程、水下作业工程。

3）采用新技术、新工艺、新材料、新设备及尚无相关技术标准的危险性较大的单项工程。

6. 危大工程管理的相关规定

为加强对房屋建筑和市政基础设施工程中危险性较大的分部分项工程安全管理，有效防范生产安全事故，依据《中华人民共和国建筑法》《中华人民共和国安全生产法》《建设工程安全生产管理条例》等法律法规，住房和城乡建设部于 2018 年组织制定并颁发《危险性较大的分部分项工程安全管理规定》（住房城乡建设部令第 37 号）。

为贯彻实施《危险性较大的分部分项工程安全管理规定》（住房城乡建设部令第 37 号），进一步加强和规范房屋建筑和市政基础设施工程中危险性较大的分部分项工程（以下简称危大工程）安全管理，住房和城乡建设部印发了"住房城乡建设部办公厅关于实施《危险性较大的分部分项工程安全管理规定》有关问题的通知（建办质〔2018〕31 号）"。通知中有关要求如下：

（1）关于专项施工方案内容

危大工程专项施工方案的主要内容应当包括：

1）工程概况：危大工程概况和特点、施工平面布置、施工要求和技术保证条件；

2）编制依据：相关法律、法规、规范性文件、标准、规范及施工图设计文件、施工组织设计等；

3）施工计划：包括施工进度计划、材料与设备计划；

4）施工工艺技术：技术参数、工艺流程、施工方法、操作要求、检查要求等；

5）施工安全保证措施：组织保障措施、技术措施、监测监控措施等；

6）施工管理及作业人员配备和分工：施工管理人员、专职安全生产管理人员、特种作业人员、其他作业人员等；

7）验收要求：验收标准、验收程序、验收内容、验收人员等；

8）应急处置措施；

9）计算书及相关施工图纸。

（2）关于专家论证内容

对于超过一定规模的危大工程专项施工方案，专家论证的主要内容应当包括：

1）专项施工方案内容是否完整、可行；

2）专项施工方案计算书和验算依据、施工图是否符合有关标准规范；

3）专项施工方案是否满足现场实际情况，并能够确保施工安全。

（3）关于专项施工方案修改

超过一定规模的危大工程专项施工方案经专家论证后结论为"通过"的，施工单位可参考专家意见自行修改完善；结论为"修改后通过"的，专家意见要明确具体修改内容，施工单位应当按照专家意见进行修改，并履行有关审核和审查手续后方可实施，修改情况应及时告知专家。

（4）关于监测方案内容

进行第三方监测的危大工程监测方案的主要内容应当包括工程概况、监测依据、监测内容、监测方法、人员及设备、测点布置与保护、监测频次、预警标准及监测成果报送等。

（5）关于验收人员

危大工程验收人员应当包括：

1）总承包单位和分包单位技术负责人或授权委派的专业技术人员、项目负责人、项目技术负责人、专项施工方案编制人员、项目专职安全生产管理人员及相关人员；

2）监理单位项目总监理工程师及专业监理工程师；

3）有关勘察、设计和监测单位项目技术负责人。

3.2.2 深基坑施工

3.2.2.1 工程概况

湖北省鄂北地区水资源配置工程 2016 年第 6 标段柳庄暗涵—兴隆（狮子山）暗涵施工深基坑开挖专项施工方案。

1. 水文气象及地质条件

（1）水文气象（略）

（2）地质条件

勘察揭示的地层岩性主要有：

① 第四系中更新统阎庄组（Q2ydl）灰褐色至黄褐色黏土，厚度 2.80～17.20m，含少量铁锰质结核、植物根茎及碎石，具弱膨胀性；

②中元古界上岩组（Pt2b）白云钠长石英片岩，片理产状：11°∠42°。

地下水类型主要为孔隙潜水和基岩裂隙水，埋深 1.90～4.60m，岩体透水率 $q=0.38～1.68Lu$，为微至弱透水。本段渠线走向 120°，地表为第四系中更新统阎庄组（Q2ydl）灰褐色至黄褐色黏土，厚度 2.80～17.20m，下伏基岩为中元古界上岩组（Pt2b）白云钠长石英片岩。

2. 施工平面布置

（1）施工道路及风、水、电布置

1）施工道路布置

本工程位于湖北省枣阳市兴隆镇附近，计划在总干渠沿线修一条宽7.0m，长8.4km的泥结石施工道路，与沿线村村通公路相连。

施工现场道路布置如下：

① I施工区（C3K134＋000～C3K135＋552）

在柳庄暗涵左侧新建临时道路，路面宽7m，泥结石路面，其向外侧倾斜，横坡2％，外侧设置排水沟，排水沟断面为50cm×50cm。在柳庄暗涵每隔500m设置一条下基坑道路，坡比1：10，路宽7m，左侧为泥结石路面，右侧为土质路面。

② II施工区（136＋695～138＋250）

红花隧洞出口外侧现有道路至弃渣场，道路穿过红花隧洞出口布置区，泥结石路面，其向外侧倾斜，横坡2％，外侧设置排水沟，排水沟断面为50cm×50cm。

红花暗涵、花儿山暗涵均在左侧新建临时道路，路面宽7m，泥结石路面，其向外侧倾斜，横坡2％，外侧设置排水沟，排水沟断面为50cm×50cm。

红花暗涵、花儿山暗涵均按每隔500m设置一条下基坑道路，坡比1：10，路宽7m，左侧为泥结石路面，右侧为土质路面。

③ III施工区（138＋880～140＋640）

在兴隆西河暗涵施工区右侧新建临时道路，路面宽7m，泥结石路面，其向外侧倾斜，横坡2％，外侧设置排水沟，排水沟断面为50cm×50cm。

西河暗涵每隔500m设置一条下基坑道路，坡比1：10，路宽7m，右侧为泥结石路面，左侧为土质路面。

华阳河明渠140＋400处设置临时道路，路面宽7m，泥结石路面。

华阳河渡槽140＋625处设置临时道路。路面宽7m，泥结石路面。

④IV施工区（140＋640～142＋130）

狮子山暗涵每隔500m设置一条下基坑道路，坡比1：10，路宽7m，右侧为泥结石路面，左侧为土质路面。

每隔500m设置一条下基坑道路，按照1：10的坡比修建，为了减少临时道路对基坑边坡的干扰，开挖下一段纵断面按照1：10的坡比进行基坑开挖，同时也作为下基坑临时施工道路，具体如图3-1～图3-3所示。

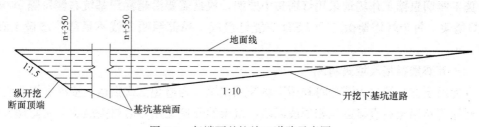

图3-1　起端下基坑施工道路示意图

2）风、水、电布置与施工照明

① 施工供风

本方案中用风部位主要为暗涵石方钻孔。在暗涵每个工作段配置一台1.5m³移动式电动空压机作为临时供风用。

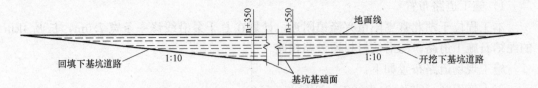

图 3-2　开挖、回填循环下基坑施工道路示意图

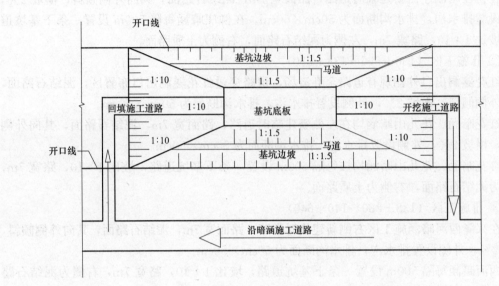

图 3-3　开挖、回填循环下基坑施工道路平面示意图

② 施工用水

本工程土石方开挖施工用水量较小，主要为施工降尘用水，配置 3 台洒水车洒水降尘，水源从已布置的供水系统供水。

③ 施工用电

由沿暗涵轴线方向布置的临时施工用电线路供电，从供电线路接下配电盘，再从配电盘接至各用电设备。并配备 50kW 的柴油发电机组为备用电源。

④ 施工照明

施工照明根据工作场地采用灯塔集中照明，根据需要沿暗涵深基坑右侧每隔 100m 设 1 个灯塔架，每个灯塔架由 2 个 LED 节能灯组成，局部照明光线不足部位增设 LED 节能灯。

（2）弃渣堆料场及填筑料源

本标段土方开挖料大部分将利用于填筑或回填，为避免二次倒运，按流水作业组织施工，开挖可利用土料直接运至相邻段回填，富余的开挖无用弃渣料按照业主和监理人指定地点就近堆存和处理。

3. 施工要求

（1）基础和边坡开挖的施工方法应符合《水利水电工程施工组织设计规范》SL 303—2017 和《水工建筑物岩石基础开挖工程施工技术规范》SL 47—2007 的规定。

（2）应在每项开挖工程开始前，结合永久性排水设施的布置，规划好开挖区域内外的临时性排水措施，保证主体工程建筑物的基础开挖在干地施工，并注意保护已开挖的永久边坡面及附近建筑物及其基础免受冲刷和侵蚀破坏。沿山坡开挖的工程，应在边坡开挖前设置临时性山坡截水沟。

（3）对位于地下水位以下的基坑需要进行干地开挖时，可根据基坑的工程地质条件采用降低地下水位的措施。并将降低基坑地下水位的施工措施提交监理人批准。采用挖掘机、铲运机、推土机等机械开挖基坑时，应保证地下水位降低至最低开挖面 0.5m 以下。

（4）开挖线的变更在开挖过程中，经监理人批准，承包人可根据土方明挖边坡和基础揭示的地质特性，对施工图纸所示的开挖线作必要修改。

（5）明渠土方开挖应按设计开挖轮廓线预留保护层，暗涵建基面亦应预留保护层，保护层厚度应根据不同渠段的地质条件确定，预留保护层厚度不小于 20cm。

（6）边坡安全的应急措施若开挖过程中出现裂缝和滑动迹象时，承包人应立即暂停施工，并通知监理人。必要时承包人应按监理人的指示设置观测点，及时观测边坡变化情况，并做好记录。

（7）膨胀土渠段开挖过程中可能发生不同规模的局部滑坡。出现滑坡时，应及时处理，再接着向下开挖；若分析预测存在较大的滑坡可能时，则应结合具体情况专门研究确定处理方案及施工作业程序。

（8）土质边坡渠段，尤其是膨胀性土渠段施工过程中，遇建基面不慎雨淋、泡水、失水干裂等情况，应将影响范围内的土体挖除。

（9）可利用渣料需进行统一规划，渣料应首先用于本工程永久和临时工程的填筑及场地平整等。

（10）开挖弃料需运送到业主指定弃渣场，渣料堆体应保持边坡稳定，并设有良好的自由排水措施。含细根须、草本植物及覆盖草等植物的表层有机土壤，应合理使用，并运到指定地点堆放保存，不得任意处置。

（11）应在开挖的危险作业地带设置安全防护设施和明显的安全警示标志。

本方案主要包含 5 个暗涵（柳庄暗涵、红花暗涵、花儿山暗涵、兴隆（西河）暗涵、兴隆（狮子山）暗涵）、1 个明渠开挖（兴隆（华阳河）明渠）的土石方开挖施工。

4. 技术保证条件

（1）由项目技术负责人组织质检员、施工员、技术人员等熟悉、审查图纸并做好记录，参加专家论证会。对专家论证意见认真阅读并在施工中严格按专家要求进行。

（2）编制材料、成品、半成品、机械设备、工具、用具及各技术工种劳力进场计划。

（3）由测量队引进坐标、水准点并设置控制桩，做好保护。

（4）对特殊工种作业人员进行培训、考核。

（5）做好各级的技术安全交底。

3.2.2.2　编制依据

（1）《建设工程安全生产管理条例》（中华人民共和国国务院令第 393 号）；

（2）水利工程建设标准强制性条文（2016 版）；

（3）《水利水电工程施工安全防护设施技术规范》SL 714—2015；

（4）《水利水电工程施工通用安全技术规程》SL 398—2007；

（5）《水利水电工程施工安全管理导则》SL 721—2015；

（6）《水利工程施工监理规范》SL 288—2014；

（7）《水利水电工程施工质量检验与评定规程》SL 176—2007；

（8）《水利水电工程施工组织设计规范》SL 303—2017；

（9）《水工建筑物岩石基础开挖工程施工技术规范》SL 47—1994；

（10）《施工现场临时用电安全技术规范》JGJ 46—2005；

（11）《建筑基坑工程监测技术规范》GB 50497—2009；

（12）《危险性较大工程安全专项施工方案编制及专家论证审查办法》（中华人民共和国建设部（建质〔2004〕213号））；

[现为：《危险性较大的分部分项工程安全管理规定》（中华人民共和国住房和城乡建设部令第37号）]

（13）《鄂北水资源配置工程柳庄暗涵—兴隆（狮子山）开挖》施工图；

（14）施工合同。

3.2.2.3 施工规划及计划

1. 施工规划

根据控制性进度要求并结合本标工程实际特点，基坑开挖施工程序如下：

由于开挖作业面积较大，占线长，根据工程的施工特点将开挖范围主要分为4个施工区同时施工。

4个土方施工区为：

Ⅰ区：柳庄暗涵、红花隧洞进口施工区，土方开挖约58万 m^3，石方开挖约59万 m^3。

Ⅱ区：红花暗涵、花儿山暗涵、红花隧洞出口、花儿山隧洞进出口、杨楼隧洞进口施工区，土方开挖约30万 m^3，石方开挖约47万 m^3。

Ⅲ区：杨楼隧洞出口施工区、兴隆（西河）暗涵、西河倒虹吸、兴隆（华阳河）明渠、华阳河渡槽右岸施工区，土方开挖约44万 m^3，石方开挖约7万 m^3。

Ⅳ区：狮子山暗涵、华阳河渡槽左岸施工区，土方开挖约17万 m^3，石方开挖约56万 m^3。

进场后，先进行施工道路，场地平整等临建工程。为节约堆土占地，暗涵各区施工分段实施，分段长度不宜过长，每段按150～200m左右控制，开挖分层高度不大于3.0m，开挖料堆放在指定堆放场，回填用料直接在就近堆放场取料，以达到减少运距、减少占地的目的。暗涵施工完后回填至原高程，恢复原土地使用功能。开挖过程中排水和边坡保护贯穿整个施工过程，边坡的临时防护措施采用截水沟、排水沟结合集水井形式进行防护。雨天地表形成径流时采用防雨彩条布覆盖进行防护。

基坑开挖工艺流程：

施工准备→测量放线→场地清理→开挖运渣→边坡开挖→边坡修整→护面、加固和防护设施→下一循环。

2. 进度计划

本标段工程2016年10月15日开工，2018年12月13日本标段工程完工，总工期790日历天。深基坑土方工程尽量避免雨季施工，计划2016年11月15日开工，2018年3月26日完成。其中各分区分段完成时间如下表3-39。

土方开挖回填进度计划表　　　　表 3-39

桩号范围	项目	计划开工时间	计划完工时间	工期（月）	工程量（m/月）	备注
起始段柳庄暗涵～红花隧洞进口（C3K134＋000～C3K135＋552）	开挖	2016.11.15	2018.3.26	16.3	95.2	本工程土方开挖最高月强度为土方10.74万 m^3，石方11.26万 m^3，出现在 2016 年 1 月至 2017 年 6 月
	混凝土	2017.1.4	2018.8.6	19	81.7	
	回填	2017.4.24	2018.9.25	17	91.3	
红花隧洞出口～杨楼隧洞进口（136＋695～138＋250）	开挖	2016.11.15	2017.12.18	13	98.8	
	混凝土	2017.1.4	2018.7.10	18	71.4	
	回填	2017.4.14	2018.7.30	15.5	82.9	
杨楼隧洞出口～华阳河渡槽（138＋880～140＋640）	开挖	2016.11.15	2017.10.30	11.5	153.0	
	混凝土	2017.1.4	2018.11.7	13	135.4	
	回填	2017.4.14	2018.3.27	11.5	153.0	
兴隆（狮子山）暗涵～尾段（140＋640～142＋130）	开挖	2016.11.15	2018.3.27	16.4	90.9	
	混凝土	2017.1.4	2018.7.6	18	82.8	
	回填	2017.4.14	2018.8.26	19.4	76.8	

3. 设备计划

（1）现场在各个施工阶段投入相应机具设备，满足工期、质量要求。

（2）机械设备进场前要实行试运转制，性能良好方可投入使用。现场配备若干名机械修理工，对机具设备定期检修和日常维护保养，保证机具正常运转。

（3）操作上"人机固定"，谁操作，谁负责。

施工设备计划见表 3-40。

主要施工机械设备表　　　　表 3-40

序号	设备名称	规格及型号	数量	备注
1	反铲	$1.2m^3$	10	
2	平齿挖掘机		2	
3	反铲	PC60	2	斗容 $0.3m^3$
4	装载机	ZL50	6	与回填共用
5	推土机		6	与回填共用
6	空压机	$20m^3/min$	3	
7	空压机	PES600	3	
8	手风钻	YT-28	20	
9	自卸车	15t	40	
10	10t 平板	EQ50 二汽	2	
11	洒水车	6t	3	

3.2.2.4　施工工艺技术

本标段深基坑开挖分为土方开挖及基础石方开挖，土方开挖主要考虑采用挖装设备直接开挖装车；石方开挖主要采用爆破破碎，挖掘机直接开挖装车。排水沟、槽等局部小规模开挖主要采用小型反铲及人工配合开挖为主。土石方开挖渣料根据规划统一倒运堆存，挖装设备装车，自卸汽车拉运至弃渣场、临时堆料场或直接拉运至需要填筑的部位。

1. 技术参数

（1）开挖深度

1）柳庄暗涵土方开挖深度约 6～20m，石方开挖深度 6～18m；

2）红花暗涵土方开挖深度约 2～12m，石方开挖深度 9～21m；

3）花儿山暗涵土方开挖深度约 3～17m，石方开挖深度 0～18m；

4）兴隆（西河）暗涵土方开挖深度约 7.5～15.5m，石方开挖深度 0～11.5m；

5）兴隆（狮子山）暗涵土方开挖深度约 0～5m，石方开挖深度 8.5～20.5m；

6）兴隆（华阳河）明渠土方开挖深度 5.5～7.5m。

（2）开挖坡度

土方开挖边坡按照 1：1.5，石方开挖边坡按照 1：0.75 设计。

2．工艺流程

（1）土方开挖工艺流程

本标段土方开挖量大，施工直接采用反铲挖装，自卸车运输至回填部位、料场、弃渣场。开挖施工工艺流程图如图 3-4 所示。

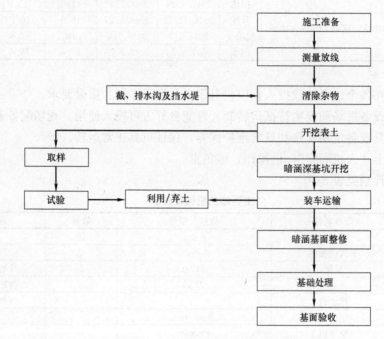

图 3-4　土方开挖施工工艺流程图

（2）石方开挖工艺流程

石方明挖在上方覆盖层开挖完成后进行，分段、分层、台阶爆破开挖。钻孔机械采用 YT-28 手风钻。

结合本工程的地形特点及地质条件，进行石方开挖时，采用预裂爆，以缓冲、反射开挖爆破的振动波，控制后期岩石松动爆破对保留岩体的破坏影响。根据试验与实验数据，采用弱松动爆破工艺，严格控制一次总装药量和最大单响爆破装药量，以减少爆破对边坡岩体的破坏。开挖施工工艺流程图如图 3-5 所示。

3．施工方法

（1）分层分区

1）开挖分区

由于暗涵深基坑开挖作业面积较大，占线长，考虑各个施工部位的施工干扰和施工连续性，按施工部位和相互关系分为 4 个区进行施工。

Ⅰ区：柳庄暗涵、红花隧洞进口施工区，土方开挖约 58 万 m³，石方开挖约 59 万 m³。

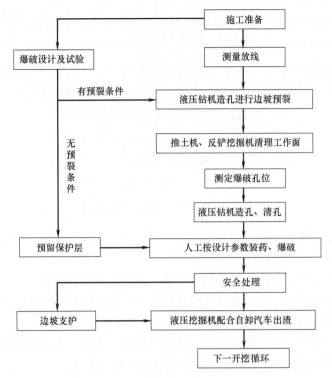

图 3-5　石方分层开挖施工方法示意图

Ⅱ区：红花暗涵、花儿山暗涵、红花隧洞出口、花儿山隧洞进出口、杨楼隧洞进口施工区，土方开挖约 30 万 m^3，石方开挖约 47 万 m^3。

Ⅲ区：杨楼隧洞出口施工区、兴隆（西河）暗涵、西河倒虹吸、兴隆（华阳河）明渠、华阳河渡槽右岸施工区，土方开挖约 44 万 m^3，石方开挖约 7 万 m^3。

Ⅳ区：狮子山暗涵、华阳河渡槽左岸施工区，土方开挖约 17 万 m^3，石方开挖约 56 万 m^3。

本标工程范围主要为岗、波状平原地貌，施工道路布置较灵活，开挖顶面宽度约为45m，可布置多个工作面和大型挖掘机械。根据地形条件、开挖工程量大小和施工道路布置情况等因素，在施工高峰时段共设置 8 个工作面，即Ⅰ区、Ⅱ区、Ⅲ区、Ⅳ区均两个工作面，一次工作面开展不宜过大，每段按 200m 左右控制，使开挖与机械出渣协调进行，形成流水作业，以充分发挥机械效率，加快施工进度。

2）开挖分层

本标深基坑上层土方明挖主要为弱膨胀冲积层黏土开挖，暗涵临时性基坑边坡高8.0～24.0m，属中至高边坡，存在高边坡稳定问题。该段暗涵基坑采用分级开挖、每 6m设置马道，采用自上而下进行施工，分层高度按 3m 控制，各级马道间为一大层进行分层开挖施工，在各级开挖边坡形成之前完成相应高程的地面截水系统施工。不论开挖工程量和开挖强度大小，均应严格按照自上而下进行，严禁掏洞取土，不得乱挖超挖，并尽可能杜绝边坡欠挖；边坡修整支护紧跟开挖进行；在开挖过程中若遇到地质条件发生变化而需要更改设计方案或边坡坡度时，须报请监理工程师批准。

本标段箱涵基坑开挖基槽断面如图 3-6 所示。

（2）开挖施工程序

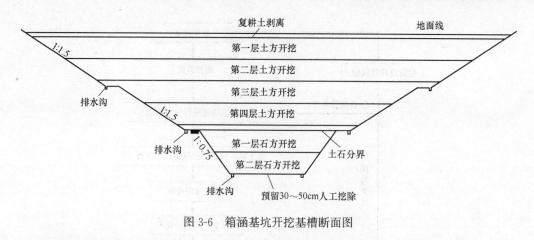

图 3-6　箱涵基坑开挖基槽断面图

根据施工总进度计划安排以及总体布置要求，结合土方开挖分区规划，减少土方倒运距离及倒运工程量。

土方开挖施工顺序：布设施工控制网→施工前地形测量和放样→分段人工配合机械清理表土植被→机械分层挖、装运至设计高程以上 20cm→人工开挖至设计基底、机械配合出渣→修整→成型后测量复核。

石方开挖施工顺序：测量放样→表层清理→钻孔、装药→石方爆破→反铲挖装→自卸汽车运输→预留设计高程 50cm 以上→保护层挖除→检查验收。

（3）暗涵及明渠安全施工方案

1）土方开挖

进场后根据监理单位提供的工区范围内导线点及水准点的基本数据建立工程测量控制网，以保证施工放样、定位的准确性；每开挖一个单元前，进行边线及高程放样。对测量出的清理范围，用机械配合人工清除该范围内的全部有碍物，范围外的清理按监理单位要求进行。

基坑开挖按照"逐层开挖，逐级整修"的原则组织施工。采用挖掘机自上而下开挖装车，自卸汽车运输，人工配合反铲整修成型；机械设备不能够到位的"死角"，采用人工整修。

① 施工方法

深基坑土方开挖由上而下分层进行，采用挖掘机和推土机配合开挖装车，自卸汽车运输至填筑地段，尽量避免二次倒运。废料直接弃至渣场，开挖料运至弃渣场后，分区堆放，为保持渣料堆体的边坡稳定，设置排水上沟和截水上沟，具有良好的自由排水措施。深基坑开挖时采用分段分层挖掘，约 3.0m 高为一层错台开挖，每区段分 1～2 个作业面各配 3 台挖掘机同时进行开挖，每台挖掘机配置 4 辆 15t 自卸汽车运土。

工程的临时开挖边坡，应按施工图纸进行开挖。土方明挖从上至下分层分段依次进行，施工中随时作成一定的坡势，以利排水，开挖过程中应避免边坡稳定范围形成积水。基础面预留 50cm 的保护层，保护层保留至混凝土工程开工时，再用平齿挖掘机进行保护层开挖并修整，满足图纸要求的坡度和平整度。开挖轮廓线外侧设临时挡水堤、截水沟。雨天地表产生径流时，边坡的临时防护措施采用防雨彩条布进行防护，防止雨水冲刷边坡。

使用反铲开挖土方时，实际施工的边坡坡度适当留有修坡余量，再用平齿挖掘机进行保护层开挖并修整，满足图纸要求的坡度和平整度。土方开挖方法如图 3-7～图 3-9 所示。

图 3-7 清基土方施工方法示意图

图 3-8 土方分层开挖施工方法示意图

图 3-9 边坡开挖施工方法示意图

在每项开挖工程开始前，尽可能结合排水设施的布置，规划好开挖区域内外的临时性排水措施，在开挖边坡遇有地下水渗流时，在边坡修理工整和加固前，采取有效的疏导和保护措施。为防止修整后的开挖边坡遭受雨水冲刷，边坡的护面和加固工作在雨季前完成，主要为坡面覆盖彩条布。冬季施工的开挖边坡修整及其护面和加固工作，不宜在表层有冻土的情况下进行。

土方开挖过程中，如出现裂缝和滑动迹象时，应立即暂停施工和采取应急抢救措施，并通知监理，必要时，按监理的指示设置观测点，及时观测边坡变化情况，并做好记录。

土质边坡排水沟开挖根据施工工作面的施工条件，主要考虑人工配合机械开挖。在施工工作面宽度满足机械设备通行的条件下主要采用小型反铲进行开挖，人工进行修坡。在施工工作面宽度狭窄，无法满足设备通行时，主要采用人工进行开挖。在开挖前，先进行相应部位的土方开挖与回填平衡规划，根据土方开挖与回填平衡规划在开挖的时候做好回填土料的临时堆放工作或直接用于回填施工。

本工程地表排水系统主要由开挖面以外的截水沟和挡水堤构成，在各开挖面开挖时，同步完成各开挖面上的的排水沟及挡水堤施工，在开挖至马道时，及时在马道内侧形成马道排水沟。开挖直接采用小型反铲及人工进行开挖。

② 土方开挖施工要点

A. 基坑开挖前设置好临时纵横向导水沟，作好坡面施工区的排水工作，确保坡面不被雨水冲刷及浸沟。

B. 两侧边坡根据测量放样位置，预留 0.2～0.3m 的保护层，基坑底部预留 0.5m 保护层，待分区段土方完成后，平齿挖掘机进行保护层开挖，并整理平整。

C. 开挖中若发现土层性质有变化时，及时报监理工程师，合理修改方案。

D. 严格按设计自上而下开挖，不得欠挖和超挖。

E. 开挖接近建基面时，按设计横断面放线，开挖修整压实。

F. 开挖后如果地质不能满足承载力要求，应报监理工程师进行处理。

G. 施工基面经监理验收合格后，及时进行下道工序，以免对基面产生扰动。

2）石方明挖

根据在其他工程爆破开挖施工的实践经验，结合本标段的地质条件，进行设计计算，类比选用，确定爆破参数，在施工之前进行爆破试验加以验证，不断调整、优化爆破参数后才运用于大规模的生产施工。具体爆破设计如下：

① 预裂爆破

A. 孔距

采用 CYG-300 液压钻钻机，钻头直径为 76mm，故 $a=600\sim1320$mm，根据招标文件地质资料，取小值 600mm。

边坡预裂孔典型钻孔有关参数见表 3-41。

B. 线装药密度

根据经验取线装药密度为 $350\sim400$g/m，需根据试验情况作调整。

边坡预裂孔典型钻孔参数表 表 3-41

梯段高 （m）	梯段斜长（m）	超钻（m）	钻孔深度（m）	孔径（mm）	孔距（mm）	线装药密度 （g/m）	备注
8	10	0.5	10.5	76	600	350	AtlasD7 钻孔

C. 装药结构

底部 $1.0\sim1.5$m 加强装药 $2\sim3$ 倍，炮孔顶部 $1\sim3$m 线装药密度适当减小，孔口段用炮泥、沙子或岩粉堵塞 $1.0\sim1.5$mm，炮孔内装药采用导爆索连接。

D. 起爆

起爆网络采用毫秒微差导爆管连接，电雷管起爆，预裂炮孔和梯段炮孔若在同一爆破网络中起爆，预裂炮孔先于相邻梯段炮孔起爆的时间，不小于 $75\sim100$m·s。

预裂孔最大单响药量应通过试验确定，在取得爆破试验成果之前，边坡面预裂孔最大单响药量暂按不大于 30kg 控制。当药量超过规定时，根据预裂部位的具体情况进行串联分段起爆。

② 浅孔梯段爆破

本标工程主要梯段爆破高度 $H=4$m。爆破孔孔径 $d=76$mm，梅花形布孔。超钻深度 $c=0.3\sim0.5$m。装药量 $Q=gabH$，岩石爆破单位耗药量 0.4kg/m³。梯段主爆孔爆破参数详见表 3-42。

梯段主爆孔爆破参数表 表 3-42

梯段高度（m）	孔径（mm）	超深（m）	孔深（m）	孔距（m）	排距（m）	堵塞长度（m）	单耗（kg/m³）
4	76	0.3	4.3	2	2	1.5~2.0	0.4

具体实施时，根据爆破监测成果，爆破效果及现场的实际地质情况对参数不断进行调整优化。

③ 爆破网路

浅孔梯段爆破网络采用毫秒微差导爆管连接，微差顺序爆破减小爆破的单响药量，且前爆孔为后爆孔提供新的临空面，能充分利用爆破能量，爆破时增加岩石相互之间碰撞次数，爆破岩块的块度小，且单段起爆药量少，极大地减小爆破震动对边坡的影响。爆破网路既要保证孔、排间顺序起爆，也要保证传爆可靠。

梯段爆破最大一段起爆药量通过试验确定，取得爆破试验成果之前，暂定一般梯段爆破要求：距建基面 30m 以外单响药量不大于 100kg，15～30m 不大于 75kg，15m 以内不大于 25kg；并满足质点振动速度的要求。

（4）隧洞进出口边坡安全施工方案

本工程隧洞进出口边坡支护主要包含工作内容为：锚杆、喷射混凝土、挂网钢筋等。

1）锚杆施工

根据招标文件要求，本标段洞脸岩石边坡采用砂浆锚杆（用水泥浆全长注浆的锚杆）。拟采用 YT28 气腿钻进行钻孔，自制简易平台车作为施工平台，MZ-30 锚杆注浆机注浆，人工安装锚杆；砂浆由砂浆搅拌机于洞口集中拌制。锚杆在综合加工厂制作成型，采用 10t 载重汽车运至现场。

① 锚杆施工准备

锚杆钻孔前，对洞壁进行安全处理，及时清除松动石块和碎石，避免在施工过程中坠落伤人。同时准备施工材料和钻孔、注浆机具设备；敷设通风和供水管路。

② 锚杆施工工艺

先注浆后插锚杆施工工艺流程如图 3-10 所示。

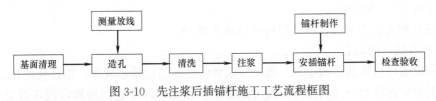

图 3-10　先注浆后插锚杆施工工艺流程框图

③ 锚杆施工工艺措施

A. 造孔

a. 钻头选用要符合要求，钻孔点有明显标志，开孔的位置在任何方向的偏差均小于 100mm。

b. 锚杆孔的孔轴方向严格按施工图纸的要求执行。施工图纸未作规定时，其系统锚杆的孔轴方向垂直于开挖面；局部随机加固锚杆的孔轴方向与可能滑动面的倾向相反，其与滑动面的交角大于 45°，钻孔方位偏差不大于 5°。锚孔深度必须达到施工图纸设计要求，孔深偏差值不大于 50mm。孔内岩粉和积水必须清除干净。

c. 钻孔结束，对每一钻孔的孔径、孔向、孔深及孔底清洁度进行认真检查记录。

d. 钻孔完成后用风、水联合清洗，将孔内松散岩粉粒和积水清除干净；若不需要立即插入锚杆，则必须对孔口加盖或堵塞予以适当保护，在锚杆安装前对钻孔进行检查以确定是否需要重新清洗。

B. 钻孔直径

砂浆锚杆的钻孔孔径大于锚杆直径，本工程拟采用"先注浆后安装锚杆"的程序施工，钻头直径大于锚杆直径 15mm 以上。

C. 锚杆的安装及注浆

本工程砂浆锚杆采用先注浆后插锚杆的施工方法，先注浆的锚杆在钻孔内注满浆后立即插杆。

a. 锚杆插送方向要与孔向一致，插送过程中要适当旋转（人工扭送或管钳扭转）。

b. 锚杆插送速度要缓、均，有"弹压感"时要作旋转再插送，尽量避免敲击安插。

④ 质量检验与验收

A. 锚杆的质量检验

a. 锚杆材质检验：每批锚杆材料均附有生产厂的质量证明书，按施工图纸规定的材质标准以及监理工程师指示的抽检数量检验锚杆性能。

b. 注浆密实度试验检查：跟踪现场锚杆试验，7 天后剖开不同长度、孔径，不同配合比的试验锚杆管，将详细资料报送监理工程师审批。

c. 按监理工程师指示的抽验范围和数量，对锚杆孔的钻孔规格（孔径、深度和倾斜度）进行抽查并作好记录，不合格的孔位必须重新布设。

d. 按作业分区 100 根为 1 组（不足 100 根按 1 组计），由监理人根据现场实际情况随机指定抽查，抽查比例不得低于锚杆总数的 3%（每组不少于 3 根）。锚杆注浆密实度最低不得低于 75%。当抽查合格率大于 90% 时，认为抽查作业分区锚杆合格，对于检测到的不合格的锚杆应重新布设；当合格率小于 90% 时，将抽查比例增大至 6%，如合格率仍小于 90% 时，应全部检测，并对不合格的进行重新布设。

e. 锚杆长度检测采用无损检测法，抽检数量每作业区不小于 3%，杆体孔内长度大于设计长度的 95% 为合格。

f. 按监理人的指示进行各类锚杆的拉拔力试验。

B. 岩石锚杆的验收

将每批锚杆材质的抽验记录、每项注浆密实度试验记录和成果、锚杆孔钻孔记录、边坡和地下洞室各作业分区的锚杆拉拔力试验记录和成果以及它们的验收报告提交监理人，经监理人验收，并签认合格后作为支护工程完工验收的资料。

⑤ 锚杆施工安全技术措施

A. 在锚杆作业中，发生的事故多因围岩或混凝土剥落、坍塌所造成。而围岩、喷射混凝土剥落或坍塌，则是由于清浮石不彻底、凿孔机械的振动、喷射混凝土与受喷面粘结不良等原因所造成。为了锚杆施工的安全，加强观察，及早发现危险征兆，及时采取相应的安全技术措施。

B. 指定专人按规定定期进行锚杆拉拔力试验，防止因锚杆滑落而造成不安全事故。

C. 在注浆作业开始前或结束后，认真检查、清洗机械管道和接头，检查后还经过试运转方可正式作业，以防止发生剧烈振动、管道堵塞等现象。当发生注浆管路或接头堵塞时，需在消除压力之后，方可进行拆卸和维修。各种机械电力设备、安全防护装置和用品，按规定进行定期检查、试验和日常检查，不符合安全技术要求者严禁使用。

D. 注浆人员及所有进入隧洞施工工地的人员，必须按规定佩戴防护用品、穿戴防护用具（胶皮手套、口罩、眼镜、防护罩等）。人人遵章守纪听从统一指挥；同时加强安全保卫，禁止闲杂人员及外人进入隧洞施工工地。

2）喷射混凝土及挂钢筋网施工

① 原材料

A. 水泥：采购符合国家标准的普通硅酸盐水泥。水泥强度等级为 P.O42.5 级普通硅酸盐水泥。进场水泥均有生产厂家的质量证明书。

B. 骨料：细骨料应采用坚硬耐久的粗、中砂，细度模数宜为 2.5～3.0，使用时的含水率宜控制在 5%～7%；粗骨料应采用耐久的卵石或碎石，粒径不应大于 15mm。

C. 水：符合规范要求。

D. 外加剂：速凝剂的质量严格符合施工图要求并有生产厂的质量证明书，初凝时间不大于 5min，终凝时间不大于 10min，选用外加剂应经监理人批准。

E. 钢筋网：按设计要求采用光面钢筋网。

F. 外掺料：当工程需要采用外掺料时，掺量通过试验确定，加外掺料后的喷射混凝土性能满足设计要求。

② 施工准备

喷射前先清除边坡松动危石；检查调试好各种支护机械设备工作状态；受喷面有较集中渗水时，作好受喷面引排水处理工作，受喷面无集中渗水时，根据岩面潮湿程度，适当调整水灰比；埋设喷层厚度检查标志，一般是在石缝处打铁钉，并记录其外露长度，以便控制喷层厚度。根据岩质情况，喷射前采用高压风或高压水清洗受喷面，将开挖面的粉尘和杂物清理干净，以利于混凝土粘结。

喷射作业前施工准备和要求见表 3-43。

喷射混凝土施工准备工作内容及要求一览表　　　　　　　　表 3-43

项　目	内容及要求
材料方面	对水泥、砂、石、速凝剂、水等的质量要进行检验；砂石应过筛，并应事先冲洗干净；砂石含水率应符合要求，为控制砂、石含水率，设置挡雨设施，干燥的砂子适当洒水
机械及管路方面	喷射机、混凝土搅拌机等使用前均应检修完好，就位前要进行试运转；管路及接头要保持良好，要求风管不漏风，水管不漏水，沿风、水管每 40～50m 装一阀门接头，以便当喷射机移动时，联结风、水管
其他方面	按设计图纸检查开挖断面，欠挖处要凿够；敲帮问顶、清除浮石，墙脚的石渣和堆积物，用高压水冲洗岩面，附着于岩面的泥污应冲洗干净，每次冲洗长度以 10～20m 为宜；对裂隙水要进行处理；不良地质处事先进行加固；对设计要求或施工使用的预埋件要安装准确；备好脚手架，埋设测量喷混凝土厚度的标志；洞内喷射作业面须有充足的照明，照明灯上应罩上铁丝网，以免回弹物打坏照明灯

③ 挂网喷混凝土施工

本标挂网喷混凝土的钢筋在综合加工厂制作，5t 载重汽车运输至施工现场，人工进行安装、绑扎；喷混凝土采用拌合站处 0.35m³ 搅拌机拌制，PZ-5B 喷射机喷护。

A. 钢筋网技术要求

按施工图纸的要求和监理工程师的指示，在指定部位进行喷射混凝土前布设钢筋网。钢筋网间距为 150mm，钢筋的直径符合设计图纸要求。

钢筋网在施工现场预制点焊成网片，成品钢筋网在安设时，其搭设长度不小于200mm；钢筋网与锚杆或其他锚定装置连接牢固，钢筋用前清除污锈，钢筋网根据被支护围岩面上的实际起伏形状铺设。喷射时，钢筋网不得晃动。

B. 喷混凝土配合比试验

喷射混凝土的配合比，通过室内试验和现场试验选定，并符合施工图纸要求，在保证喷层性能指标的前提下，尽量减少水泥和水的用量。速凝剂的掺量通过现场试验确定，喷射混凝土的初凝和终凝时间，应满足施工图纸和现场喷射工艺的要求，喷射混凝土的强度符合施工图纸要求。配合比试验成果应报送监理工程师。

C. 喷混凝土施工

喷护采用干喷法施工。喷混凝土采用集中拌制。0.35m³ 混凝土搅拌机拌制 PZ-5B 混凝土干喷机施工，工艺流程如图 3-11 所示。

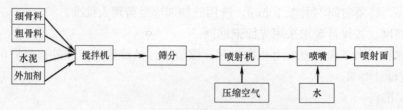

图 3-11　喷射混凝土工艺流程图

采用挂网喷射混凝土部位，钢筋网应与锚杆头可靠焊接。在开始喷射时，适当缩短喷头至受喷面的距离，并适当调整喷射角度，使钢筋网背面混凝土达到密实。

在渗水严重部位，先喷干混合料，待其与涌水融合后，再逐渐加水喷射。喷射由远至近，逐渐向涌水点逼近，然后在涌水点安设导管将水引出，再在导管附近喷射。

④ 质量检验

A. 在喷射作业开始前，详细检查围岩受喷面，彻底清理危石、浮石。采用合适的降尘措施，控制施工现场空气中粉尘含量。对从事喷射操作的人员，定期进行健康检查。进行喷射时，必须佩戴防护用具。

B. 在开始喷射作业前，由专人仔细检查管路、接头等，防止喷射时发生因软管破损或接头断开等引起生产乃至工程质量事故。

C. 在处理管路堵塞时，喷头有专人看护，以消除堵塞后，喷头摆动喷射伤人事故。

D. 在喷射混凝土施工时，为避免供料、拌合、运输、喷射作业之间的干扰，有统一的联络信号和联络方法。喷射作业由班组长按规定的联络信号和方法进行指挥，防止因喷射手和机械操作人员之间联络不佳造成事故等。

（5）基础保护层开挖

为了防止基础扰动，保护土体基础及岩石基础的稳定性和整体，计划对土体基础预留 20cm 保护层，岩石基础预料 50cm 保护层。待下部施工时再对保护层予以挖除。

1）土方基面开挖

土方基础保护层预留 20cm，采用人工挖除方式进行施工

工艺流程：施工测量→人工开挖→基面验收

① 施工测量

根据布设控制网，对基坑开挖高程及边线进行测设，在基础设计标高，钉上竹桩，抄水平线。

② 人工开挖

人工利用铁锹、镐进行挖除、清理和修整。挖出的土方装入手推车或翻斗车，由未开

挖的一面配合自卸汽车运至弃渣场。

③ 基础面验收

保护层开挖完成后经发包人、设计、监理单位联合验收合格后方能进行下步工程施工。

2）岩石基面开挖

根据地质条件与开挖工程量大、工期紧等特点，确定采用保护层一次性开挖，直接钻孔到基岩设计开挖线，爆破装药底部加柔性垫层的保护措施，进行微差控制爆破，来保护基岩完整、稳定。

① 爆破参数的选取

保护层一次开挖爆破参数主要包括钻孔深度、孔径、孔距、排距及单位岩体装药量、装药结构、柔性垫层、网路形式等，采取经验与实际相结合，根据现场试验来确定孔距、排距、装药结构等的施工爆破参数，以满足基础保护层开挖质量要求。结合本工程地质情况拟定爆破参数如下：

A. 孔径的确定：

保护层一次开挖属浅孔爆破，采用钻孔机械为风动手持式凿岩机。一般钻头的直径为 $40 \sim 42mm$，取 $d = 42mm$。

B. 孔距、排距的选定：

根据工程地质确定孔距 a、排距 b，保护层一次性开挖取：$a = 0.5m$、$b = 0.5m$。

C. 底盘抵抗线 W 的确定：取 $W = 0.5m$。

每次爆破前应处理好作业面，否则因前排推不出去，影响爆破效果。

D. 单位耗药量 q：

岩石的爆破性能与岩石物理力学性质和结构特征有关，岩石越硬，越完整，风化程度越弱，单耗越高；使用的炸药威力越小，单耗越高。根据地质资料，岩石的坚硬度系数，选取 $q = 0.45kg/m^3$。

E. 钻孔深度 H：

预留保护层开挖厚度为 0.5m，取 $H = 0.5m$。

F. 超钻孔深 h 的选定：

保护层一次性爆破开挖中钻孔深度不得超过水平建基面。

G. 单孔装药量 Q：

计算公式如下：$Q = abqH$（kg）。

H. 堵塞长度 L：

取 $15 \sim 20$ 倍的孔径，即 $L = 0.5 \sim 0.8m$。

I. 柔性垫层：

柔性垫层材料的选择与厚度的确定是保证建基面不受破坏的关键所在。用于制作柔性垫层的材料，按综合指标（波阻抗值小、易制作、经济性等）的优劣排序为：泡沫→锯末→两端带节竹筒（或矿泉水瓶）→木材。柔性垫层厚度取小将影响建基面完整性，造成保留岩体破坏，如垫层厚度取大将留下根坎，造成欠挖，需再次撬挖。因基岩石较坚硬，结合便于制作、就地取材与经济原则，选取柔性垫层材料为两端带节竹筒，厚度选取为 $20 \sim 30cm$。

② 保护层开挖施工工艺

施工工序：施工准备及测量放线→钻孔→装药→封堵→爆破→挖运。

A. 施工准备及测量放线

在保护层石方开挖之前，根据设计对边线、炮孔及开挖深度进行精确测量放线。测量放线精度符合有关技术条款和水利水电工程施工测量技术规范的规定。

B. 钻孔

石方保护层开挖时，采用 YT-28 型手风钻进行钻孔，钻孔要求如下：

布孔：根据爆破设计，依据测量放线，按孔距、排距由专人负责。

钻孔：按设计深度钻孔，保护层开挖时钻孔不得深入基岩面。

炮孔保护：钻孔达到设计深度后，经检查合格后，吹净孔内残渣，用编织袋或木塞将孔口塞紧，盖土封顶。

C. 装药、堵塞

装药结构：为了保护基岩，保护层一次开挖的装药底部加柔性垫层（20～30cm 竹筒）的保护措施，以保护保留岩体不受破坏。

装药与堵塞：装药时，先将孔内的粉渣及积水用吹风管吹冲干净后，先按要求加入设计厚度的柔性垫层，然后按照设计装药量和堵塞长度进行装药、封堵。

D. 爆破网路

起爆网路是能否达到爆破效果的关键，设计起爆网路时，应充分考虑对建基面的影响及飞石影响，保护层开挖采用毫秒延时分段起爆技术，控制单响药量，避免对被保护物体造成破坏。起爆网路设计为微差毫秒控制爆破，起爆采用电雷管。

E. 石渣挖运

采用 1.2m³ 反铲挖掘机挖装，配合 15t 以上的自卸汽车通过临时施工道路直接运往弃渣场或回填部位，TY160 推土机进行推平。

（6）雨季施工及排水措施

在汛期建立安全防汛机构，明确防汛责任人。设立专职水情预报人员，随时和业主及水文部门取得联系，及时掌握水情，为工程施工、安全防汛提供决策依据。根据防汛任务，建立防汛突击队和配备相应的防汛物资。在雨季前及汛期，及时清理排水沟和截水沟内的积渣及杂物，以保证排水畅通无阻，洪水来前、过后，清除积渣，检查排水设施的运行情况，发现损坏的及时修复。在开挖范围外侧设置挡水堤防止基坑外地表水流入基坑。

（7）边坡安全防护措施

基坑开挖区域土层均具有弱膨胀性，在开挖过程中需加强对开挖边坡的防护。必须采取有效防护措施减少大气环境的影响，分层、分段开挖，一次工作面开展不宜过大，分段长度为 150～200m。在开挖过程中，在基坑内应结合施工组织，采取逐层设临时截流沟、逐层排水的方式，合理地分区、分片开挖，及时排走施工区的积水，尽量减少地表水和地下水对开挖施工的影响。

对于裸露时间长的边坡，临时防护措施除采用基坑排水沟措施外，还需采用防雨彩条布进行防护。防雨彩条布应沿纵向水平敷设，上层布压下层布，搭接宽度不小于 0.5m，防雨布顶部和底部应延伸到坡顶边线和坡脚线以外，坡顶延伸长度不小于 2m，坡脚延伸长度不小于 1m；坡顶、坡底及坡面搭接处应采用土袋压牢。

3.2.2.5　施工安全保证措施

1. 组织保障

（1）安全领导小组

成立以项目经理为组长的安全领导小组，详见图 3-12。

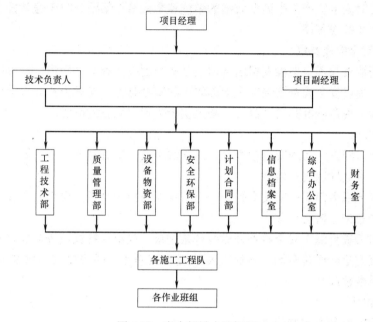

图 3-12　安全领导小组框图

1）建立以岗位责任制为中心的安全生产逐级负责制，制度明确，责任到人，奖罚分明。

2）建立安全保证体系，明确各部门、各级人员的安全职责。建立和实施安全生产责任制。

3）成立综合治理办公室，日常办公设在施工现场，负责防爆、防火、防洪、防盗，以及工程保卫等工作。

4）工地设置救护室，配备医务人员，落实保健措施，做好除害灭病和饮食卫生工作。

（2）安全生产管理制度

1）建立安全生产责任制

各级领导、各职能部门、管理人员、技术人员及操作人员均认真贯彻执行国家劳动保护政策、法令、法规和上级指示、决议，认真落实安全生产负责制，各级单位第一管理者为本级第一责任人，逐级负责，确保万无一失。做到领导认识到位、管理到位、责任到位。对其职责范围内的安全生产工作负责任。明确规定各职能部门、各级人员在安全管理工作中所承担的职责、任务和权限，形成一个"人人讲安全、事事为安全、时时想安全、处处要安全"的良好施工氛围。

2）建立持证上岗制度

安全员、质量员、试验员等管理人员和特殊工种操作工人佩戴胸牌并持证上岗。胸牌贴有本人照片并标明单位、岗位职务、姓名、编号。

3）明确安全生产目标

在开工前，明确安全生产总目标，并根据总目标制定分阶段、分项安全目标及相应的安全措施，确保安全目标的实现。

4）建立安全奖惩制度

根据规定对安全生产工作做出成绩的单位和个人给予奖励，对于违章施工的单位和个人给予处罚，并追查责任。

5）坚持安全检查制度

建立定期检查与不定期抽查相结合的安全检查制度，查安全隐患、查事故苗头，消除不安全因素。通过安全检查增强广大干部职工的安全意识，促进企业对劳动保护和安全生产方针、政策、规章制度的贯彻执行，解决安全生产上存在的问题。

① 检查组织

成立以项目经理为首的安全检查组，建立健全安全检查制度，有计划、有目的、有整改、有总结、有处理地进行检查。

安全环保部每周组织一次安全检查，每月由项目技术负责人组织一次安全检查，召开一次安全生产总结分析会。

施工队每天进行施工安全检查并做好详细记录，提出保持或改进措施，并落实实行。

发现违反安全操作规程时，各级安检人员有权制止，必要时向主管领导提出暂停施工、进行整顿的建议。

② 检查类型

采取定期检查和不定期检查。

定期检查：施工队每天进行安全检查，并做好详细记录，提出保持或改进措施，加以落实。项目技术负责人和安全管理科每旬组织一次安全检查。项目经理每月组织一次安全检查，召开一次安全生产分析总结会。不定期检查：按照施工生产的不同阶段安排不定期检查，具体为施工准备工作安全检查；季节性安全检查；节假日前后安全检查；专业性安全检查和专职安全人员日常检查进行。

③ 安全检查内容

坚持以自查为主，互查为辅，边查边改的原则；主要查思想、查制度、查纪律、查领导、查隐患、查事故处理。结合季节特点，重点查防触电、防坠落、防机械车辆事故、防火、防雷击等措施的落实。

④ 检查方法和手段

采取领导和员工相结合，自查和互查相结合，定期和经常性检查相结合，专业和综合检查相结合及对照安全检查表检查等方法和手段进行安全检查。

6）坚持教育培训制度

① 加强全员安全教育和技术培训考核

施工前，按照"技规""行规"等有关施工安全的规定，制定相应的施工安全措施，组织全体施工人员认真学习，并贯彻执行，使项目经理部各级领导和广大职工认识到安全生产的重要性、必要性。懂得安全生产、文明生产的科学知识，牢固树立"安全第一，预防为主"的思想，自觉地遵守各项安全生产法令和规章制度，保证施工生产按计划、有秩序地进行，确保施工安全。

② 加大安全教育培训的力度

加强全员的安全教育和技术培训考核，使各级干部和广大职工认识到安全生产的重要性、必要性，掌握安全生产的科学知识，牢固树立"安全第一，预防为主"的思想，克服麻痹思想，自觉地遵守各项安全生产法令和规章制度，严格执行操作规程。

③ 对各级管理人员的安全生产培训

④ 安全生产的经常性教育

在做好对新工人、特种作业人员安全生产教育和各级领导干部、管理干部的安全生产培训的同时，把经常性的安全教育贯穿于生产管理工作的全过程，并根据接受教育对象的不同特点，采取多层次、多渠道、多方式进行。内容包括：安全生产宣传教育；普及安全生产知识宣传教育；适时安全教育。

7）坚持开展群众性的安全管理活动

根据实际情况采取不同的形式组建安全管理 TQC 小组，严格按照 PDCA 循环的四个阶段（即：计划、实施、检查、处理四个阶段）八个步骤（调查分析现状，找出问题，分析各种影响因素，找出主要影响因素，针对主要影响因素制定措施；执行措施，检查工作效果，巩固措施、制定标准，将遗留问题转入下一个循环等八个步骤），制定出每旬、每月的活动计划，规定每次活动的时间、内容、目标等，并组织实施，直至达到解决问题的目的。

8）事故申报制度

严格执行国务院《关于企业职工伤亡事故和处理》的规定，认真做好意外职工伤亡、施工机具损坏等事故统计、报告、调查和处理工作。所有事故在规定的时间内申报。对事故进行详细调查，并写出事故调查处理报告。

9）应急部门联系方式

项目部安全应急责任人及电话：×××：××××××××××

枣阳市安监局电话：××××××××××

医疗急救中心电话：120

2. 技术措施

（1）土方开挖安全措施

沿线存在大量居民、建筑物、交通干道、高压线路、通信光缆等诸多影响施工的不利因素，为了保证我部施工安全，在进行土方施工前，必须作好各项施工准备工作。

1）工程技术部依据周边建筑物、交通道路、电线、光缆的分布情况合理编制专项施工方案及作业指导书，并及时与安全环保部沟通制定安全防护方案，对土方作业队进行开挖技术交底和安全技术交底及培训。

2）明挖作业开工前，应对开口线以内的附着物及地埋物进行检查，并及时与当地有政府和有关部门联系确认地埋物位置，如发现光缆、管道等地埋物，应在地埋物十米内设置明显标志，确保安全后进行下一道工序的施工。

3）基坑开挖主要采用大型机械作业，施工前应对机械停放点、行走路线、运土方式、挖土分层、电源架设等进行实地勘察，要求施工机械和人员与 35kV 以上的高压线必须保持不小于 5m 的垂直距离；60kV 以上的安全垂直距离不应小于 10m。

4）在靠近建筑物、路基、高压线塔、电杆等构筑物附近挖土时，应以建筑物为中心向外预留 15m 的预留安全距离，并按设计要求进行放坡，避免发生坍塌事故，以保证施工安全。

5）各工区结合各自的实际情况，制定施工现场和临时设施的安全防护以及人员安全的安全措施，要全面细致周到，不可因事小而不为，避免存在隐患，带来损失。

6）① 柳庄暗涵片理走向与渠线夹角 19°左右，夹角较小，在暗涵开挖过程中右侧渠坡可能会发生顺坡向小规模滑塌。该段渠道最大挖深 25.2m，平均挖深 21.3m，临时开挖边坡较高，计划临时开挖坡比：第四系堆积物 1：1.5～1：2.0；基岩：逆向坡 1：0.5～1：0.75；顺向坡 1：0.75～1：1.0，宜采用预留马道、分级开挖方式，并做好坡顶排水、坡面防护等措施。

② 红花暗涵片理走向与渠线夹角 5°左右，在基坑开挖过程中右侧渠坡可能会发生顺坡向小规模滑塌。该段渠道最大挖深 24.2m，平均挖深 16.3m，计划临时开挖坡比：土体按 1：1.5～1：2.0；岩体：逆向坡 1：0.5～1：0.75；顺向坡 1：0.75～1：1.0，开挖宜采用预留马道、分级开挖方式，并做好坡顶截排水措施。

③ 花儿山暗涵本段渠线走向 114°，地下水类型主要为孔隙潜水和基岩裂隙水，埋深 3.0m 左右。地下水活动轻微，岩体透水率 $q=0.77～2.71$Lu，为微至弱透水。开挖的最大挖深 24.7m，平均挖深 18.7m，边坡较高，计划临时开挖坡比：土体按 1：1.5～1：2.0；岩体：逆向坡 1：0.5～1：0.75；顺向坡 1：0.75～1：1.0，开挖宜采用预留马道、分级开挖方式，并做好坡顶截排水措施。

④ 兴隆（西河）暗涵片理走向与渠线夹角 56°，岩体总体稳定性好。暗涵施工开挖最大挖深 20.6m，平均挖深 16.3m，前段为土岩边坡，后段为土质边坡，临时开挖坡比计划土体 1：1.5～1：2.0；岩体按 1：0.5～1：1.0，开挖宜采用预留马道、分级开挖方式，并做好坡顶截排水措施。

⑤ 兴隆（狮子山）暗涵本段渠线走向 106°，地下水类型主要为孔隙潜水，埋深 1.10～3.30m 左右，黏土渗透系数 $1.30×10^{-7}$cm/s 左右，为极微透水。施工开挖的最大挖深 23.6m，平均挖深 15.5m，计划临时开挖坡比：土体按 1：1.5～1：2.0；基岩 1：0.5～1：1.0 考虑，宜采用预留马道、分级开挖方式开挖，并做好坡顶截排水措施。

（2）石方开挖安全措施

1）开挖人员严格遵守安全操作规程，开钻前检查工作面附近岩石是否稳定，严禁打残孔，各种钻架要搭设牢固，送风管路的接头搭接，以防断裂喷气"甩头"伤人。

2）装炮前应认真检查炮孔位置、角度、方向、深度是否符合要求，孔内岩粉是否清洗干净，炮区内的人员是否撤离炮区。爆破后炮工应检查所装药孔是否全部起爆，发现瞎炮，应及时按照瞎炮处理的规定妥善处理，未处理前其他不准进入现场。

3）在石方段施工，应先清理危石和设置拦截设施后再行开挖，其开挖面坡度应按设计进行，坡面上松动石块应边挖边清除。

4）滑坡地段的开挖，应从滑坡体两侧向中部自上而下进行，严禁全面拉槽开挖。开挖挡墙基槽也应从滑坡体两侧向中部分段跳槽进行，并加强支撑，及时砌筑和回填墙背，施工中应设专人观察，严防塌方。

5）对断层、裂隙、破碎带等不良地质构造的边坡，应按设计要求及时采取加固支护措施，在高边坡底部、基坑施工作业上方边坡上应对设置安全防护措施。

6）对所有移动困难和不能经常移动的设备，采取可靠的安全防护措施。

7）在电杆附近挖土时，对于不能取消的拉线地垄及杆身，应留出土台。土台半径：电杆为1～1.5m，拉线1.5～2.5m，并视土质决定边坡坡度；土台周围应插标杆示警。

（3）人工开挖安全措施

1）开挖由专人指挥，严格遵循"分层开挖、严禁超挖"及"大基坑小开挖"的原则。

2）开挖作业人员之间，必须保持足够的安全距离；横向间距不小于2m。纵向间距不小于3m；开挖必须自上而下的顺序放坡进行，严禁采用挖空底脚的操作方法。

3）高陡边坡处施工必须遵守下列规定：

① 作业人员必须绑系安全带；

② 边坡开挖中如遇地下水涌出，应先排水，后开挖；

③ 开挖工作应与装运作业面相互错开，严禁上、下双重作业；

④ 弃土下方和有滚石危及范围内的道路，应设警告标志，作业时坡下严禁通行；

⑤ 坡面上的操作人员对松动的土、石块必须及时清除；严禁在危石下方作业、休息和存放机具。

4）各施工人员严禁翻越护身栏杆，基坑内人员休息时远离基坑边，不得在坡底和坡顶休息，以防不测；基坑外施工人员不得向基坑内乱扔杂物，向基坑下传递工具时要接稳后再松手；基坑施工期间需设警示牌，夜间加设红色灯标志。

（4）施工机械安全措施

1）大型机械进场前，应查清所通过道路、桥梁的净宽和承载力是否足够，否则应先予拓宽和加固。

2）机械在危险地段作业时，必须设明显的安全警告标志，并应设专人站在操作人员能看清的地方指挥，驾机人员只能接受指挥人员发出的规定信号。

3）机械在边坡、边沟作业时，应与边缘保持必要的安全距离，使轮胎（履带）压在坚实的地面上。

4）配合机械作业的清底、平地、修坡等辅助工作应与机械作业交替进行，机上、机下人员必须密切配合，协同作业，若必须在机械作业范围内同时进行辅助工作时，应停止机械运转后，辅助人员方可进入。

5）施工机械一切服从指挥，人员尽量远离机械，如有必要先通知操作人员后方可接近。在挖土机工作范围内，不许进行其他作业。挖掘机和载重车辆的停机点必须留有足够的安全距离，杜绝坡道停机、停车，坡道挖掘应由专人指挥。

6）机械挖土与人工清槽要采用轮换工作面作业，确保配合施工安全。挖机回转范围内不得站人，尤其是土方施工配合人员；在机械挖出支护坡面后，要求人工及时修整边坡，基坑围护紧随上方开挖进行。

（5）临时边坡保护措施

因为本工程的临时性基坑边坡暴露时间短，计划采用在边坡上铺塑料薄膜，在坡顶及马道上用草袋或编织袋装土压住或用砖压住。为防止薄膜脱落，在上部及底部均应搭盖不少于80cm，同时在坡顶设置截水沟、坡脚设排水沟。

（6）雨季施工安全措施

1）雨期开挖基槽（坑）或管沟时，应注意边坡稳定。必要时可适当放缓边坡度或设置支撑。施工时应加强对边坡和支撑的检查控制；对于已开挖好的基槽（坑）或管沟要设置支撑；正在开挖的以放缓边坡为主辅以支撑；雨水影响较大时停止施工。

2）雨期施工的工作面不宜过大，应逐段、逐片的分期完成，雨量大时，应停止大面积的土方施工；基础挖到标高后，及时验收并浇筑混凝土垫层；如被雨水浸泡后的基础，应做必要的挖方回填等恢复基础承载力的工作；重要的或特殊工程应在雨期前完成任务。

3）为防止基坑浸泡，开挖时要在基坑内作好排水沟、集水井并组织必要的排水力量。

4）对雨前回填的土方，应及时进行碾压并使其表面形成一定的坡度，以便雨水能自动排出。

5）对于堆积在施工现场的土方，应在四周做好防止雨水冲刷的措施。阻止土方被雨水冲刷至开挖好的基槽（坑）或管沟内，或者埋没已完工的一些基础构筑。

（7）爆破施工安全措施

1）爆破施工前定人员、定岗位、定安全责任，作好安全警戒工作，安全措施不落实不准爆破。

2）为确保钻爆施工所产生的地震效应不影响周围环境，施工期间，尤其是钻爆初期，每炮必进行爆破振速监测，以反馈信息及时调整钻爆参数，减轻地面振动，确保施工安全及地面建筑物安全。

3）实施爆破施工时，按要求设置警戒区。所在人员、设备应撤至不受有害气体、振动及飞石伤害的地点。

4）放炮前，所有人员都必须撤至指定的安全地点，用口哨警告和小红旗作为安全警戒标志。

5）加强管理，爆破作业必须统一安排指挥。爆破作业各环节均须由经过专业培训并取得上岗证的爆破作业人员操作作业。布孔、装药、联线、覆盖、起爆均按既定方案并由爆破工程师的监督指导下进行。

6）遇有下列情况时，严禁装药爆破：

① 工作面照明不足；

② 工作面岩石破碎尚未及时支护；

③ 工作面发现流砂、流泥未经妥善处理；

④ 工作面可能有大量、高压水涌出的地段。

7）爆破后必须经过准检查人员经过以下各项检查和妥善处理后，其他工作人员才准进入工作面。

① 有无瞎炮及可疑现象；

② 有无残余炸药或雷管；

③ 有无松动石块。

8）当发现瞎炮时，必须由原爆破人员按规定处理。处理方法如下：

① 经检查确认炮孔的起爆线路完好时，可重新起爆；

② 严禁用风镐、铁铲等从炮眼中原放置的引药中拉出雷管，严禁将炮眼残底（无论有无残余炸药）继续加深；严禁用打眼方法往外掏药；

③ 处理瞎炮的炮眼爆破后，放炮员和清理工必须详细检查炸落石块，收集未爆雷管

炸药。

④ 在瞎炮处理完毕以前，严禁在50m范围内进行同瞎炮处理无关的工作。

⑤ 盲炮应在当班处理，当班不能处理或未处理完毕，应将盲炮情况（盲炮数目、炮眼方向、装药数量和起爆药包位置，处理方法和处理意见）在现场交接清楚，由下一个班继续处理。

9）为防止作业中途突然发生照明熄灭，爆破工应随身带手电筒，并设事故照明灯。

10）爆破作业附近严禁火种，装药时无关人员与机具等均应撤至安全地点。

11）钻孔与装药不得平行作业，严禁沿残眼打眼。

12）进行爆破器材加工和爆破作业的人员，必须戴安全帽、穿工作鞋、严禁穿化纤衣服。

13）爆破作业必须按现行国家标准《爆破安全规程》GB 6722 的有关规定执行。

14）凡从事爆破工作的人员，都必须经过培训，考试合格并持有合格证，严禁无证人员操作。

（8）其他方面

1）施工中如发现边坡有滑动、崩坍迹象，危及施工安全时，应暂停施工，撤出人员和机具，并报上级处理。

2）施工中遇有土体不稳、发生坍塌或在爆破警戒区内听到爆破信号时，应立即停工，人机撤至安全地点，通知相关部门，查明原因且采取加固措施，得到允许后方可继续开挖。

3）当工作场地发生交通堵塞，机械运行道路发生打滑，防护设施毁坏失效，或工作面不足以保证安全作业时，亦应暂停施工，待恢复正常后方可继续施工。

4）基坑上口边1m范围内不许堆土、堆料和停放机具，基坑上口5m范围内不许重车停留。

5）基坑的土方完成后排干积水和清底，及时进行下一工序的施工。

3. 安全预案

成立施工现场应急救援领导小组

工程项目应急救援领导小组负责组织应急救援工作。具体成员名单如下：

组　长：×××

副组长：×××

组　员：×××、×××、×××、×××、×××、×××、×××、×××、×××、×××、×××、×××

安全员×××负责办理领导小组日常事务。电话为：××××××××××

（1）坍塌事故预案

1）发生坍塌事故后，应立即报告应急抢险指挥小组，由项目经理负责现场总指挥。发现事故发生人员首先高声呼喊，通知现场安全员，并由安全员组织施工人员紧急撤离至安全区域。

2）如有人员受伤，立即拨打"120"急救中心电话取得联系，详细说明事故地点、严重程度，并派人到路口接应。

3）在向有关部门电话求救的同时，对受伤人员在现场安全地带采取可行的应急措施，如现场包扎止血等措施。防止受伤人员流血过多造成死亡事故发生。对呼吸、心跳停止的伤员予以心脏复苏。

4）若事故严重，要立即上报有关部门，并启动项目部应急救援预案。

5）如有人员被掩埋，要采取有效安全防护措施后，组织人员按部位进行人员抢救，尽快解除重物压迫，减少伤员挤压综合征的发生，并将其转移至安全地方，防止事故发展扩大。

（2）触电事故预案

现场人员要迅速拉闸断电，尽可能地立即切断总电源（关闭电路），也可用现场得到的干燥木棒或绳子等非导电体使触电人员脱离带电体。将伤员立即脱离危险地方，组织人员进行抢救。若发现触电者呼吸或呼吸心跳均停止，则将伤员仰卧在平地上或平板上立即进行人员呼吸或同时进行体外心脏按压。立即拨打"120"向当地急救中心取得联系，应详细说明事故地点、受伤程度、联系电话，并派人到路口接应。

通知有关现场负责人。维护现场秩序，严密保护事故现场。

（3）高处坠落事故预案

迅速将伤员脱离危险地方，移至安全地带。保持呼吸道畅通，若发现窒息者，应及时解除其呼吸机能障碍，应立即解开伤员衣领，消除伤员口鼻、咽、喉部的异物、血块、分泌物、呕吐物等。有效止血，包扎伤口。视伤情采取报警或简单处理后去医院检查。伤员有骨折、关节伤、肢体挤压伤、大块软组织伤要进行简易固定。若伤员有断肢情况发生，应尽量用干布包裹，转送医院。记录伤情，现场救护人员应边抢救边记录伤员的受伤部位、受伤程度等第一手资料。立即拨打"120"向当地急救中心取得联系，应详细说明事故地点、受伤程度、联系电话，并派人到路口接应。

通知有关现场负责人，维护现场秩序，严密保护事故现场。

（4）机械事故预案

现场施工机械立即停止工作，同时遵循"先救命、后救肢"的原则，优先处理颅脑伤、胸伤、肝、脾破裂等危及生命的内脏伤，然后处理肢体出血、骨折等伤。检查伤者呼吸道是否被舌头、分泌物或其他异物堵塞。如果呼吸已经停止，立即实施人工呼吸。如果脉搏不存在，心脏停止跳动，立即进行心肺复苏。如果伤者出血，进行必要的止血及包扎。大多数伤员可以抬送医院，但对于颈部背部严重受损者要慎重，以防止其进一步受伤。让患者平卧并保持安静，如有呕吐，同时无颈部骨折时，应将其头部侧向一边以防止噎塞。救护人员既要安慰患者，自己也应尽量保持镇静，以消除患者的恐惧。

立即拨打"120"向当地急救中心取得联系，应详细说明事故地点、受伤程度、联系电话，并派人到路口接应。救护人员记录伤情，现场救护人员应边抢救边记录伤员的受伤部位、受伤程度等第一手资料。

通知有关现场负责人，维护现场秩序，严密保护事故现场。

4．监测监控

为保障安全施工，及时提供有用的反馈信息指导施工。在该标段土石方明挖中采用边坡变形监测及时观测边坡变化情况，并进行观测资料的整理。

（1）观测点设置

根据现场开挖情况或监理人要求，确定基点或测点的安装位置；开挖标点基础并清洁基础。观测点设置示意如图 3-13 所示。

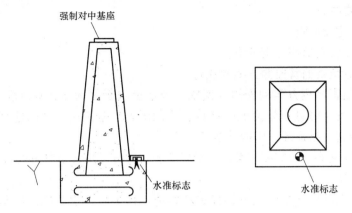

图 3-13　观测点设置示意图

（2）监测仪器

平面位移标点采用 F-1A，垂直位移标点采用 B2；平面位移采用全站仪观测，垂直位移采用自动安平水准仪观测；地下水位监测采用水位计观测。

（3）监测内容

1）水平位移监测

平面位移采用精密全站仪坐标法要求施测，其各测点位移量中误差不能大于 1mm。水平位移测点和网点的初始值应在边坡开挖完成后尽快测得，开挖初期应每 3 天观测一次，边坡稳定后应每月观测一次，特殊情况加密观测（如大雨、地震、特大爆破等）。工作基点每半年校测两次，校测时应尽量在温度相当的天气条件下进行。

2）垂直位移监测

垂直位移监测宜用二等水准观测要求施测，其位移量中误差不得超过 1mm。水准点与各基点的初始值应在边坡开挖完成后尽快测得，施测时应在最短的时间内连续观测两次，合格后取均值使用。开挖初期应每 3 天观测一次，边坡稳定后应每月观测一次，特殊情况加密观测（如大雨、地震、特大爆破等）。工作基点每半年校测两次，校测时应尽量在温度相当的天气条件下进行。

3）地下水位监测

用水位计量测地下水埋深，与基坑开挖前地下水的初始埋深比较，之差即为地下水位下降值，精度为 ±5mm。

4）沉降监测（主要为周围民房、道路沉降观测）

按一级沉降观测的要求进行，高程观测仪器为 DS05 精密水准仪，水准尺为塔尺。并要求视距长 ≤30m，前后视距差 ≤0.7m，前后视距累计差 ≤1m，视线高度 ≥0.3m，基辅尺分划读数较差 ≤0.3mm，基辅尺分划高程较差 ≤0.5mm。水准路线环线闭合差 ≤±0.3n（mm）（n 代表测站数）。

5）支护结构顶沉降监测

按二级沉降观测的要求进行，高程观测仪器为 DS05 精密水准仪，水准尺为塔尺。并要求视距长 ≤50m，前后视距差 ≤2m，前后视距累计差 ≤3m，视线高度 ≥0.2m，基辅尺分划读数较差≤0.5mm，基辅尺分划高程较差≤0.7mm。水准路线环线闭合差≤±1.0n（mm）（n代表测站数）。

（4）监测组主要职责：

1）项目总工负责监测方案的审查。

2）技术主管负责监督监测方案的执行。

3）测量组负责监测方案的安排与实施，包括量测断面选择、测点埋设、日常量测、资料管理等；负责及时进行量测值的计算、绘制图表。并快速、准确地将信息（量测结果）反馈给现场施工指挥部，以指导施工。

4）现场监控量测，按监测方案认真组织实施，并与其他环节紧密配合，不得中断。

（5）观测频次

各监测项目在基坑开挖前应测得稳定初始值，且不应少于2次；从基坑土方开挖期间，每1～3天观测1次，稳定后每5～7天观测1次。当大暴雨、结构变形超过有关标准或场地条件变化较大时，应加密观测；当有危险事故征兆时，则需进行连续监测。

监测工作以仪器测量为主，并与日常巡视工作相结合，施工期间，做好现场监测点的保护工作，每次监测前，对所使用的控制点进行校核，发现有位移，要按布网时的测量精度恢复。

施工中要及时观测和反馈信息，定期分析监测报告，及时发现报告存在问题，监测报告每周报送业主和监理，

由于工地现场施工情况变化，具体测量时间、测量次数将根据施工场地条件、现场工程进度、测量反馈信息和工地会议纪要相应调整，在施工过程中，发现异常情况时，及时各监理报告，并书面报告业主，及时采取有效的措施保证施工人员的安全。

（6）观测资料整编

1）监测数据的管理基准

在进行各项监测的同时应清晰地记录所测数据，并及时进行整理分析，判断其稳定性并及时反馈到施工现场去指导施工。

2）监测数据的分析和预测

监测数据整理好后，根据此数据绘制位移随时间或空间的变化曲线图，实施时，采用位移—空间曲线，即监测结果随工作面与洞室跨度比值的关系散点图。

取得足够准确的数据后，根据散点图的数据分部状况，选择合适的函数，对监测结果进行回归分析，以预测该测点可能出现的最终位移值，预测结构和建筑物的安全性，据此确定施工方法。

3）监测数据的反馈

信息化施工要求以监测结果评估施工方法，确定工程技术措施。因此，对每一测点的监测结果要根据管理基准和位移变化速率（mm/d）等综合判断结构和建筑物的安全状况。

为确保监测结果的质量，加快信息的反馈速度，全部监测数据均由计算机管理，并向驻地监理、设计单位提交监测月报，并绘制测点位移变化曲线图。

4）人员及设备管理

根据本工程地下暗挖的特点，成立专职变形观测小组，小组由3人组成，设组长一名。在安全环保部长指导下负责日常监测工作及资料整理工作。监测设备由专人负责保管

及维护。

（7）异常情况报告制度

安全监测人员或施工人员在工作期间发现或遇到异常情况应第一时间上报工程技术部、安全环保部。

工程技术部及安全环保部人员立即到达现场勘测实际情况，发现情况，立即采取措施，及时处置紧急情况，避免情况进一步恶化。根据现场异常情况通知施工人员进行处理或撤离并按照应急预案进行处理。

3.2.2.6 劳动力计划

1. 配置原则

（1）根据开挖出渣量按设备生产能力及工程实践的平均先进指标配置设备需用量。

（2）运输设备与挖掘设备配套。

（3）保证控制进度项目的连续作业，并考虑由于挖装设备和运输设备不完全协调影响的作业循环时间。

（4）尽可能利用公司现有设备，不足部分购买或租赁补充。

（5）选用的配套机械设备，其性能和工作参数，与本工程施工条件，拟定的施工方案和工艺流程尽可能相符合，与开挖地段的地形，地质条件相适应。

2. 资源配置强度计算（略）

3. 主要资源配置及劳动力计划

主要施工机械设备配置见表3-44。

主要施工机械设备表   表3-44

序号	设备名称	规格及型号	数量	备注
1	反铲	1.2m³	10	
2	平齿挖掘机		2	
3	反铲	PC60	2	斗容0.3m³
4	装载机	ZL50	6	与回填共用
5	推土机		6	与回填共用
6	空压机	20m³/min	3	
7	空压机	PES600	3	
8	多功能液压钻	CYG-300	15	
9	手风钻	YT-28	20	
10	凸块振动碾	YZ18J(18t)	10	
11	自行式振动平碾	BW161D	3	
12	手扶式振动碾	BW75	15	
13	平地机	PY160B	3	
14	冲击夯		15	
15	自卸车	15t	40	
16	10t平板	EQ50 二汽	2	
17	洒水车	6t	3	与回填共用

主要劳动力计划见表3-45。

劳动力计划表　　　　　　　　　　　表 3-45

序号	工　种	人数	备　注
1	管理人员	24	包括技术、质量、试验、测量人员
2	专职安全员	5	×××、×××、×××、×××、×××
3	钻爆工	40	计划委托明爆公司进行现场爆破
4	机械设备操作工	81	
5	司机	100	
6	修理工	6	
7	电工	6	
8	普工	45	
	合　计	307	

3.2.2.7　设计计算书及相关图纸（略）

3.2.3　高支模工程

3.2.3.1　工程概况

宜昌市东风渠灌区续建配套与节水改造工程跨长 15m 渡槽高支模专项施工方案。

1. 工程基本情况

简沟渡槽位于宜昌市夷陵区龙泉镇法官泉村，距 204 县道约 8km，离龙泉镇（小鸦路口）约 10km，距宜昌市约 50km。该渡槽兴建于 1969 年，是总干渠的重要交叉建筑物，设计过流能力 14.0m³/s，加大设计流量 16.8m³/s，施工范围由桩号：建 36+170.4 至建 36+647.88 共 477.48m 包括：槽身段 360m，进出口渐变段、箱涵及部分明渠施工，原渡槽拆除，官庄管理站和长寿管理站拆除重建等。

槽身分为 30m 长，15m 长两种类型，均为现浇钢筋混凝土结构。30m 槽身共 7 跨采用预应力 T 型梁，双肢排架支撑，最高墩高 40.6m；15m 槽身共 10 跨采用单肢排架支撑。进口段分为 36.6m 明渠及 15m 渐变段；出口段分为 50m 长箱涵段和 15.88m 长渐变段。

15m 跨槽身结构为普通现浇钢筋混凝土结构，槽身净空尺寸为 4.3×2.05m，槽身和底板厚度 30cm，槽壁顶部翼缘向两侧各挑出 20cm。每隔 3m 设一道肋，肋宽 0.3m。槽身顶部设 15cm 厚盖板，每隔 5m 设直径 1m 的通气孔。槽顶两侧安装 1.2m 高石材栏杆。槽身混凝土强度等级为 C30 抗渗为 W4。

本工程渡槽进口边墩至 8 号槽墩及 15 号槽墩至渡槽出口边墩之间的渡槽采取钢管满堂架施工方案。

2. 工程施工条件

（1）交通

本工程进出施工场地主要利用现有村用道路，施工区域全部采用绿网隔离，场内布置临时设置便道，以便现场施工。

（2）用水

本工程用水取自附近简沟河床，并安装好到工地区的供水系统，以满足生活及混凝土搅拌、养护用水，为节约能源。

（3）用电

本工程拟设置一个配电房，设置在场区钢筋厂附近。

施工用电接入本工程专用变压器，根据工程施工需要，在拟建工程旁架设施工动力线，采用三相五线制，电线采用 $20mm^2$ 铝芯线（五条），作为 220V 输送电缆。在主要施工部位设置二级配电箱。电缆线架空高 4M 以上，采用木桩，用电量计划为 220kVA。考虑到用电高峰停电情况，故现场还将配备 120kW 发电机一台备用。

（4）通信

项目部管理人员每人配备一部移动电话，施工现场每人配一部对讲机。

3. 施工平面布置图

工程平面布置图、15m 跨槽身结构段纵剖面图分别如图 3-14、图 3-15 所示。

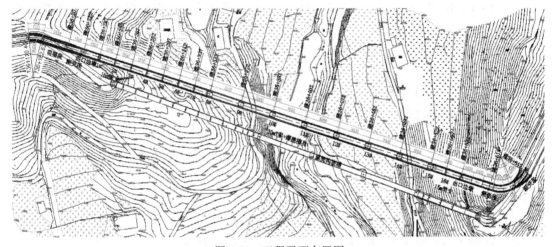

图 3-14　工程平面布置图

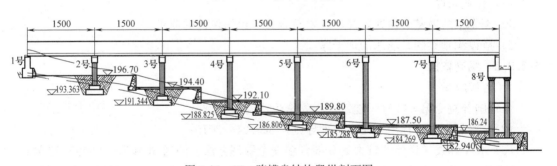

图 3-15　15m 跨槽身结构段纵剖面图

4. 施工要求

（1）搭设人员必须经过培训教育、体检合格，持证上岗。

（2）搭设前必须在现场对施工及管理人员进行技术、安全交底，并做好交底记录，施工及管理人员须熟悉支架设计内容及技术、安全要点。

（3）施工前，需对钢管、扣件、脚手板、爬梯、安全网等材料质量、数量进行清点、检查验收，确保材料合格、齐全。

（4）施工前清除搭设场地的杂物，松软基础要进行处理。

（5）搭设严格按照经审批的设计、施工方案进行，严禁偷工减料，严格搭设工艺，不得将变形或矫正过的材料作为立杆。

（6）搭设过程中，跳板、护栏、安全网、交通梯等必须同步跟进。

（7）钢管按设计要求进行搭接或对接，端部扣件盖板边缘至杆端距离不小于100mm，搭接时采用不少于2个旋转扣件固定，搭接长度不小于500mm。

（8）作业面脚手板必须满铺并绑扎牢固，不得留有空隙和探头板。

5. 技术要求

（1）材料性能要求

1）钢管：支架钢管采用现行国家标准《直缝电焊钢管》GB/T 13793—2016 或《低压流体输送用焊接钢管》GB/T 3091—2015 中规定的 3 号普通钢管，其质量符合现行国家标准《碳素结构钢》GB/T 700—2006 中 Q235-A 级钢的规定。钢管上严禁打孔。

2）扣件：钢管支架采用可锻铸铁制作的扣件，其材质符合现行国家标准《钢管脚手架扣件》GB 15831—2006 的规定；采用其他材料制作的扣件，经试验证明其质量符合该标准的规定后方可使用。支架采用的扣件，在螺栓拧紧的扭力矩达 65N·m 时，不得发生破坏。

3）脚手板：采用竹跳板，其厚度不小于 50mm，拼接螺栓间距不得大于 600mm，螺栓孔径与螺栓规格紧密配合，离板端部留出 200～250mm。

4）安全网：安全网的技术要求必须符合规定。大孔安全网用做平网和兜网，其规格为绿色密目安全网 1.5m×6m，用作内挂立网。内挂绿色密目安全网由国家认证的生产厂家供货，安全网进场要做防火试验。

（2）主要机具与设备

1）搭设工具：活扳手、力矩扳手。

2）检测工具：钢直尺、游标卡尺、水平尺、角尺、卷尺。

（3）作业条件

1）满堂架的地基必须处理好，且要符合施工组织设计的要求。

2）搭设满堂架的，场地清理干净。

3.2.3.2 编制依据

1. 编制依据

（1）国务院令第 393 号《建筑工程安全生产管理条例》；

（2）《水利水电工程施工安全管理导则》SL 721—2015；

（3）关于印发《危险性较大的分部分项安全管理办法》的通知 建质〔2009〕87 号；

［现为：《危险性较大的分部分项工程安全管理规定》（中华人民共和国住房和城乡建设部令第 37 号）〕

（4）《建筑工程高大模板支撑系统施工安全监督管理导则》的通知 建质〔2009〕254 号；

（5）《钢管满堂支架预压技术规程》JGJ/T 194—2009；

（6）《建筑施工模板安全技术规范》JGJ 162—2008；

（7）《水电水利工程施工重大危险源辨识及评价导则》DL/T 5274—2012；

（8）《钢管脚手架扣件》GB 15831—2006；

（9）《建筑施工扣件式钢管脚手架安全技术规范》JGJ 130—2001；

（10）本工程设计图纸；

（11）本工程施工组织设计。

2．编制目的

为了对本工程15m跨长段槽身主体分项工程实施科学管理，进行预见性、计划性指导施工，将施工的全过程始终处于有效的受控状态，确保渡槽工程施工安全、顺利浇筑，杜绝一切安全事故，创"安全生产、文明施工的标准化工地"。认真贯彻国家及招标文件对环境保护，水土保持、文明施工方面的要求及相关政策规定，本着"三同时"的原则，确保环保、水保措施与工程主体施工同步实施，一次交检质量合格；提高职业健康安全、卫生和环境管理的绩效，特编制本安全专项方案。

3．适用范围

本方案适用于宜昌市东风渠灌区续建配套与节水改造工程（宜昌市直部分）2017年度项目施工第一标段工程。

3.2.3.3 施工计划

1．施工进度计划

本工程跨长15m现浇渡槽共计10跨，计划采取跳跨施工，槽身段混凝土浇筑完成养护28天后进行拆模，人员及材料组织安排按照5跨同时施工考虑，施工计划如下：

（1）1号～2号、3号～4号、5号～6号、7号～8号、15号～16号槽墩之间槽身段计划：2018年02月25日开始施工，2018年03月24日完成。

（2）进口边墩～1号、16号～出口边墩、2号～3号、4号～5号、6号～7号槽墩之间槽身段计划：2018年03月25日开始施工，2018年04月23日完成。

2．材料与设备计划

模板、支架为周转材料，施工中的模板有部分损耗，考虑到多个作业面同时施工，支架模板按两次周转施工进行配置，根据主体施工进度安排，编制出初步支架及模板进场计划。周转材料配置计划及施工机具配置计划见表3-46和表3-47。

周转材料配置计划表 表3-46

序号	材料名称	规　　格	单位	数量	备注
1	竹胶板	1220×2440×15cm	张	138	
2	普通钢管	Φ48×3.5mm	t	30	
3	小方木	5×10cm	t		满足要求
4	大方木	10×10cm	t		满足要求
5	12号工字钢	120×74×5×8.4mm (h×b×d×t)	t		满足要求
6	对拉螺杆	16mm	t		满足要求

其他涉及的辅助材料及二三相料均在周边购置

施工机具配置计划表 表3-47

序号	施工设备	单位	数量	备　　注
1	混凝土运输车	辆	4	混凝土运输
2	塔式起重机	辆	4	混凝土垂直运输

序号	施工设备	单位	数量	备　注
3	汽车吊	台	1	材料吊装、倒运，立拆模板等
4	装载机	台	1	场内材料倒运，场地清理等
5	农用车	台	2	材料倒运
6	钢筋调直机	台	1	钢筋加工
7	钢筋弯曲机	台	1	钢筋加工
8	气体保护焊接	台	1	焊接作业
9	电焊机	台	5	焊接作业
10	钢筋切断机	台	1	钢筋加工
11	钢筋直螺纹滚丝机	台	1	钢筋加工
12	空压机	台	1	钢筋混凝土支撑拆除
13	水泵	台	6	基坑抽水
14	振动棒	台	8	混凝土振捣
15	平板振动器	台	2	混凝土振捣
16	铁铲	把	10	混凝土浇筑
17	木抹子	把	10	混凝土找平

3.2.3.4　施工工艺技术

1. 技术参数

（1）支架设计参数

支架设计参数见表4-48。

支架设计参数表　　　　　　　　　　　表4-48

满堂支撑架的宽度 B(m)	5.3	满堂支撑架的长度 L(m)	13.8
满堂支撑架的高度 H(m)	5~13	支架钢管类型	Φ48×3.5
立杆布置形式	单立杆	纵横向水平杆非顶部步距 h(m)	0.75
纵横向水平杆非顶部步距 hd(m)	0.75	立杆纵距 la(m)	0.75
立杆横距 lb(m)，另在两侧墙中心部位增设一排立杆	0.75(0.3、0.48)	立杆伸出顶层水平杆中心线至支撑点的长度 a(m)	0.2
剪刀撑设置类型	加强型	非顶部立杆计算长度系数 μ_2	2.062

（2）荷载参数

荷载参数见表3-49。

荷载参数表　　　　　　　　　　　表4-49

每米钢管自重 g_1k(kN/m)	0.04	脚手板类型	木脚手板
脚手板自重标准值 g_2k(kN/m²)	0.35	栏杆、挡脚板类型	栏杆、木脚手板挡板
挡脚板自重标准值 g_3k(kN/m)	0.17	密目式安全立网自重标准值 g_4k(kN/m)	0.1
每米立杆承受结构自重标准值 g_5k(kN/m)	0.1791	施工均布荷载 q_2k(kN/m²)	3.35

（3）搭设示意图

满堂架搭设示意图如图 3-16～图 3-18 所示。

2．工艺流程

在已处理好的地基或基垫上按设计位置安放立杆底座，其上安装立杆，调整立杆可底座，使同一层立杆接头处于同一水平面内，以便装横杆。组装顺序是：立杆底座→立杆→横杆→斜杆→接头锁紧→上层立杆→立杆连接销→横杆。

支架组装以 3～4 人为一小组为宜，其中 1～2 人递料，另外两人共同配合组装，每人负责一端。组装时，要求至多二层向同一方向，或由中间向两边推进，不得从两边向中间合拢组装，否则中间几根会因两侧架子刚度太大而难以安装。

3．施工方法

按照渡槽结构形式，以及现有图纸显示，在施工槽身段施工时采用满堂支撑架法；为保证槽身段混凝土浇筑质量和外观质量，以及方便槽身段模板施工，拟定槽身段在进行混凝土浇筑时按两部进行，现浇筑底板及部分侧墙和再浇筑侧墙及顶板。

（1）基础处理

本工程槽墩之间采用开挖黏土料分层碾压回填，控制压实度不低于 0.92，在碾压完成的地基表面浇筑 20cm 厚 C20 钢筋混凝土并加设底座和安放垫木（板），对基础混凝土周围做 20cm×20cm（宽×深）排水沟防积水处理，保证地基承载力满足设计要求。

（2）立杆搭设

立杆接长接头必须采用对接扣件连接，对接搭接符合下列规定：

1）立杆上的对接扣件交错布置：两根相邻立杆的接头不设置在同步内，同步内隔一根立杆的两个相邻接头在高度方向错开的距离不小于 500mm，各接头中心至主节点的距离不大于步距的 1/3。

2）搭接长度不小于 1m，采用不少于 2 个旋转扣件固定端部，扣件盖板的边缘至杆端距离不小于 100mm。

（3）水平杆搭设

1）水平杆长度不小于 3 跨，水平杆接长采用对接扣件连接。杆件的接头布置规定和单、双排支架相同。

2）纵向水平杆的对接扣件交错布置：两根相邻纵向水平杆的接头不设置在同步或同跨内；不同步或不同跨两个相邻接头在水平方向错开的距离不小于 500mm；各接头中心至最近主节点的距离不大于纵距的 1/3。

3）搭接长度不小于 1m，等间距设置 3 个旋转扣件固定端部扣件盖板边缘至搭接纵向水平杆杆端的距离不小于 100mm。

4）当使用脚手板时，纵向水平杆作为横向水平杆的支座，用直角扣件固定在立杆上。

5）封闭型支架的同一步纵向水平杆必须四周交圈，用直角扣件与内、外角柱固定。

（4）剪刀撑、横向斜支撑

本渡槽槽体施工满堂支撑架设置加强型剪刀撑，其注意事项为以下几点：

1）当立杆纵、横间距为 0.9m×0.9m，在架体外侧周边及内部纵、横向每 5 跨（且不小于 3m），应由底至顶设置连续竖向剪刀撑，剪刀撑宽度应为 5 跨。

2）在竖向剪刀撑顶部交点平面设置水平剪刀撑。扫地杆的设置层水平剪刀撑的设置符合《建筑施工扣件式钢管支架安全技术规范》6.9.3 条第 1 款第 2 项的规定，水平剪刀撑至架体底平面距离与水平剪刀撑间距不超过 6m，剪刀撑宽度为 3～5m。

3）竖向剪刀撑斜杆与地面的倾角为 45°～60°，水平剪刀撑与支架纵（或横）向夹角为 45°～60°，剪刀撑斜杆的接长符合《建筑施工扣件式钢管支架安全技术规范》第 6.3.6 条的规定。

4）剪刀撑的固定符合《建筑施工扣件式钢管支架安全技术规范》第 6.8.5 条的规定。

5）满堂支撑架的可调底座、可调托撑螺杆伸出长度不超过 300mm，插入立杆内的长度不小于 150mm。

（5）扣件安装

1）扣件螺栓拧紧扭力矩不小于 40N·m，并不大于 65N·m。

2）扣件规格 Φ48 必须与钢管外径相同。

3）主节点处，固定横向水平杆或纵向水平杆、剪刀撑、横向支撑等扣件的中心线距主节点的距离不大于 150mm。

4）对接扣件的开口朝上或朝内。

5）各杆件端头伸出扣件盖板边缘的长度不小于 100mm。

（6）铺设脚手板

1）脚手板的探头采用直径为 4mm（8 号）的镀锌铁丝固定在支撑杆上，且用铁丝箍两道。

2）铺满、铺稳，靠墩柱一侧离其表面距离不大于 150mm。

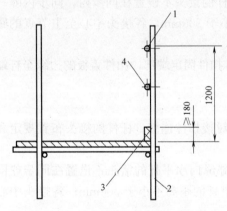

图 3-16 栏杆和挡脚板的搭设示意图
1—上栏杆；2—外立杆；3—挡脚板；4—中栏杆

3）在拐角、斜道平台口处的脚手板，与横向水平杆可靠连接，以防止滑动。

（7）搭设栏杆、挡脚板

作业层斜道的栏杆和挡脚板的搭设示意图如图 3-16 所示，并符合下列规定：

1）上栏杆高度 1.2m，中栏杆居中设置。

2）栏杆和挡脚板搭设在外立柱的内侧。

3）挡脚板高度不小于 180mm。

（8）斜道设置

1）人行并兼作材料运输的斜道的形式采用之字形斜道

2）斜道构造符合下列规定：

① 斜道附着外支架设置。

② 运料斜道宽度不小于 1.5m，坡度不大于 1∶6，人行斜道宽度不小于 1m，坡度不大于 1∶3。

③ 拐弯处设置平台，其宽度不小于斜道宽度。

④ 斜道两侧及平台外围均设置栏杆及挡脚板。栏杆高度为 1.2m，挡脚板高度不小于 180mm。

3）斜道脚手板构造符合要求

① 脚手板横铺时，在横向水平杆下增设纵向支托杆，纵向支托杆间距不大

于 500mm。

② 脚手板顺铺时，接头采用搭接；下面的板头压住上面的板头，板头的凸棱外采用三角木填顺。

（9）支架验收

支架验收随施工进度进行，实行工序验收制度。搭设分单元进行的，单元中每道工序完工后，必须经过现场施工技术人员检查验收，合格后方可进入下道工序和下一单元施工。支架按照设计搭设完成后，作业班组进行全面自检，自检合格后，由施工单位技术部门牵头，组织质量、安全等相关职能部门依照设计和相关规定进行联合验收，并签字认可后方可投入使用。

（10）支架使用

1）未经检查验收或检查验收中发现问题未整改完毕前不得使用。

2）验收合格的支架要在醒目位置悬挂告示牌，注明验收通过时间、使用期限、一次允许作业人数、最大承受荷载等。

3）使用过程中，实行定期检查和班前检查制度，并形成检查记录表；发现问题及时报告、处理。

4）支架使用过程中，严禁超载；避免荷载集中或偏载；各类材料、机具等要随运随装或随拆随运，不得存放；不得将风水管等支撑固定于支架上，严禁任意悬挂起重设备。

5）使用过程中，严禁拆除主节点处纵横向水平杆、扫地杆、安全防护设施等；未经主管部门同意，不得任意改变支架结构、用途或拆除构件。

6）在支架上进行电气焊或从事吊装作业时，必须采取防电、防火和防撞击的措施，并派专人监护。

7）在六级以上大风、大雾和大雨天气不得进行支架作业，雨后上支架前要采取防滑措施。

（11）支架拆除

1）拆除支架前做好以下准备工作：

① 全面检查支架的扣件连接、支撑体系等是否符合构造要求。

② 根据检查结果补充完善施工组织设计中的拆除顺序和措施，经主管部门批准后方可实施。

③ 由单位工程负责人进行拆除安全技术交底。

④ 清除支架上杂物及地面障碍物。

2）拆除作业必须由上而下逐层进行，严禁上下工作面同时作业。

3）卸料时符合下列规定：

① 各构配件严禁抛掷至地面。

② 运至地面的构配件及时检查整修与保养，并按品种、规格随时码堆存放。

4. 满堂支架预压

（1）预压目的

渡槽槽身采用支架现浇，通过现浇支架预压，对其位移、变形等方面的测量，验证模架的实际受力反应与理论计算是否一致，准确掌握模架在现浇槽体施工过程中的实际挠度和刚度，得到模架在实际荷载作用下的弹性和非弹性变形，以并消除结构的非弹性变形，保证浇筑的槽身结构线形符合图纸设计要求，保证模架正常工作和安全使用。

（2）预压材料

预压材料采用砂袋预压，填充砂的堆积干容重为 $1.5t/m^3$，预估含水量为 5%，湿容重为 $1.5t/m^3 \times (1+5\%) = 1.6t/m^3$，砂袋的空隙率为 0.06，每个砂袋的装填重量为 1.1t。在预压材料进场后及预压过程中采取塑料薄膜进行覆盖，防止雨水淋湿改变砂袋原设计重量，确保预压过程中钢管排架安全。

（3）荷载计算及砂袋堆积方法

支架预压荷载不应小于支架承受的混凝土架构恒载与模板重量之和的 1.1 倍。

渡槽标准段面积 $65.52m^2$，其混凝土量 $V = (0.2 \times 5.5 + 2.05 \times 0.4 \times 2 + 0.5 \times 5.5) \times 11.7 = 64.233m^3$，其荷载为 $64.233m^3 \times 26kN/m^3 = 1670kN = 167t$。

模板系统及作业人员重量按 15t 计，总计荷载为 $15 + 167 = 182t$，确定加载重量为 $182t \times 1.1 = 200.2t$，需要的砂袋为 $200.2t \div 1.1t = 182$ 个。

（4）预压的实施方法

预压操作方法：

1）加载预压前，首先分布设置观测点并测量各观测点的标高。

2）预压加载分三级进行，第一级加载量的 60% 即 109t，第二级加载量的 100% 即总荷载 182t，第三级 120% 即 218.4t。压重荷载的分布严格按照等效压重的原则执行，荷载位置与渡槽槽体自重荷载分布一致。

3）预压采用砂袋预压，纵向加载时，应从跨中开始向支点处进行对称布载；横向加载时，应从结构中心线向两侧进行对称布载。

4）每级加载完成后，应该先停止下一级加载，并且应每间隔 12h 对支架沉降量进行监测。当支架顶部监测点 12h 的沉降量平均值小于 2mm 时，可进行下一级加载。

（5）预压检测

1）测点布置

① 沿结构的纵向每隔 1/4 跨径应布置一个观测断面；

② 每个观测断面上的观测点应不少于 5 个，且对称布置；

③ 每组观测点应在支架顶部和支架底部对应位置上布设。

2）监测记录

① 所有仪器必须检定合格后方可开始观测工作；

② 在支架搭设完成之后，预压荷载施加之前，测量记录支架顶部和底部测点的原始标高；

③ 每级荷载施加完成之后，记录各测点的标高，计算前后两次沉降差，当各测点前后两次的支架沉降差满足下述规定时，可以施加下一级荷载；

④ 全部荷载施加完毕后，每间隔 24h 观测一次，记录各测点标高；当支架预压符合本下列规定时，可进行支架卸载；

各测点最初 24h 的沉降量平均值小于 1mm；

各测点最初 72h 的沉降量平均值小于 5mm；

⑤ 卸载 6h 后观测各测点标高，计算前后两次沉降差，即弹性变形；

⑥ 计算支架总沉降量，即非弹性变形。

（6）数据整理

根据观测的数据进行分析，对工程所设计的现浇渡槽模板支架进行混凝土浇筑时产生的变形进行有效的控制。依据变形量调整渡槽的底部标高，实现混凝土浇筑后能达到设计所要求的底标高。

根据预压过程的记录数据，绘制荷载与沉降量的关系曲线，计算出各观测点的变形，其中包括非弹性变形与弹性变形。

（7）预压后支架检查

支架预压过程中及预压完成后，扣件松动检查，逐一排查并拧紧，对支架各个部件进行检查，若发现钢管变形、扣件及顶、底托受损的情况及时进行整改处理，保证钢管支架的整体稳定性。

（8）预压后底模调整

预压后重新调整底模纵坡，确保与设计预留一致。

5. 质量标准

（1）引用标准

1）《建筑施工安全检查评分标准》JGJ 59—2011

2）《建筑施工扣件式钢管脚手架安全技术规范》JGJ 130—2011

（2）材质要求

1）钢管

钢管采用外径 48mm，壁厚 3～3.5mm 的管材。钢管应平直光滑无裂缝、结疤、分层、错位、硬弯、毛刺、压痕和深的划道。钢管应有产品质量合格证，钢管必须涂有防锈漆并严禁打孔。

脚手架钢管的尺寸应按表 3-50 采用，每根钢管的最大质量不应大于 25kg。

脚手架钢管尺寸（mm）   表 3-50

截面尺寸		最大长度	
外径	壁厚	横向水平杆	其他杆
48	3～3.5	1800～2200	3000～6000

2）扣件

采用可锻铸铁制作的扣件，其材质应符合现行国家标准《钢筋脚手架扣件》GB 15831—2006 规定。新扣件必须有产品合格证。

旧扣件使用前应进行质量检查，有裂缝、变形的严禁使用，出现滑丝的螺栓必须变换。

扣件在使用中每年要进行一次维修和润滑。

3）脚手板

脚手板可采用钢、竹、木材三种，每块重量不宜大于 20～25kg。

冲压新钢脚手板，必须有产品质量合格证。脚手板一端应压连接卡口，以便错动时扣住另一块的端部，板面应冲有防滑圆孔。

木脚手架板应采用杉木或松木制作，不得使用有腐朽、裂缝、斜纹及大横透节的板材。两端应设直径为 4mm 的镀锌钢丝箍两道。

竹脚手板每周转一次要进行检查和维修。

4）安全网

宽度不得小于 3m，长度 4～10m，网眼不得大于 8cm×8cm，必须使用锦纶材料，严禁使用损坏或腐朽的安全网和丙纶网。密目安全网只准做立网使用。

5）各杆间的搭设要求：

① 立杆

A、立杆垂直度偏差不得大于总高度的 1/200，相邻两根立杆的接头应不在同一步距。

B、立杆接长除顶层顶步外，其余各步接头必须采用对接扣件连接。

② 大横杆

大横杆水平纵向高低误差 100m 控制在 1～3cm 以内，在同一步脚手架，里外两根大横杆的接头应相互错开不少于 50cm。大横杆应固定在立杆的里侧。

③ 小横杆

小横杆的水平误差应控制在 0.5mm 以内。双排脚手架小横杆靠墙端应有 5～10cm 的距离，脚手架小横杆长出外侧立杆的长度，应控制在 15～20cm 以内。

④ 斜撑

在大型双排脚手架搭设时，从端头开始设置，间隔 5～7 根立杆设置一组，斜撑为之字形，夹角度因双排架搭设步距高度及宽度而定，一般两步架设一道斜撑杆。方框架四个方向设置斜撑，其夹角度为 45°～60°。冷却塔工程 9 孔、12 孔、16 孔井架上常用定型斜撑，冷却塔环梁支撑架设置弧形斜撑等。

⑤ 抛撑

外排架高度在 10m 以下，无法设置连墙杆时，可设置抛撑以保证脚手架的整体稳定。一般 5～7m 设置一组，抛撑夹角度一般保持在 45°～60°以内，抛撑下端应设地锚桩或设扫地杆与脚手架立杆根部相连接。

⑥ 剪刀撑（十字撑）

多用于大型单、双排脚手架的外侧，剪刀撑的夹角度为 45°～60°，一般 3～5 根立杆为一组，间隔 5 根立杆再设一组。剪刀撑应随立杆、纵向水平杆等同步搭设。

⑦ 抱角撑

抱角撑多用于室内装修工程搭设的满堂架，因脚手架立杆间距大，四面不靠墙，是为了保证满堂架整体稳定而设置的，其设置方法是："抱角撑设在满堂架的四角，从满堂架四角立杆根部向左右由下往上成 45°设置"。

⑧ 水平十字撑

在特殊结构承重满堂支撑架上常使用水平十字撑。延脚手架端部两角水平方向，交叉布设成十字形，用十字扣件或转心扣件，扣在立杆上或水平杆上。每隔 3～5 步架设一道。水平十字撑的长度应控制在 12～15m 以内，且延长点应用一字接头扣件连接牢固，如多层使用水平十字撑，其上、下层水平十字撑的延长点应相互错开，错开距离不小于 1.5～2m。

⑨ 连墙杆

连墙杆多用于单、双排脚手架。每隔 4m 高度，延长方向 5～7m 时应设置一道连墙杆。在设置点用 1.5～2m 长的脚手钢管伸入墙内，外端用十字扣件与排架立杆连接，墙内用 0.5～1m 长的钢管，用十字扣件连接牢固，紧扣墙体即可。

⑩ 扫地杆

在搭设单、双排脚手架时，在立杆根部距地面10～15cm之间，设置水平扫地杆。扫地杆的设置如图3-17所示。

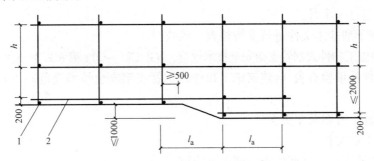

图3-17 纵、横向扫地杆构造
1—横向扫地杆；2—纵向扫地杆

⑪ 防护栏杆

A. 脚手架搭设时，在其主要施工作业面应设置1.05～1.2m高的防护栏杆，防护栏杆可设双层或单层，双层防护栏杆上下设置间距为55cm，设置单层防护栏杆应同时挂设立式安全围网，外侧立杆的里侧应设置18cm的挡脚板。

B. 建筑安装工程吊装脚手架、悬挑架、挂架、独立柱脚手架，都应设置1.05～1.2m高的双层防护栏杆。

C. 水塔筒壁施工内外门架上部外侧设置1.2m高活动式防护栏杆，用直径14mm的螺纹钢筋，分三层设置，上下间隔40cm，钢筋接长搭接长度不得小于0.6～0.8m，搭接处用钢筋绑扎丝绑扎不少于三道。水塔井架吊桥周围的防护栏杆应焊接在桥体周边钢梁上，高度1.2m，双层设置，上下水平围栏间距为55cm，可用直径32～38mm的管材设置。

D. 烟囱施工顶升平台周围的变径活动式防护围栏，高度1.2m，围栏立柱应可向内移动式的固定在辐射梁的端头，用直径14mm的螺纹钢筋，分三层间隔40cm，可伸缩性的固定在立柱上，其搭接长度不小于0.6～0.8m，用钢筋绑扎丝绑扎牢固，绑扎点不得少于三道。

6）钢管扣件脚手架允许荷载：

① 一般脚手架使用荷载控制值为：270kg/m²，用于装修工程脚手架控制值为：200kg/m²。

② 50m以下的常用敞开形式单、双排规范脚手架，其相应杆件可不再进行设计计算，但连墙杆、立杆地基承载力应根据实际荷载计算。高度超过50m的脚手架，可采用双管立杆、分段悬挑或分段卸荷等有效措施，必须另行专门设计。

③ 在脚手架上设置起重吊物拔杆时，其起重量不得大于300kg，并要对设置部位进行加固。

6. 检查验收

（1）支架及其地基基础在下列阶段进行检查与验收

1）基础完工后及支架搭设前。

2）作业层上施加荷载前。

3）每搭设完6～8m高度后。

4）达到设计高度后。

5）遇有六级及以上强风或大雨后。

6）冻结地区解冻后。

7）停用超过一个月。

（2）根据下列技术文件进行支架检查、验收

1）《建筑施工扣件式钢管支架安全技术规范》JGJ 130—2011 第 8.2.3～8.2.5 条的规定。

2）构配件质量检查表（《建筑施工扣件式钢管支架安全技术规范》JGJ 130—2011 附录 D 表 D)。

3）专项施工方案及变更文件。

4）技术交底文件。

（3）支架使用中，定期检查下列要求内容

1）杆件的设置和连接，支撑桁架等的构造符合本规范和专项施工方案要求。

2）地基无积水，底座无松动，立杆无悬空。

3）扣件螺栓无松动。

4）安全防护措施符合本规范要求。

5）无超载使用。

（4）支架搭设的技术要求、允许偏差与检验方法

支架搭设的技术要求、允许偏差与检验方法，符合表 3-51 规定。

支架搭设的技术要求、允许偏差与检验方法 表 3-51

项次	项目		技术要求	允许偏差 Δ(mm)	示 意 图	检查方法与工具
1	地基基础	表面	坚实平整			观察
		排水	不积水			
		垫板	不晃动			
		底座	不滑动			
			不沉降	—10		
2	单、双排与满堂支架立杆垂直度	最后验收立杆垂直度 20～50m	/	±100		用经纬仪或吊线和卷尺

下列支架允许水平偏差(mm)			
搭设中检查偏差的高度(m)	总高度		
	50m	40m	20m
H=2	±7	±7	±7
H=10	±20	±25	±50
H=20	±40	±50	±100
H=30	±60	±75	
H=40	±80	±100	
H=50	±100		
中间档次用插入法			

续表

项次	项目	技术要求	允许偏差 Δ(mm)	示　意　图	检查方法与工具
3	满堂支撑架立杆垂直度	最后验收垂直度30m	—	±90	用经纬仪或吊线和卷尺

下列满堂支撑架允许水平偏差(mm)

搭设中检查偏差的高度(m)	总高度 30m
$H=2$	±7
$H=10$	±30
$H=20$	±60
$H=30$	±90

中间档次用插入法

项次	项目	技术要求	允许偏差 Δ(mm)	示　意　图	检查方法与工具
4	单双排、满堂支架间距	步距	—	±20	钢板尺
		纵距	—	±50	
		横距	—	±20	
5	满堂支撑架间距	步距	—	±20	钢板尺
		纵距	—	±20	
		横距	—	±30	
6	纵向水平杆高差	一根杆的两端	±20		水平仪或水平尺
		同跨内两根纵向水平杆高差	±10		
7	剪刀撑斜杆与地面的倾角	45°～60°			角尺
8	脚手板外伸长度	对接	$a=(130\sim150)mm$ $l\leqslant300mm$		卷尺
		搭接	$a\geqslant100mm$ $l\geqslant200mm$		卷进尺

项次	项目		技术要求	允许偏差 Δ(mm)	示 意 图	检查方法与工具
9	扣件 安装	主节点处各扣件中心点相互距离	$a \leq 500mm$			钢板尺
		同步立杆上两个相隔对接扣件的高差				钢卷尺
		立杆上的对接扣件至主节点的距离	$a \leq h/3$			
		纵向水平杆上的对接扣件至主节点的距离	$a \leq l_a/3$			钢卷尺
		扣件螺栓拧紧扭力矩	40~65 N·m			扭力扳手

注：图中1—立杆；2—纵向水平杆；3—横向水平杆；4—剪刀撑。

（5）扣件安装

安装后的扣件螺栓拧紧扭力矩采用扭力扳手检查，抽样方法按随机分布原则进行。抽样检查数目与质量判定标准，按表 3-52 的规定确定。

扣件拧紧抽样检查数目及质量判定标准　　　　表 3-52

项次	检查项目	安装扣件数量（个）	抽查数量（个）	允许的不合格数量（个）
1	连接立杆与纵（横）向水平杆或剪刀撑的扣件；接长立杆、纵向水平杆或剪刀撑的扣件	51~90	5	0
		11~150	8	1
		151~280	13	1
		281~500	20	2
		501~1200	32	3
		1201~3200	50	5
2	连接横向水平杆与纵向水平杆的扣件（非主节点处）	51~90	5	1
		11~150	8	2
		151~280	13	3
		281~500	20	5
		501~1200	32	7
		1201~3200	50	10

3.2.3.5 施工安全保证措施

1. 组织保障

（1）组织机构

施工现场成立以项目部项目经理领导下的安全事故应急救援领导小组，负责紧急情况下的应急处理和指挥，现场事故应急救援领导小组组成如下：

组　长：×××

副组长：×××

成　员：×××、×××、×××、×××、×××、×××、×××、×××、×××

领导小组下设办公室，办公室设在项目部安全环保部，办公室主任：×××。应急救援领导小组下设7个专业组：

1）专业抢险（救援）组：组长由施工处负责人×担任，成员由各施工处人员组成。

2）事故调查组：组长由×××同志担任，成员由技术部、安环部及质保部人员组成。

3）善后处理组：组长由×××同志担任，成员由计划经营部、财务部及综合办公室人员组成。

4）预备机动组：组长由×××同志担任，成员由安环部、施工管理部人员组成。

5）现场协调组：组长由×××同志担任，成员由施工管理部人员组成。

6）联　络　组：组长由×××同志担任，成员由综合办公室、质保部人员组成。

7）物资供应组：组长由×××同志担任，成员由机电物资部、财务部人员组成。

项目部安全事故应急指挥机构详如图3-18所示。

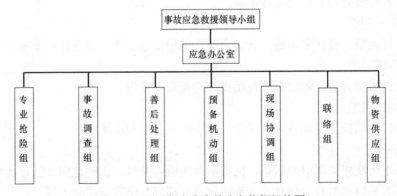

图 3-18　项目部安全事故应急指挥机构图

职责

1）应急救援领导小组职能

组织检查各施工现场区域的安全隐患，落实各项安全生产责任制，贯彻执行各项安全防范措施及各项安全管理规章制度。

组织进行教育培训，使小组成员掌握应急救援的基本常识，同时具备安全生产管理相应的素质水平，小组成员定期对员工进行安全生产教育，提高员工安全生产技能和安全生产素质。

制定应急救援预案，制定安全技术措施并组织实施，确定现场的安全防范措施和应急救援重点，有针对性的进行检查、验收、监控和危险预测。

事故发生后，迅速采取有效措施组织抢救，防止事故扩大和蔓延，同时第一时间报告建管处、监理部及相关单位。

组织配合医疗救护和抢险救援机构的联系。

配合事故调查、分析和善后处理。

完成事故救援和处理的其他相关工作。

2）组长职责

根据事故的发生状况，及时传达上级应急救援命令，协调现场应急救援预案的联合实施。按照应急救援预案和灾害预防计划，负责应急救援的现场全面指挥协调工作。

3）副组长职责

协助组长全面实施事故应急救援预案和灾害预防计划。

配合协议救援单位，做好救援工作所需设备、物资、器材、人员和资金调动等工作。

及时掌握事故发展的动态，汇报现场救援指挥中心，以便及时调整救援预案，减少事故损失。

弄清事故原因，配合上级制定整改方案，使施工人员得到教育，尽快恢复生产。

4）专业抢险组职责

负责查明事故现场基本情况，制定现场抢险方案，明确分工，迅速抢险及人员和各类危险品转移等行动、抢救受伤人员和财产，防止事故扩大，减少伤亡损失。

5）事故调查组职责

负责查清事故发生时间、经过、原因、人员伤亡及财产损失情况，分清事故责任，并提出对事故责任者处理意见及防范措施。

6）善后处理组

负责做好死难、受伤家属的安抚、慰问、思想稳定工作，消除各种不安定因素。

7）预备机动组

负责组织机动力量，随时听候现场指挥的调动、使用。

8）现场协调组

负责及时协调抢救现场各方面工作，积极组织救护和现场保护。

9）联络组

保持与上级及相关部门的联系，保持信息畅通，及时、正确地向上级汇报事态发展的情况，向相关部门通报有关信息。必要时向有关部门发出紧急呼救求援。

10）物资供应组

负责应急处置所需的装备、通信器材、生活后勤等物资供应工作。

2. 技术措施

（1）测量安全技术保障措施

1）用全站仪定出位置，并钉上木桩。

2）自上而下每开挖一定高度放线测量检查开挖宽度是否满足设计要求。

3）做好地表监控量测工作。并派人经常到边仰坡顶附近观察地形，发现异常情况（如出现塌陷、较大裂纹、滑坡等）及时通知相关人员。

（2）安全教育及施工现场安全技术保障措施

1）各工种必须认真学习和熟悉有关的安全技术操作规程，并且在操作中严格遵守。

2）电工、焊工、架子工和各种机动车辆司机等特种作业人员，必须经过专门培训、考试，持有专业操作证，才准上岗。

3）施工前必须对工人进行安全生产教育，必须进行安全操作要求和安全技术交底。

4）要正确使用个人防护用品，采取必要的防护措施，进入施工现场，必须戴安全帽，禁止穿拖鞋、高跟鞋或光脚。上班前和工作过程中不准饮酒。不得相互打闹嬉戏或向下抛物件。

5）禁止攀附支架上下。

6）施工现场除设置安全宣传标语牌外，危险地段必须悬挂按照《安全色》GB 2893—2008和《安全标志及其使用导则》GB 2894—2008规定的标牌，现场内的沟、坑、池、通道口及各种预留洞口等其他危险部位，均设置防护栏杆或防护挡板，并设立危险警示牌。

7）抓好施工现场平面布置和场地设施管理，做到图物相符，井然有序，此外还做好环保、消防、材料、卫生、设备等文明施工管理工作。

（3）现场用电安全技术保障措施

1）施工现场的用电线路、设施的安装和使用必须符合安装规定和安全操作规程，严格按施工组织设计进行架设，严禁任意拉线接电。

2）夜间施工有足够的照明设备。

3）施工现场的一切电气线路的安装和维护必须由持证电工负责，并有定期检查，建立安全技术档案。

4）施工现场必须采用"三相五线制"供电。潮湿或条件较差的施工现场的电气设备必须采用保护接零。

5）架空供电线路必须用绝缘导线，禁止使用不合格的保险装置和霉烂电线，一切移动用电设备的电源线（电缆）不得有接口，外绝缘层无机械损伤。

6）开关箱必须严格实行"一机一闸一漏"制，严禁用一个开关直接控制两台或两台以上的用电设备（含插座）。开关箱内禁止存放物件，开关箱门加锁及有防水防潮措施。

7）拆除施工现场线路时，必须先切断电源，严禁留有可能带电的导线。

8）拉闸停电进行电气维修时，必须在配电箱门上挂"有人操作、禁止合闸"的警示标牌，必要时设专人看守。

（4）高空作业安全保障措施

1）严禁恐高症者、禁忌病症者进入高空现场。

2）各特殊工种作业人员必须持证上岗。

3）高空作业者必须戴紧安全帽，挂好安全带，穿防滑鞋，扎紧带好劳动工具。

4）严禁酒后和带病作业。

5）作业前对机具进行试运转，保证机具性能良好。

6）严禁工作期间嬉笑、打闹，影响工作注意力。

7）施工用电缆路必须保证绝缘。

8）架设上下安全梯架、通道，并保证牢固、稳定、安全性。

9）梯架、通道、支撑架体严禁堆放材料杂物，确保梯架通道顺畅。

10）必须张挂安全网，必要时设置防护栏杆。

11）配合安全检查，对安全检查人员安全要求必须坚决服从、认真执行。

12）作业用的料具放置稳妥、小型工具随时放入工具袋，上下传递工具时，严禁抛掷。

13）支架拆除时，经技术部门和安全员检查同意后方可拆除并按自上而下，逐步下降进行；严禁将架杆、扣件、模板等向下抛掷。

14）施工平台挂醒目的安全警示牌，夜间施工必须有充足的灯火照明。

（5）支架安装及拆除安全保障措施

1）材质及其使用的安全技术措施

① 扣件上螺栓保持适当的拧紧程度。对接扣件安装时其开口向内，以防进雨水，直角扣件安装时开口不得向下，以保证安全。

② 各杆件端头伸出扣件盖板边缘的长度不小于10cm。

③ 钢管有严重锈蚀、压扁或裂纹的不得使用。禁止使用有脆裂、变形、滑丝等现象的扣件。

2）支架搭设的安全技术措施

① 支架的基础必须经过硬化处理满足承载力要求，做到不积水、不沉陷。

② 搭设过程中划出工作标志区，禁止行人进入，统一指挥、上下呼应、动作协调，严禁在无人指挥下作业。当解开与另一个人有关的扣件时必须告诉对方，并得到允许，以防坠落伤人。

③ 当立杆需要接长时，用对接扣件，严禁用回转扣件连接。

④ 支架及时与结构拉结或采用临时支顶，以保证搭设过程安全，未完成支架在每日收工之前一定要确保架子稳定。

⑤ 每隔6～7根主杆设置剪刀撑，剪刀撑与支杆与地面角度大于60°。

⑥ 在搭设过程中由队安全员、架子工班长等进行检查、验收和签证。

3）支架上施工作业的安全技术措施

① 操作人员必须持证上岗，遵守安全操作规程，正确使用安全三宝。

② 结构外支架每支搭一层，支搭完毕后，经架子队安全管理人员验收合格后方可使用。任何班组长和个人未经同意不得任意拆除支架部件。

③ 严格控制施工荷载，脚手板不得集中堆料。

④ 结构施工时不允许多层同时作业，上下交叉同时作业层数不超过两层。

⑤ 各作业层之间设置可靠的防护栅栏，防止坠落物体伤人。

⑥ 定期检查支架，发现问题和隐患，在施工作业前及时维修加固，以达到坚固稳定，确保施工安全。

⑦ 不得在支架基础及相邻处进行挖掘作业，否则采取安全措施。

⑧ 在支架上进行电、气焊作业时，必须有防火措施和专人看守。

⑨ 风雨天气时停止支架搭设与拆除作业。

4）支架拆除的安全技术措施

① 拆架时必须察看施工现场环境，划分作业区，周围设绳绑围栏或竖立警戒标志，地面设专人指挥，禁止非作业人员进入。

② 拆除时要统一指挥，上下呼应，动作协调，由上而下逐层进行，严禁上下同时作业，当解开与另一个人有关的结扣时，先通知对方，以防坠落。

③ 每天拆架下班时，不留下隐患部位。

④ 拆架时严禁碰撞支架附近电源线，以防触电事故。

⑤ 拆除过程中不要中途换人，如必须换人时，将拆除情况交代清楚。

⑥ 拆除过程中不要中断，如确需中断将拆除部分处理清楚告一段落，并检查是否会倒塌，确认安全后方可停歇。

⑦ 所有杆件和扣件在拆除时分离，不准在杆件上附着扣件或两杆连着送到地面。

⑧ 所有脚手板自外向里竖立搬运，以防脚手板和垃圾物从高处坠落伤人。

⑨ 高处作业，拆下的零配件要装入容器内，用吊篮吊下，拆下的钢管要绑扎牢固，双点起吊，严禁从高空抛掷。

5）文明施工

① 进入施工现场的人员必须戴好安全帽，高空作业系好安全带，穿好防滑鞋等，现场严禁吸烟。

② 严禁酗酒人员上架作业，施工操作时要精力集中，禁止开玩笑和打闹。

③ 支架搭设人员必须是经过考试合格的专业架子工，上岗人员定期体检，体检合格后方可上岗。

④ 如需拆改时由架子工完成，其他人员不得拆改。

⑤ 不准利用支架调运重物，作业人员不准攀登架子上下作业面。

⑥ 支架使用时间较长，因此在使用过程中要进行检查，发现问题要及时解决；要确保支架的整体性，不得截断架体。

⑦ 施工人员严禁凌空投掷杆件、物料、扣件及其他物品不得乱扔。

⑧ 支架堆放场地要做到整洁、摆设合理、专人保管。

⑨ 运至地面的材料按指定地点随拆随运、分类堆放、当天拆当天清，拆下的扣件和铁丝要集中回收处理。随时整理、检查，按品种分规格堆放整齐，妥善保管。

⑩ 在冬季、雨季要经常检查脚手板、斜道板和跳板上有无积雪、积水等杂物。若有，则随时清扫，并要采取防滑措施。

3. 应急预案

（1）目的

为了有效应对和处置满堂支架安装、使用与拆除施工过程中可能出现的突发性事故，在事故发生后能及时正确有序开展救援活动，防止事故进一步恶化或扩大，最大限度预防和减少可能造成人员伤害和财产损失，特制定本应急预案。

（2）事故类型及危害程度分析

1）事故类型

本工程满堂支架安装、使用与拆除过程中可能发生的事故有：

满堂支架安装与拆除不按规范要求进行施工可能导致坍塌、高处坠落、物体打击等事故。满堂支架在大风、冲撞等外力作用下可能发生坍塌等事故。满堂支架在使用过程中，如果安全防护不到位或作业人员不系安全带等违章作业，可能发生高处坠落、坍塌、触电等事故。

2）危害程度分析

一旦发生坍塌、高处坠落等安全事故，可能造成人身伤亡和财产损失，以及造成巨大的经济损失。

3) 危险源辨识

危险源辨识见表 3-53。

危险源辨识表　　　　表 3-53

序号	分项工程	作业活动	编号	危险源分析			分级控制措施
				危险源存在条件（人/机/料/法/环）	危险源触发条件与监督点	可能导致事故	
1	脚手架工程管理	方案编制	1	管理人员	未编制脚手架施工方案或方案不具体	坍塌	AB
			2		脚手架高度超过规范规定（24m）未进行计算或无图示	坍塌	AB
			3		脚手架专项方案未经上级批准	坍塌	AB
		安全交底与验收	4		未对施工人员进行交底或交底不具体缺乏指导性或无记录	坍塌	B
			5		未对安装后的脚手架进行验收或验收未量化	坍塌	AB
		作业人员	6	作业人员	作业人员无上岗证和体验证明	高处坠落	BC
			7		安装人员未按施工方案及交底搭设	坍塌	BC
			8		作业人员施工中违章作业	高处坠落	C
			9		作业人员未采取个人防护措施；未系安全带	高处坠落	C
			10		任意拆除脚手架部件和连墙杆件	坍塌	C
			11		遇恶劣天气仍进行施工	高处坠落	C
		架体材质	12	材料	脚手架钢管、扣件、脚手板、密目网材质不符合要求，无相关证件	坍塌	AB
			13		钢管弯曲锈蚀严重，局部开焊或未刷防锈漆	坍塌	AB
			14		钢管壁厚不符合要求（钢管 Φ48×3.5 或 Φ51×3.5）	坍塌	AB
		架体基础	15	设施	架体基础不平、不实，无垫木	坍塌	BC
			16		立杆缺少底座，垫木，扫地杆	坍塌	BC
			17		无排水措施，周边无排水沟	坍塌	BC
		架体与层间防护	18	设施	脚手架外侧未设置密目式安全网或网间不严密，未设置 18cm 高的挡脚板	高处坠落	BC
			19		施工层未设 1.2m 高防护栏杆，作业层下无平网或其他防护措施	高处坠落	BC
		荷载	20	方法	脚手架荷载超过设计荷载值或荷载堆放不均匀	坍塌	BC
		脚手板铺设	21	设施/材料	脚手板未满铺或有探头板或脚手板不稳固	高处坠落	BC
			22		脚手板材质与规格不符合要求	高处坠落	BC
		脚手架拆除	23	作业人员	不按顺序拆除，拆除时上下处同一垂直面内作业	物体打击	C
			24		监护警戒不利	物体打击	C
			25		乱扔钢管、扣件	物体打击	C
			26		堆放失稳	物体打击	C
			27		恶劣天气仍进行作业	物体打击	C

序号	分项工程	作业活动	编号	危险源分析			分级控制措施
				危险源存在条件（人/机/料/法/环）	危险源触发条件与监督点	可能导致事故	
2	落地式外脚手架	架体与建筑结构拉结	28	设施	架体高度在7m以上,架体未与建筑结构拉结或拉结不牢固	坍塌	BC
		杆件间距与剪刀撑	29	设施	立杆、大小横杆间距超过规定	坍塌	BC
			30		未按规定设置剪刀撑	坍塌	BC
			31		剪刀撑未沿脚手架高度连续设置或角度不符合要求	坍塌	BC
		小横杆设置	32	设施	立杆与大横杆交点处未设置小横杆	坍塌	BC
			33		小横杆只固定一端	坍塌	BC

4）危险源控制措施

① 编制脚手架工程安全施工方案并参与脚手架工程的验收。

② 对施工现场脚手架工程危险源进行辨识，制定措施或编制管理方案。

③ 项目经理每周组织有关人员对现场脚手架进行检查。

④ 对进场的脚手架工程所需的各种零部件进行验收。

⑤ 建立脚手架工程技术档案。

⑥ 对架子工作业活动进行安全技术交底。

⑦ 对全体参建人员进行脚手架工程安全教育。

⑧ 编制脚手架工程坍塌和高处坠落应急预案并组织演练。

⑨ 检查架子工有无合格的操作证书。

⑩ 脚手架操作人员必须持证上岗，无特殊工种岗位证书者不得参加脚手架工程作业施工活动。

⑪ 学习和执行脚手架工程相关安全规范和架子工安全操作规程。

⑫ 积极配合脚手架验收并做好日常自查工作。

⑬ 端正工作态度，正确使用个人防护用品。

⑭ 强化安全意识，遇身体不适及恶劣天气应停止作业。

（3）应急处置基本原则

1）以人为本，安全第一；

2）统一指挥，分级负责；

3）快速响应，果断处置；

4）预防为主，平战结合。

（4）预防与预警

1）危险源监控

施工前，项目部对满堂支架施工过程中存在的危险源进行识别和评估，对重大危险源登记建档，建立重大危险源管理档案，并加强对重大危险源的监控，对可能引发重大事故的险情或者灾害可能引发的脚手架安全事故的重要信息应及时了解，掌握满堂支架施工过程中不可容许的危险状况，防止安全事故的发生。

2）预防措施

施工前，由项目部技术人员以书面形式向作业班组进行施工操作进行技术交底，交底双方履行签字手续，作业班组应对照书面交底进行上、下班的自检和互检。

搭设作业前，首先对钢管、扣件等原材料进行检验，保证合格的材料进场。然后对基础按照《钢管满堂支架预压技术规程》JGJ/T 194—2009进行预压。预压合格后方可开始满堂支架搭设，架子工应做到持证上岗。

满堂支架搭设过程中应在两端设置标准盘梯等安全通道，禁止人直接攀爬。搭设人员应系安全带，穿防滑鞋，及时安装剪刀撑，禁止到最后才安装剪刀撑，必要时可做一些辅助支撑，如抛撑等。

项目部技术人员应到现场指导搭设钢管支架，做到全程跟踪指导，保证钢管支架的稳定性。

支架搭设完成后对支架进行预压，预压期间应注意天气变化，防止下雨、下雪造成预加荷载的超载、当有六级及以上大风和雾、雨、雪天气时应停止脚手架的搭设和拆除作业，雨雪后上架前对地基进行检查。

安全爬梯及顶部施工作业平台四周采用防护栏杆及密目网进行防护，并悬挂安全警示标识。顶部施工作业平台满铺竹跳板并绑扎牢固。

对满堂支架施工区域实行封闭管理，在施工区域外设置"非施工人员禁止入内"等安全标志，在易受外界碰撞的区域设置防撞墩、反光锥。

满堂支架搭设完后，必须经过监理验收，验收合格后方可投入使用。

脚手架上荷载不宜过大，且不宜集中堆放，禁止用架体提升重物。

支架拆除时应严格按照规范和方案进行，多组进行拆卸作业时，加强现场指挥，并相互询问和协调作业步骤，严禁不按程序进行任意的拆卸。

3）预警行动

① 预警信息的发布

施工现场任何人只要发现事故或可能导致事故发生的险情后，都要立即以最快捷的方式，如运用固定电话、手机或口头等形式发出警报，通知项目部应急救援领导小组和现场所有施工人员实施避险。

② 预警行动

项目部应急救援领导小组接到预警信息后，立即组织现场作业人员避险，及时确定应对方案，通知有关部门、单位采取相应行动预防事故发生，并按照预案做好应急准备工作，必要时，要及时报告上级及当地政府。

（5）信息报告程序

1）报警系统及程序

① 满堂支架坍塌、高处坠落等事故发生后或有可能发生时，目击者有责任和义务立即报告施工现场负责人；

② 施工现场负责人调查掌握情况后，及时向项目部应急救援领导小组报告；

③ 项目部应急救援领导小组接到事故或预警信息后，由项目部安全环保部通知项目部应急救援领导小组组长、副组长、各部门成员及应急工作组负责人，并由组长按照事故

级别立即上报上级或当地政府有关部门。

2）报警方式及内容

① 报警方式

A. 施工现场发生满堂支架施工安全生产事故后，应立即拨打项目部应急救援值班电话。

B. 对上级单位和当地政府、外部救援机构采用固定值班电话、手机、传真等报警方式。火警电话：119；急救中心电话：120。

② 报告内容

A. 发生时间、地点、事故类别、简要经过、人员伤亡；

B. 发生单位名称，事故现场项目负责人姓名；

C. 工程项目和事故险情发展势态、控制情况，紧急抢险救援情况；原因、性质的初步分析；

D. 报告单位、签发人和报告时间。

（6）应急处置

1）响应分级

① 现场发生重大及以上生产安全事故，由政府应急管理部门启动应急预案，负责组织应急救援指挥，项目部应急指挥部配合开展应急救援工作。

② 现场发生较大生产安全事故，由集团公司启动应急预案，集团公司负责组织应急救援指挥，并及时上报上一级应急指挥机构。

③ 现场发生一般伤亡事故，由公司启动应急预案，公司负责组织应急救援指挥，并按事故报告规定向上级有关部门报告。

④ 现场发生轻微安全生产事故（未造成人员死亡，在项目部控制范围内），启动项目部应急预案，项目部负责组织应急救援指挥，并报公司安质环部。

2）响应程序

① 应急指挥

应急救援领导小组根据事故及险情的性质、类别、危害程度、范围和可控情况，提出具体意见，并做出如下安排：

A. 对事发地点做出具体的处置指示，项目部有关部门立即采取响应应急措施；

B. 各应急工作组到位并开展工作；

C. 向上级报告，必要时，请求上级部门和政府支持；

D. 落实上级单位、政府部门及应急机构的有关指示，及时与事发现场和有关方面联系，掌握事故动态，督办落实情况。

② 应急行动

A. 指挥人员到达现场后，立即了解现场事故情况，划定安全和危险区域，设立标志，实行现场保护，安全警戒，疏导车流，保障救援道路的畅通，维护好现场秩序。

B. 按本预案规定职责明确各应急工作组救援任务，组织救援。

C. 对事故现场进行调查取证，因抢救人员、防止事态扩大、恢复生产及疏通交通等原因，需要移动现场物件的，应当做好标志，采取拍照、摄像、绘图等方法详细记录事故现场原貌，妥善保存现场重要痕迹、物证。

③ 资源调配

组织抢险救援队伍，调配应急救援物资、装备、器材、药品、医疗器械、抢险车辆等物资，为应急行动做好充分准备。

④ 应急避险

A. 抢险车辆赶往事发现场和急救车辆护送伤害人员到达医院的途中，按交通规则正确驾驶车辆，避免交通事故发生。

B. 在疏散人群过程中，要选择安全通道，合理有序引导撤离，防止相互践踏受到伤害。

C. 在现场抢救伤员的过程中，要根据伤员受伤部位和伤害程度，正确施救，避免盲目抬运拖拉，给后续抢救工作带来麻烦，防止使受伤人员再次受伤或加重伤害程度。

⑤ 扩大应急

若事故比较严重，项目部没有能力、无法采取措施组织救援和无力控制事态时，应立即扩大应急，并及时向公司和业主、政府、社会应急救援机构（如拨打"119""120""110"等）报告，请求启动他们的应急救援预案。

（7）处置措施

1）支架坍塌事故处置措施

事故发生后，如有人员受伤，当事人或发现人应立即拨打"120"救护车到事故现场救护伤员。其次，当事人或发现人应立即向应急救援办公室报告，同时采取应急措施，防止事态扩大，减少事故损失。应急救援领导小组接到报告后，由领导小组组长启动应急预案，同时向上级报告，并组织有关人员对发生事故的地段设栏防护，严禁闲杂人员出入，保护现场，同时按应急措施进行加固抢险。根据工程环境情况，积极采取有效的措施，扼制事故的发展和蔓延，把事故损失减少到最小范围内。物资供应组应及时将救援所需的物质和器械供应到现场，保证抢救工作的顺利进行。事故调查组对事故现场采取保护或拍照等必要手续，留存重要痕迹物证等，为事故调查提供完整可靠的依据。同时配合上级主管部门和事故调查组开展调查处理，并做好伤亡人员的善后处理工作。

2）触电应急处置措施

① 立即切断电源

A. 关闭电源总开关。当电源开关离触电地点较远时，可用绝缘工具（如绝缘手钳、干燥木柄的斧等）将电线切断，切断的电线应妥善放置，以防误触。

B. 当带电的导线误落在触电者身上时，可用绝缘物体（如干燥的木棒、竹竿等）将导线移开，也可用干燥的衣服、毛巾、绳子等拧成带子套在触电者身上，将其拉出。

C. 救护人员注意穿上胶底鞋或站在干燥的木板上，想方设法使伤员脱离电源。高压线需移开 10m 方能接近伤员。

② 当触电者脱离电源后，应根据不同的生理反应进行现场急救。

A. 触电者神志清醒，但有心慌、呼吸急迫、面色苍白时，应将触电者躺平，就地安静休息，不要使其走动，以减轻心脏负担，同时，严密观察呼吸和脉搏的变化。

B. 触电者神志不清，有心跳、但呼吸停止或呼吸极微弱时，应及时用仰头举颏法使气道开放，并进行口对口人工呼吸。此时，如不及时进行人工呼吸，将会缺氧过久而引起心跳停止。

C. 触电者神志丧失，心跳停止，呼吸极微弱时，应立即进行心肺复苏。不能认为有极微弱的呼吸就只做胸外按压，因为这种微弱的呼吸起不到气体交换的作用。

D. 触电者心跳、呼吸均停止时，应立即进行心肺复苏术，在搬移或送往医院途中仍应按心肺复苏术的规定进行有效的急救。

E. 触电者心跳、呼吸均停止，伴有其他伤害时，应先迅速进行心肺复苏术，然后再处理外伤。伴有颈椎骨折的触电者，在开放气道时，应使头部后仰，以免引起高位截瘫，此时可应用托顿法。

F. 已恢复心跳的伤员，千万不要随意搬动，应该等医生到达或等伤员完全清醒后再搬动，以防再次发生心室颤动，而导致心脏停搏。

3）火灾事故应急处置措施

① 任何员工一旦发现火情，视火情的严重情况进行以下操作：

A. 局部轻微着火，不危及人员安全，可以马上扑灭的立即进行扑灭。

B. 局部着火，可以扑灭但可能蔓延扩大的，在不危及人员安全的情况下，应组织周围人员参与灭火，防止火势蔓延扩大，并向现场施工负责人汇报。

C. 施工现场负责人调查掌握情况后，及时向项目部应急救援领导小组报告。

② 接到事故信息后，应急救援领导小组对火势蔓延扩大，不可能马上扑灭的按以下方式处理：

A. 立即进行人员的紧急疏散，指定安全疏散地点，由安全员清点人数，发现有缺少人员的情况时，立即向上级汇报。

B. 拨打消防报警电话"119"，通报火场信息：单位名称、地址、着火地点、着火物资及火势大小，联系电话，回答"119"询问并派人到路口接应消防车。

C. 发现有人员受伤，立即送往医院或拨打救护电话"120"与医院联系。

③ 油类火灾的扑救

油类着火不能用水灭火，否则会扩大着火区域。应用砂子、蒸汽、泡沫灭火器或氮气。对于小油桶等小面积油类着火时，也可用不燃物覆盖。

④ 电气火灾的扑救

电气设备着火在可能的情况下应首先切断电源再灭火。对带电设备应使用干粉灭火器或二氧化碳灭火器灭火，不可用泡沫灭火器和水去灭火，因为水和泡沫都具有导电性否则会造成救火者触电。

4）高处坠落、物体打击事故应急处置措施

① 救援人员首先根据伤者受伤部位立即组织抢救，促使伤者快速脱离危险环境，送往医院救治。

② 在抢救伤员的同时迅速向上级报告事故现场情况。

抢救受伤人员时几种情况的处理：

A. 如确认人员已死亡，立即保护现场。

B. 如发生人员昏迷、伤及内脏、骨折及大量失血：立即联系"120"或枣阳市第一、第二人民医院，并说明伤情。外伤大出血：急救车未到前，现场采取止血措施。骨折：注意搬运时的保护，对昏迷、可能伤及脊椎、内脏或伤情不详者一律用担架或平板，禁止用搂、抱、背等方式运输伤员。

C. 一般性伤情送往医院检查，防止破伤风。

（8）应急主要物资与装备保障

1）应急救援物资配备

应急救援物资配备见表 3-54。

应急救援物资表

表 3-54

名　　称	单　位	数　量	备　注
交通工具	台	2	
施工机械	台	3	挖机、装载机、自卸车
对讲机	台	5	可用手机替代
应急照明灯	个	3	
救护简易担架	个	2	
发电机	台	1	
手套	双	50	
防滑鞋	双	50	
安全带	根	20	
干粉灭火器	个	10	
氧气袋	个	2	
药箱	个	1	

2）装备保障

应急预案的物资装备由施工现场项目部统一管理，专人负责维护保养，做好物资设备台账。每次安全应急抢救完后，做好统计工作，对损失的物资设备进行及时的维修和更新，为保证抢救人员能够正确使用应急器材，应急救助和抢险人员事前进行培训操作。应急救援领导小组通讯电话和外部救援联系方式分别见表 3-55 和表 3-56。

应急救援领导小组通信电话表

表 3-55

姓　　名	职　　务	联系电话	应急救援成员
×××	项目经理	××××××××××	组长
×××	技术负责人	××××××××××	副组长
×××	施工负责人	××××××××××	副组长
×××	工程技术部部长	××××××××××	成员
×××	安全部部长	××××××××××	成员
×××	经营部部长	××××××××××	成员
×××	质量保证部部长	××××××××××	成员
×××	物资部部长	××××××××××	成员

外部救援联系方式

表 3-56

医 院 名 称	联系电话	地　　址
宜昌市安全生产监督局	××××	×××
火警、公安	119、110	
宜昌市第一人民医院	××××	×××
宜昌市第二人民医院	××××	×××

4. 日常监测监控方案

项目部、班组日常进行安全检查，所有安全检查记录必须形成书面材料。脚手架在承受六级大风或大暴雨后必须进行全面检查。

（1）日常检查、巡查重点部位

1）杆件的设置和连接、扫地杆、支撑、剪刀撑等构件是否符合要求。

2）地基是否有积水，底座是否松动，立杆是否符合要求。

3）连接扣件是否松动。

4）架体的沉降、垂直度的偏差是否符合规范要求。

5）施工过程中是否有超载的现象。

6）安全防护措施是否符合规范要求。

7）脚手架体和脚手架杆件是否有变形的现象。

（2）监测项目

支架沉降、位移和变形。

（3）监测频率

在脚手架搭设期间，一般监测频率不超过 3～5 天/次，在脚手架使用期，一般监测频率不超过 10～15 天/次。

（4）监测的方法与工具

立杆的垂直度监测用经纬仪或吊线和卷尺，立杆间距用钢板尺，纵向水平杆高差用水平仪或水平尺，主节点处各扣件中心点相互距离用钢板尺，同步立杆上两个相隔对接扣件的高差用钢卷尺，立杆上对接扣件至主节点的距离用钢卷尺，纵向水平杆上的对接扣件至主节点的距离用钢卷尺，扣件螺栓拧紧扭力矩用扭力扳手，剪刀撑斜杆与地面的倾角用角尺，脚手板外伸长度的检测用卷尺，钢管两端面切斜偏差用塞尺、拐角尺，钢管外表面锈蚀程度用游标卡尺，钢管弯曲用钢板尺。

5. 预压及浇筑期间监测方案

（1）监测内容

1）加载或浇筑之前监测点标高；

2）每级加载后监测点标高；

3）加载至 100％或浇筑完成后每间隔 24h 监测点标高；

4）卸载 6h 后或混凝土终凝后监测点标高。

（2）监测点布置

1）沿混凝土结构纵向每隔 1/4 跨径应布置一个监测断面；

2）每个监测断面上的监测点不宜少于 5 个，并应对称布置。

（3）监测记录

1）监测应采用水准仪，水准仪应按现行行业标准《水准仪检定规程》JJG 425 规定进行检定。

2）支架沉降监测记录与计算应符合下列规定：

① 预压荷载施加或混凝土浇筑前，应监测并记录支架顶部和底部监测点的初始标高；

② 每级荷载施加完成后，应监测各监测点标高并计算沉降量；

③ 全部荷载施加或混凝土浇筑完成后，每间隔 24h 应监测一次并记录各监测点标高；

④ 卸载 6h 或混凝土终凝后，应监测各监测点标高，并计算支架各监测点的弹性变形量；

⑤ 应计算支架各监测点的非弹性变形量。

3.2.3.6 劳动力计划

1. 专职安全生产管理人员

依据《建筑施工企业安全生产管理机构设置及专职安全生产管理人员配备办法》（中华人民共和国住房和城乡建设部建质〔2008〕91 号文印发），5000 万元以下的工程总承包单位配备项目专职安全生产管理人员不少于 1 人。

2. 特种作业人员

依据《建筑施工扣件式钢管脚手架安全技术规范》JGJ 130—2011 第 9.0.1 条"脚手架搭设人员必须是按现行国家标准《特种作业人员安全技术考核管理规则》GB 5036 考核合格的专业架子工应定期体检，合格者方可持证上岗"；《建筑施工模板安全技术规范》GB 162—2008 第 8.0.12 条"模板安装高度在 2m 及以上时，应符合国家现行标准《建筑施工高处作业安全技术规范》JGJ 80 的有关规定"；《建设工程安全生产管理条例》第二十五条规定：垂直运输机械作业人员、起重机械安装拆卸工、爆破作业人员、起重信号工、登高架设作业人员等特种作业人员，必须按照国家有关规定经过专门的安全作业培训，并取得特种作业操作资格证书后，方可上岗作业。

高支模工程劳动力计划表见表 3-57。

劳动力计划表　　　　　　　　　　　　　　　　表 3-57

序　号	工　种	人员数量	备　注
1	专职安全员	1	
2	兼职安全员	2	
3	架子工	10	
4	杂工	6	
合计		22	

3.2.3.7 计算书（略）

3.2.4 围堰工程

3.2.4.1 编制说明、依据

1. 编制说明

姜唐湖蓄（行）洪区堤防加固工程老河口封闭堤及泵站工程，共需填筑封闭堤、泵站围堰、姜家湖排涝涵围堰、淮河滩地上 13 号土料场挡水围堰。填筑围堰所需土方由开挖 13 号、16 号料场土方进行填筑围堰。为了保障围堰施工过程中机械设备、从业人员的安全与健康，最大限度地控制危险源，尽可能地避免或减少水上施工的事故发生，认真落实"安全第一、预防为主、综合治理"的安全生产方针，特制定本方案。

2. 编制依据

（1）招标文件及补充说明；

（2）设计图纸及有关技术要求；

（3）《堤防工程施工规范》SL 260—2014；

（4）《堤防工程施工质量评定与验收规程》（SL 19—2001）［现已作废］。

3.2.4.2 工程概况

1. 工程概述、特点

（1）工程概述

姜唐湖蓄（行）洪区堤防加固工程老河口封闭堤及泵站工程，有老河口封闭堤及泵站工程、行洪口门铲堤工程以及姜家湖排涝涵工程三部分组成。老河口封闭堤是碾压式均质土堤，为外借土施工。泵站是封闭堤穿堤建筑物，位于老淮河口左岸滩地上，两者均需在老淮河填筑上、下游围堰。通过初期排水、清淤、降低地下水位才能施工。行洪口门铲堤是土堤拆除工程，不需要导流和降水。本围堰主要是为填筑老河口封闭堤及泵站工程在河道上填筑临时围堰。

（2）特点

工程填筑土方量大、水下深度约 7m、水下淤泥较厚。

2. 施工环境、地质、水文、气候等（略）

3.2.4.3 施工总体安排

1. 组织体系

组织体系框图如图 3-19 所示。

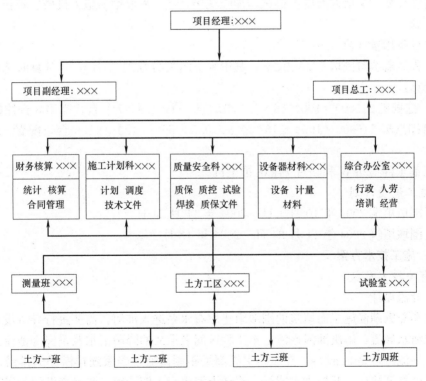

图 3-19 组织体系框图

2. 施工布置

围堰施工分四个作业班组，上下游围堰同时施工，从围堰两侧向中间进占法施工。左岸为一、二班从 13 号料场取土，右岸为三、四班从 16 号料场取土。

3. 资源安排及保证

根据土方平衡、施工道路布置、土方运距等现场具体情况及设备性能，依据提高施工效率为原则，选择施工设备如下：

（1）土方填筑：本工程施工运距在 1000m 左右，主要选用 1m³ 挖掘机配合 8t 自卸汽车施工，部分近距离清基施工选用 74kW 推土机。

（2）计算原则

1）设备选用：挖掘机 1m³，自卸汽车 8t，推土机 74kW，拖式铲运机 2.75m³，刨毛拖拉机 59kW。

2）正常工作日：根据当地水文气象资料，正常工作日平均按日历天的 50% 左右估算，清基施工天数适当提高。

3）设备出勤率及工作时间：每天工作 16 个台时，根据计划投入的机械状况，设备出勤率按挖掘机 80%、铲运机 80%、推土机 80%。

4）考虑施工期可能发生连续雨雪天气及施工方案变更导致施工强度不均衡等因素，设备计划用量增加 30% 左右的安全系数，以应付意外情况给土方施工进度带来的影响，确保工期如期完工。

5）分区段施工，合理配置施工机械，尽量做到均衡生产，以提高施工工效，同时结合施工进度计划，灵活调配施工机械，加强现场管理，采取增加施工机械、延长工作时间等抢工措施。

（3）设备用量计算

本工程共需填筑围堰 26.5 万 m³，其中水下填筑约为 21.5 万 m³，计算时选用水下填筑强度计算：

1m³ 挖掘机 215000/（100×16×0.8×0.5×55）×1.3＝7.9 台，需用 8 台挖掘机。

8t 自卸汽车 215000/（15.4×16×0.8×0.5×55）×1.3＝51.6 台，配置 52 台自卸汽车。

另配备 4 台 120kW 和 2 台 74kW 推土机。

4. 施工进度计划

水下围堰填筑 2004 年 10 月 1 日～2004 年 11 月 24 日。

水上围堰填筑 2004 年 11 月 24 日～2004 年 12 月 20。

3.2.4.4 施工技术方案

1. 有关技术参数

（1）导流设计

泵站和姜家湖涵施工而填筑的围堰阻止原有水系进入淮河，需要进行导流设计。

老淮河水导流：解决淮河截流至本工程区间老淮河的降雨汇水及垂岗等地流入老淮河的汇水。导流流量是 22m³/s。在原姜家湖圈堤距湖内通往姜家湖排涝涵的排涝沟（四清河）最近处挖开缺口，开挖排水明渠，将老淮河水引入四清河，沟通老淮河与姜家湖内的排水渠系，通过姜家湖排涝及姜家湖排灌站排入淮河，姜家湖内排水干渠底高程 16.0m 左右，地面高程 19.0m 左右，老淮河水位低于 19.0m 时，采用自排方式，当淮河水位高于 19.0m 时采用抽排方式（招标文件没有明确抽排的责任），排水明渠断面 3m×8m，渠底高程同四清河为 16.0m。

（2）围堰设计

1）围堰设计标准

施工期间封闭堤泵站工程导流流量为 22 m^3/s，淮河侧围堰设计挡水位 22.70m，（非汛期 10 月～次年 5 月重现期洪水），湖内侧围堰设计挡水位为 21.20m（10 月份 5 年重现期洪水）。

2）围堰设计原则

为使围堰安全有效地工作，施工运行中满足：

① 不允许水流漫顶；

② 不发生危害性渗透变形；

③ 堰体和堰基稳定可靠；

④ 不产生有害裂缝；

⑤ 能抵挡波浪淘刷，雨水冲刷和冰冻破坏等作用。

3）堰型选择与断面设计

依据《堤防工程设计规范》GB 50286—2013 和《水利水电工程围堰设计导则》DL/T 5087—99 并结合本工程的情况，选取均质黏土堰型，设计压实度 0.90，堰顶宽依据施工条件、交通要求，并考虑防汛抢险进行确定，堰坡依据水中填土和干地填土分别确定。

封闭堤与泵站湖内侧围堰设计

湖内侧围堰考虑交通道路顶宽取 6.0m。水中填筑边坡取 1：5，堰顶高程按设计挡水位 21.2m 加 0.5m 的安全加高。堰顶高程取 21.70m，施工期间围堰的临水面采用编织袋装土堆码护坡，断面尺寸如图 3-20 所示。

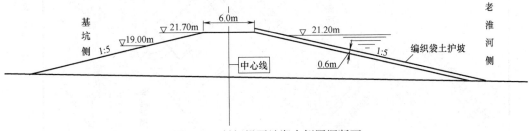

图 3-20　封闭堤泵站湖内侧围堰断面

淮河侧的围堰长度较大，顶宽取 4.0m，水中筑堰边坡取 1：5，堰顶高程按设计挡水位 22.7m 加 0.5m 的安全加高和波浪爬高 0.5m 计。堰顶高程取 23.70m，迎水面采用编织袋装土人工堆码护坡，断面尺寸如图 3-21 所示。

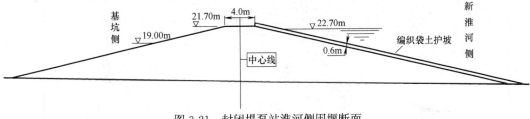

图 3-21　封闭堤泵站淮河侧围堰断面

（3）围堰平面布置

围堰布置见导流与围堰平面布置图 3-22 所示。

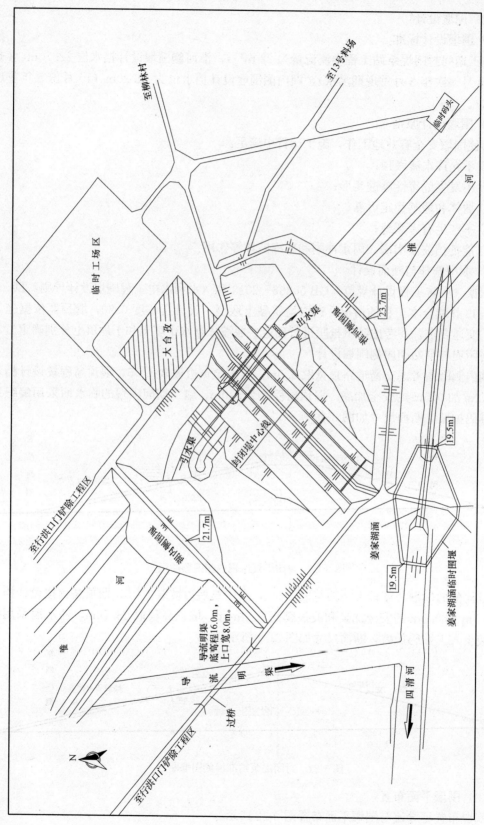

图 3-22　导流与围堰平面布置

2．施工方法

（1）施工前准备

1）围堰施工前，进行测量定位放样，确定上、下游围堰填筑位置，并埋设明显的界标。

2）根据业主要求确定土方开采料场边线，清除料场地表的树、草、乱石及其他一切杂物，修筑进出场取土道路，同时设置必要的排水设施。

3）修筑自取料场至填筑区的临时道路，并设置明显的路标。

4）设置必要的安全警示标牌及照明设施等。

（2）围堰施工

填筑从 16 号和 13 号料场取土，取土深度 2m。16 号料场在姜家湖南堤的北面，是临淮岗工程下引河弃土区，距施工区域约 1.0km。13 号料场为左岸滩地，距施工区域约 1.0km。土料开挖采用反铲挖掘机配 8T 自卸车运输，直接倒入预定的区域内，采用进占法施工，从围堰两端开始填筑。水下部分使用 74kW 推土机推平，水上部分使用 74kW 推土机整平压实。

围堰采用立堵方式进行，截流前先完成围堰两侧部分土方填筑，由于截流量较小，龙口合龙首先在两端备黏土，然后用推土机由两端推进封堵，由于水位较低，围堰较易合龙。围堰填筑时，首先一次性填至高出水面 1m，然后分层填土、碾压。上、下游围堰合龙后，进行基坑排水，同时对围堰加高培厚至设计尺寸，施工示意如图 3-23 所示。

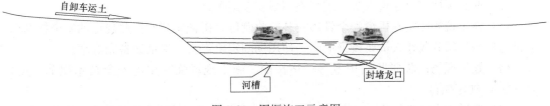

自卸车运土

河槽

封堵龙口

图 3-23　围堰施工示意图

（3）基坑水抽排期间围堰加固与观测

待上、下游围堰合龙并超过水面 1.0m 时，便进行初期排水。上、下游围堰之间的水域面积是 68400m²，水面高程 18.0m，河底高程 11.3m 左右，初期排水有 16 万 m³，在上、下游围堰的背水坡安装浮筒式离心泵 4 台，流量是 160m³/h，预计 10 天可抽完。为防止水中填土围堰滑坡，降水速度控制为每天 0.5m。

降水过程中安排专人不间断巡查围堰边坡，如发现有滑坡和变形趋势时，及时调运机械补土和碾压，以保证围堰的安全。

（4）围堰拆除施工

在封闭堤及泵站水下工程全部施工完成后，具备通水条件，即开始围堰的拆除施工。利用挖掘机从右岸向左岸退行拆除，拆除的土方由 8T 自卸车运到业主指定地点堆放。

3．监测监控方案

由于本围堰水下填筑深度深，抽水后围堰两侧水位高差大，围堰的变形观测是本工程安全监控的重点，围堰监测分为日常例行巡视和埋设桩位进行水平位移和垂直沉降观测。观测点沿围堰轴线方向布置 2 排，第一排布置在 19.0m 高程处，第二排布置在围堰坝基底以上1m处，沿围堰轴线方向每20m布置一处。在围堰完成初期到基坑明水抽排结束第3天每1h观测一次，如无明显变化可每4h观测一次，待稳定后每天观测一次。

3.2.4.5 安全管理措施

1. 技术措施

（1）围堰进行施工前，对所有的作业人员进行安全教育和安全技术交底，明确项目经理部的安全管理制度和安全操作规程，告知本工序中存在的安全隐患，严格按照围堰施工方案施工。

（2）为保证施工现场内施工人员和车辆的通行安全，围堰硬化完成后，堰顶两侧安装防护栏杆，防护栏杆高1.2m，间距3m，埋深0.5m，并在栏杆上涂刷反光漆，保证夜间的行车安全。在围堰两侧连接原道路的交通便道，采取和围堰硬化的方法相同，铺筑煤矸石。

（3）在围堰两端设立安全警示标牌，安全警示标牌采用标准交通安全标示，贴反光贴膜，立柱采用75mm不锈钢管，高3m。

2. 组织措施

建立健全安全管理组织体系，成立以项目经理为组长，主管生产副经理、项目总工为副组长，四科一室及各工区负责人等管理人员为成员的施工现场安全施工管理领导小组。围堰的日常维护由该领导小组派员监护巡视，一旦发现险情，及时上报。

3. 安全管理要求与控制措施

（1）在堰顶硬化过程中，项目部配有填料指挥人员统一调度施工机械使填料有序。

（2）配置围堰安全巡查人员，进行不间断安全巡视。

（3）施工现场应实施机械安全管理安装验收制度，机械安装要按照规定的安全技术标准进行检测。所有操作人员要持证上岗。使用期间定机定人，保证设备完好率。

（4）施工现场的临时照明用电等严格按照《施工现场临时用电安全技术规范》JGJ 46—2005规定执行。

（5）确保必需的安全投入。劳动保护用品、安全设备及设施完全满足安全生产的需要。

（6）积极做好安全生产检查，发现事故隐患，及时整改。

4. 度汛安全保证措施

（1）编制科学合理进度计划，采取加大投入等施工措施确保汛前工程形象进度的实现；

（2）如遇特大洪水，必须听从指挥、服从防汛部门统一安排；

（3）备用防汛物资器材

防汛所需物资：砂、石、防冲的农膜、篷布、圆木、铅丝；

所需器材：备用发电机一台90kW、防汛柴油等。

（4）备足防汛用的设备、工具、用品

备足防汛所需设备：土方填筑用的挖掘机、推土机、自卸车，装载机；

备足防汛所需工具：铁锹、大锤、箩筐、麻绳、水泵、电线、草袋；

备足防汛所需日常用品：雨衣、胶鞋、救生衣、手电筒、药品。

（5）建立防汛组织

有专人指挥，责任到人，备足约100人的劳动力预防突发的险情。

（6）发生超标准洪水预案

若发生超标准洪水，首先服从省防汛指挥部的安排，继续转移撤离多余的材料、设备，最大限度地减少损失，使用草袋装土打子堰，加高现有的堤顶，确保通信设备畅通，留足人员待命。

5. 围堰防汛预案

（1）成立以项目经理为组长的防汛领导小组，领导小组负责对全员进行防汛意识教育、组建防汛抢险队伍，指定区域防汛负责人，提出防汛物资、设备、工具采购等计划，并督促采购、入库、管理、严禁任何人挪用抢险物资，负责防汛抢险指挥。

（2）成立防汛办公室，防汛办公室设汛情通报组和水情监控组，负责天气预报和水情预报的接收、上传和下达，以及对遇有水情时对水位的观测和资料整理，及时通报气象信息和汛情，以利推动防汛工作。

（3）成立抢险队，抢险队员在汛期来临之前，进行训练、演习，了解防汛重点，熟练使用防汛器材和设备，一旦发生汛情，抢险队员能迅速奔赴现场抢险。

（4）在汛期来临之前，要储备足够的防汛物资及设备。

（5）汛后事故处理组：发生防汛事故后，组织人员抢救伤员、转移现场物资设备，并在危险解除后按作业处的要求进行灾后重建及设施恢复，事后参与事故责任的调查处理；负责按照防洪度汛施工方案采购防汛物资材料，检查防汛设备运行情况。防汛事故发生后，及时购买或租用防汛应急设备、物资，保障应急设备、物资满足现场抢险需要。

（6）如发现水位持续上涨，立即通知河道内施工人员及机械设备进行撤离，撤离完成后，将围堰挖开缺口进行泄洪，防止溃坝事故发生。

为了确保防汛工作高效有序进行，成立应急救援领导小组：

组　　长：×××　副组长：×××、×××

成　　员：×××　×××　×××　×××　×××

6. 危险源辨识与应急处置

（1）危险源辨识、预防措施

危险源辨识、预防措施等详见表 3-58。

危险源辨识、预防措施表　　　　　　　　　　　　表 3-58

作业项目	危险源	措施	伤害类型
土方开挖	施工机械进场是否经验收	现场检查	机械伤害
	挖土机作业时,有人员进入挖土机作业半径内	现场检查	机械伤害
	挖土机作业位置不牢、不安全	现场检查	机械伤害
	司机是否持证作业	现场检查	机械伤害
	是否按规定程序挖土或超挖	现场检查	坍塌、机械伤害
围堰变形监测	是否按规定进行变形监测	现场检查	坍塌

作业项目	危险源	措施	伤害类型
土方工程-土方机械	机械制动欠佳,有溜坡现象	机电人员检查,并做好检查记录,损坏的及时更新或修护,符合安全要求后方能投入使用	机械伤害
	设备修理时,悬空部件未采取固定措施	设备修理中,悬空部件应采取固定措施,防止机械伤害	机械伤害
	设备在架空输电线路下作业,小于安全距离	施工前对现场线路进行勘察,与高压线路保持距离不得小于2m	触电
	土体不稳定,有发生坍塌危险时仍继续作业	项目经理部对操作人员进行安全培训和交底;严格按要求进行施工	坍塌
	工作面净空不足以保证安全作业	项目经理部对操作人员进行安全培训和交底;严格按要求进行施工	多种伤害
	施工标志,防护设施损毁失效时仍继续作业	施工标志,防护设施修护经检查合格方可施工	多种伤害
土方工程-挖掘机	挖掘机在松软,沼泽地未采取措施作业	挖掘机工作时应当处于水平位置,并将走行机构刹住。若地面泥泞、松软和有沉陷危险时,应用枕木或木板、垫妥	机械伤害
	挖掘机作业时距工作面距离小于规定要求	挖掘机停放位置和行走路线应与路面、沟渠、基坑保持安全距离	机械伤害
	挖掘机作业时未保持水平位置	挖掘机工作时应当处于水平位置,并将走行机构刹住	机械伤害
	铲斗未离开工作面时,就做回转行走动作	禁止铲斗未离开工作面时,进行回转	机械伤害
	挖掘力突然变化,未查明原因擅自调整压力	机电人员检查,并做好检查记录,损坏的及时更新或修护,符合安全要求后方能投入使用	机械伤害
	挖掘机行驶时,铲斗载重及铲斗高度未符合规定要求	挖掘机移动时,臂杆应放在走行的前进方向,铲斗距地面高度不超过1m。并将回转机构刹住	机械伤害
	在坡道行走内燃机突然熄火时未采取措施	机电人员检查,并做好检查记录,损坏的及时更新或修护,符合安全要求后方能投入使用	机械伤害
	铲斗从汽车驾驶室上过	挖掘机在工作时,应等汽车司机将汽车制动停稳后方可向车厢回转倒土,回转时禁止铲斗从驾驶室上越过,卸土时铲斗应尽量放低,并注意不得撞击汽车任何部位	机械伤害

作业项目	危险源	措施	伤害类型
土方工程-推土机	在行驶或作业中除驾驶员外,有人员乘坐	施工机械作业中,禁止除驾驶员外的其他人员乘坐	车辆伤害
	行使路面,不能满足设备承载能力	对路面进行夯实或加固处理,符合要求方能行驶	车辆伤害
	行驶时,有人站在履带或刀架上	推土机行驶、作业中,禁止履带、刀架上有人	机械伤害
	横向行驶的坡度超过10°	推土机横向行驶的坡度不得超过10°	车辆伤害
	在深沟,基坑或陡坡区作业其垂直边坡高度大于2m	在深沟、基坑或陡坡地区作业时,应有专人指挥,其垂直边坡高度不应大于2m	车辆伤害
	两台设备在同一地区作业前后距离小于8m,左右距离小于1.5m	两台以上推土机在同一地区作业时,前后距离应大于8.0m;左右距离应大于1.5m。在狭窄道路上行驶时,未得前机同意,后机不得超越	机械伤害
	设备修理时,内燃机未熄火,铲刀未垫稳	在推土机下面检修时,内燃机必须熄火,铲刀应放下或垫稳	机械伤害

（2）信息报告程序、应急处置与联系方式

1）信息报告程序

所属班组各作业人员以及项目部任何人员在发现在发现本预案的前兆阶段和紧急阶段所描述的情况时，均有义务向有关部门报告，报告程序如下：项目有关人员→项目经理→应急领导小组→分公司领导→总公司安全监察局→总经理。

2）应急处置与联系方式

① 事故发生单位必须迅速营救伤员，抢救财产，采取有效措施，防止事故进一步扩大。

② 做好现场保护工作，因抢救人员防止事故扩大以及为缩小事故等原因需移动现场物件时，应做出明显的标志，拍照、录像，记录及绘制事故现场图，认真保存现场的重要物证和痕迹。

③ 按现场应急指挥机构的指挥调度，提供应急救援所需资源，确保救援工作顺利实施。

④ 参加紧急处置的各单位，随时向上级人民政府或主管单位汇报有关事故灾情变化、救援进展情况等重要信息。

⑤ 现场指挥、协调、决策应以科学、事实为基础，充分发扬民主，果断决策，全面、科学、合理地考虑工程建设实际情况、事故性质及影响、事故发展及趋势、资源状况及需求、现场及外围环境条件、应急人员安全等情况，充分利用专家对事故的调查、监测、信息分析、技术咨询、救援方案、损失评估等方面的意见，消减事故影响及损失，避免事故的蔓延和扩大。

⑥ 成立现场应急处置小组

根据现场施工实际需要，成立本作业过程现场安全管理应急小组，接受总公司安全领导小组的指挥。

组　长：×××　　联系电话：　　×××

副组长：×××　　联系电话：　　×××　　联系电话：　　×××

成　员：×××　　联系电话：　　×××　　联系电话：　　×××

联系电话：×××　　联系电话：　　×××　　联系电话：　　×××

（3）应急物资与装备

应急物资与装备清单详见表 3-59。

应急物资与装备清单　　　　　　　　　　　　　　　表 3-59

名称	数量	所在地点	备注
急救箱	2个	项目部	
绷带	5卷	项目部	
手电筒	5个	项目部	
大剪	5把	项目部	
撬棍	10把	项目部	
对讲机	10部	项目部、施工班组	
毯子	5件	项目部	
千斤顶	6个	项目部	
救援用货车	1辆	项目部	
担架	5付	项目部	
救援用轿车	2辆	项目部	
铁锹	10把	项目部	
镐	10把	项目部	
大型照明灯具	5台	项目部	
绳索	200m	项目部	
挖掘机	2辆	施工班组	

本工程地处霍邱与颍上交界处，左岸有一公路直通颍上县城，道路通畅。下游横跨淮河，通过水运，可以到对面的霍邱县城，周边条件非常有利。

3.2.4.6　环保施工措施（略）

3.2.4.7　围堰边坡稳定计算书（略）

3.2.5　拆除工程

武汉市新洲区武湖三泵站新建工程泵站主泵房工程施工支护梁系拆除专项施工方案。

3.2.5.1　工程概况

1. 支护梁系拆除工程概况

新洲区武湖三泵站位于新洲区阳逻街长江干堤武湖堤桩号 0＋450 处，处于武湖二站右侧约 80m 处，与新洲区武湖一、二站共同承担武湖新洲排区 417.9km²

工程装机 9000kW（3×3000kW），设计排水流量 60m³/s。

本次计划拆除支护梁系包括以下内容：

主泵房及安装间钢筋混凝土结构对撑梁、角撑梁、连系杆；

进水前池钢结构对撑梁及连系杆；

主泵房、安装间、进水前池等部位钢格构柱；

进水前池影响分段三翼墙布置的顶冠梁及支护桩。

2. 施工平面布置

详见图 3-24 施工平面布置图。

3. 施工要求和技术保证条件

（1）施工要求

1）确保支护梁系拆除工作顺利实施；

2）确保施工人员及机械安全；

3）确保已完结构的保护；

4）保证基坑顶冠梁变形位移在可控范围。

（2）技术保证条件

支护梁系拆除必要条件

1）明确现场管理人员责任与分工，共同协调拆除进度，按时完成施工。

2）落实主要工程技术人员，选调有丰富经验的人员为骨干，认真熟悉拆除对象和环境。

3）针对施工特点分阶段对施工人员进行安全、技术交底，确定施工的对象、方法，加强成品保护，加强对施工人员安全教育、提高安全生产自觉性。

4）按照拆除施工步骤划定机械工作区域，设立警示标志并落实安全警戒人员。

5）认真学习拆除技术方案，针对周边环境，分别确定各自的具体拆除方案及拆除步骤、人力及机械配置，以及安全管理措施。

6）组织好现场拆除施工管理，指派有资质、安全意识强、技术能力强的施工管理、安全管理、后勤人员组成拆除施工小组，进行拆除施工的统一管理和现场指挥。

支护梁系拆除技术准备：

1）施工前完成拆除方案三级技术交底，即技术负责人→管理人员→施工班组长。交底以书面形式表达，随同任务单一起下达到班组，班组长在接受交底后，认真贯彻施工意图。

2）根据现场实际情况，塔式起重机设置在基坑边，增加了梁系拆除的风险。加强对塔式起重机周边基坑监测，若发现的基坑位移较大，及时停止施工。

3）拆除原则

先行回填再拆除支护梁系，应遵循先拆辅撑，后拆主撑，先拆混凝土支护梁系，再拆钢结构支护梁系的原则。

4）对称拆除支撑梁系，保证基坑支护体系受力变化的均衡性。

5）基坑监测

开始拆撑前一天对基坑支护体系进行一次全面监测，获取反映基坑支护体系在拆撑前的各项原始数据，包括冠梁及坡顶位移、支护桩测斜等数据，作为混凝土支撑梁拆除后进行监测对比的依据。

拆撑过程中，加强对基坑支护体系的监测频率，对基坑进行及时有效监测，及时反映基坑支护体系的变化情况，便于指导拆撑施工，出现异常情况及时采取应急加固措施。

6）基坑边坡在拆撑前必须将基坑平台上堆载清除，减少基坑边坡的荷载；在拆撑过程中及拆撑后直到基坑回填的时间内，禁止在基坑边坡上堆载，确保基坑在无支撑梁情况下安全。

3.2.5.2 编制依据

（1）《水利水电工程施工安全管理导则》SL721—2015；

（2）施工图纸《武湖三泵站-基坑支护-01～12》；

（3）《武湖三泵站新建工程泵站主泵房工程施工组织设计》；

（4）《武湖三泵站基坑支护工程施工优化方案》；

（5）《水工钢筋混凝土结构学》（第四版）。

3.2.5.3 施工计划

1. 施工进度计划

目前主泵房流道层施工已完成（已施工至▽11.70m～▽13.50m），待前池钢结构支护梁系（计划至2018年5月15日完成施工）及安装间底板施工完成（计划至2018年5月16日浇筑至▽11.7m）后将对主泵房及安装间施工范围内钢筋混凝土支护梁系进行拆除，以进行主泵房及安装间上部结构施工。主泵房及安装间临支护桩侧土方已回填至▽11.2m，计划2018年5月28日至31日完成主泵房及安装间支护梁系钢筋混凝土结构拆除。

计划2018年6月2日至6日完成影响左右翼墙分段三布置的顶冠梁及支护桩拆除。

进水前池左右翼扶壁挡墙已施工至▽12.5m～▽17.5m，计划2018年5月28日至30日完成▽12.20m以下土方回填；进水前池底板土方开挖已完成，计划2018年6月4日完成进水前池水平段底板混凝土浇筑；计划2018年6月7日～6月9日完成左右翼墙间脚手架搭设及脚手板铺设，作为拆除钢结构支护梁系的操作平台。计划2018年6月10日至12日完成进水前池钢结构支护梁系拆除。

计划2018年6月13日至14日完成钢格构柱拆除。

2. 材料与设备计划

拟投入主要材料及设备统计如下：

DY200挖掘机1台、镐头机1台、DY120挖掘机1台、龙工50装载机1台、塔式起重机1台、8t自卸汽车2台、钢质跳板15块、对讲机4部等。

3.2.5.4 施工工艺技术

1. 技术参数

（1）混凝土支护梁系断面尺寸如下（宽×高）：顶冠梁（1.2m×1.0m）、主撑梁（对撑1.0m×1.0m、角撑1.0m×0.9m）、连系杆（0.7m×0.7m），梁顶高程均为▽16.0m，支护梁系混凝土强度等级为C30；

（2）钢格构立柱边长为46cm×46cm，采用L140mm×10mm角钢；

（3）支护桩为直径1.0m的混凝土灌注桩，桩基伸入中风化岩层深度>3.0m；

（4）钢结构对撑梁采用609mm×16mm钢管，以钢格构柱及工字钢（高56cm×底宽17cm×厚1.65cm）连系杆为下部支撑结构。

2. 工艺流程

（1）拆除前在支撑梁下部搭设脚手架、铺设模板以避免拆除掉落的混凝土块对已完成结构产生不利影响。启动镐头机对支撑梁进行机械振动破碎，镐头机从支撑梁的侧面从中间开始进行破碎。尽量减小拆除混凝土废渣的块径，镐头振动破碎点间距宜布置为小于40cm×40cm。

（2）混凝土碎块采用塔式起重机运至基坑外场地堆放，采用装载机装车，自卸汽车外运。

（3）钢结构对撑梁采用塔式起重机配合人工拆除，搭设脚手架、铺设脚手板作为拆除操作平台，拆除材料归堆整齐，集中外运。

3. 施工方法

（1）施工顺序

1）混凝土支护梁系拆除施工顺序

下部结构混凝土强度达到设计强度的75%及以上、完成支护桩与完建结构间土方回填→防护设施搭设等拆除准备工作→拆除支撑梁系（破碎混凝土、切割钢筋）→破碎混凝土块等清理外运出场。

2）钢结构支护梁系拆除施工顺序

完成支护桩与已完成结构间土方回填→进水前池水平段底板混凝土浇筑完成→支撑脚手架、脚手板搭设布置→钢结构支护梁系拆除→材料归堆及外运。

（2）施工原则

支撑拆除前在已浇筑好的结构上铺设旧木模，以防掉落的混凝土碎块破坏下部结构。

（3）梁系拆除

1）根据现场施工实际情况，采用局部人工凿除与炮机破除相结合的方式。

① 计划对撑梁中间两跨采用人工凿除，其余梁系采用机械凿除。

② 梁系拆除施工顺序：对撑梁→主泵房角撑梁、连系杆→安装间角撑梁、连系杆，破除过程中进行基坑监测。如基坑监测数据变化不明显，进行下一步拆撑施工。支撑梁破开缺口处的主筋不能割断。

③ 割断支撑梁的钢筋及钢格构。先割断支撑梁钢筋，后割断钢格构。割断钢筋及钢格构时采用塔式起重机或其他设备配合施工，拆除材料集中堆置、清理。

④ 割断钢格构前应先将钢格构上混凝土剥除，避免放倒钢格构时将底板损坏。

2）按照上述方法，根据拆撑分区、方向及节点编号顺序，依次进行拆撑施工。为避免施工振动破坏底板内钢格构止水片，在破除混凝土梁前，将与立柱桩连接的支撑梁在立柱节点处破开缺口后，再进行拆撑施工。

（4）混凝土块外运

支撑梁破碎完成后，将已拆除混凝土块装至吊斗，用塔式起重机运输到基坑外场地堆放，集中装运至场外。

4. 检查验收

支护梁系拆除完成后，及时清理拆除相关材料及混凝土块，对顶冠梁及基坑周围边坡进行检查、验收，排查有无影响基坑安全及后续施工的不利因素，为后续工程施工创造有利条件。

3.2.5.5 施工安全保证措施

1. 组织保障

项目部成立支护梁系拆除施工小组，由项目副经理×××任组长，技术负责人×××任副组长，组员有：×××、×××、×××、×××、×××、×××、×××。支护梁系拆除施工小组人员安排见表 3-60。

支护梁系拆除施工小组概况表

表 3-60

序号	姓名	年龄	职称	工作任务	备注
1	×××	33	工程师	现场负责	组长
2	×××	35	工程师	技术负责	副组长
3	×××	44	工程师	施工管理	组员
4	×××	42	助理工程师	安全管理	组员
5	×××	38	高级工程师	测量监控	组员
6	×××	29	工程师	测量监控	组员
7	×××	27	助理工程师	测量监控	组员
8	×××	22	技术员	现场施工	组员

2. 技术措施

（1）混凝土支护梁系拆除施工措施

本工程混凝土支护梁系强度等级为 C30，各支撑梁顶面平齐，计划拆除梁系混凝土方量约 390m³（合同文件工程量清单中无该项目及工程量，需新增单价）。

混凝土支护梁系必须逐一有序、分块分阶段进行施工作业，以保障拆除支撑对结构不产生不利力学影响。

在拆除支撑梁之前，必须保证下层混凝土结构满足施工强度要求，方可机械破除，在拆除支撑梁之前在支撑梁上铺设钢质跳板方便拆除机械行走施工，拆除施工按照计划施工顺序进行（详见支护梁系拆除示意图）。

在拆除支撑梁时，先用镐头机破碎拆除其周围的支撑梁后再进行拆除，破碎的混凝土块人工归堆后，采用塔式起重机、装载机、自卸汽车装运至指定位置。

（2）钢结构支护梁系拆除施工措施

本工程钢结构支护梁系采用 609mm×16mm 钢管，计划拆除长度约 175m（合同文件工程量清单中无该项目及工程量，需新增单价）。

前池水平段底板浇筑完成后，搭设满堂脚手架并铺设脚手板，作为钢结构支护梁系的操作平台。拆除施工过程中，采用塔式起重机配合人工拆除，拆除材料整齐堆放并集中外运。

3. 应急预案

（1）应急抢险组织措施

项目部成立基坑工程应急工作组，由项目现场负责人任组长，确保基坑出现险情时，各项措施能及时实施。并要求全体成员在拆撑施工期间，必须 24 小时保持通信畅通。

（2）应急抢险技术措施

1）在每一类节点处破开支撑梁缺口后，若基坑监测过程中发现内支撑支护体系的冠梁变形超过预警值时，及时停止施工，待基坑稳定后再进行拆除施工。

2）支撑梁破除后，若基坑监测过程中发现内支撑支护体系的冠梁变形速率超过预警值，及时在支护桩和已完成结构间加设型钢斜撑。

（3）应急抢险设备、物资

现场应准备各种必需的应急抢险设备、物资，在出现险情时，能够做到及时处理，控制险情，确保基坑安全。

4. 监测监控

项目部配备测量人员定时对围护结构、基坑周边进行监测监控，若监控数据超出设计值，及时撤离危险区域人员及设备，确保施工安全。

设计图纸关于地面最大沉陷量及围护墙水平位移控制如下：

（1）地面最大沉陷量≤30mm；

（2）围护墙最大水平位移≤50mm。

5. 危险源分析及相关措施

（1）根据施工现场实际情况主要存在以下危险源：

1）施工中机械破碎的混凝土块，在没有足够防护措施情况下混凝土块坠落可能对下部结构造成不利影响；

2）施工过程中，如果作业面承载力不足以承受施工机械及设备的荷载造成机械设备失稳，可能会对施工机械、操作人员、下部已完建结构等造成不同程度的危害；

3）拆除施工属高处作业，如果安全防护不充分，可能会造成作业人员高处坠落等不利事件的发生。

（2）成品保证措施

计划在支撑梁系底部搭设防护架体（铺设模板等），以防混凝土碎块坠落损伤下部混凝土结构，并落实专人及时清理拆除堆积物，在拆除过程中落实专人进行监管，保证成品的完整性。

（3）安全保证措施

1）按要求在施工现场布置安全警示牌；

2）拆除碎块直径控制在30cm以内，确保下部结构安全；

3）现场设置专人对拆除支撑施工进行安全监控；

4）拆除人员高处作业必须系安全带，戴安全帽及防护眼镜；

5）确保拆除人员站立的架子稳定牢固，并进行随时检查；

6）各种设备处于完好状态，机械设备的运转部位有安全防护装置；

7）及时清理拆除垃圾；

8）已完成结构面铺设模板，避免拆除混凝土块破坏下部结构；

9）所有电器设备有可靠保护设施，并不得带病工作；按规范配置施工用电，加强用电管理。

（4）文明施工及环境保护措施

1）加强现场施工机械及运输车辆的管理。

2）做到活完料净脚下清，及时清运施工垃圾。对现场垃圾清运，采取遮盖、洒水措施，减少扬尘。

3）完善现场围栏等安全防护装置，按要求堆放各种材料、设置临时设施等，不得随意摆设或堆放。

4）合理安排施工程序和进度，尽量避免夜间施工，确保安全施工。

3.2.5.6 劳动力计划

拆除工程劳动力计划见表 3-61。

拆除工程劳动力计划　　　　　　　　　　　　　　　　　表 3-61

序号	工种	单位	数量	备注
1	管理人员	人	4	
2	技术人员	人	4	
3	机械操作人员	人	9	
4	普 工	人	10	

3.2.5.7 计算书及相关图纸

1. 支撑梁系荷载验算（略）

2. 施工平面布置

施工平面布置图、支护梁系拆除示意图分别如图 3-24 和图 3-25 所示。梁系拆除位置与施工机械设备布置位置对照见表 3-62。

武湖三站前池翼墙、安装间及主泵房基坑平面布置图

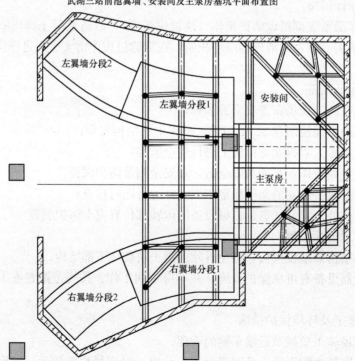

图 3-24　施工平面布置图

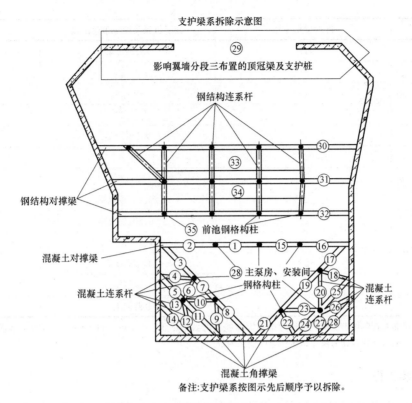

备注: 支护梁系按图示先后顺序予以拆除。

图 3-25 支护梁系拆除示意图

梁系拆除位置与施工机械设备布置位置对照表　　表 3-62

序号	拆除梁系编号	施工机械及设备布置位置	备注
1	1	2、3	
2	2	3、4	
3	3	4、6	
4	4	5、6	
5	5	13、顶冠梁	
6	6	7、10	
7	7	9、10	
8	8	9、顶冠梁	
9	9	10、11	
10	10	11、12	
11	11	12、13	
12	12	14、顶冠梁	
13	13	14、顶冠梁	
14	14	顶冠梁	
15	15	16、17	
16	16	17、顶冠梁	

续表

序号	拆除梁系编号	施工机械及设备布置位置	备注
17	17	18、顶冠梁	
18	18	20、25	
19	19	20、23	
20	20	25、26	
21	21	22、顶冠梁	
22	22	23、24	
23	23	24、27	
24	24	27、28、顶冠梁	
25	25	26、28、顶冠梁	
26	26	27、28、顶冠梁	
27	27	28、顶冠梁	
28	28	顶冠梁	
29	29	上游侧土体	

备注：通过布置在梁体上的钢跳板作为梁系拆除施工机械作业面，由于施工过程中施工机械工作面辗转较为频繁，故特列此表作为施工机械作业面变化的说明。

3.2.6 吊装工程

宜昌市东风渠灌区续建配套与节水改造工程跨长 30m 渡槽 T 形梁吊装专项施工方案。

3.2.6.1 工程概况

1. 工程概况

简沟渡槽位于宜昌市夷陵区龙泉镇法官泉村，距 204 县道约 8km，离龙泉镇（小鸦路口）约 10km，距宜昌市约 50km。该渡槽兴建于 1969 年，是总干渠的重要交叉建筑物，设计过流能力 14.0m³/s，加大设计流量 16.8m³/s，施工范围由桩号：建 36＋170.4 至建 36＋647.88 共 477.48m 包括：槽身段 360m，进出口渐变段、箱涵及部分明渠施工，原渡槽拆除，官庄管理站和长寿管理站拆除重建等。

槽身分为 30m 长，15m 长两种类型，均为现浇钢筋混凝土结构。30m 槽身（8～15 号槽墩之间）共 7 跨采用预应力 T 型梁，双肢排架支撑，最高墩高 40.6m。墩身施工均为高空作业，施工难度较大，极易造成高空坠落等突发事故。

2. 施工平面布置

施工平面布置图、纵剖面图及 T 形梁预制平面布置图如图 3-26、图 3-27 所示。

3. 施工要求

（1）所有吊车操作人员要着装整齐，正确佩戴安全帽，登高必须系安全带。

（2）在吊车施工作业过程中严禁非操作人员进入施工场所和进行操作。

（3）在吊车起吊施工作业过程中发现异常情况时，应立即停止作业，待查明原因后方可作业。

（4）必须听从信号员指挥，但对任何人发出的紧急停车信号，都应立即停车。

（5）司机必须在确认指挥信号后方能进行操作，开车前应先鸣铃。

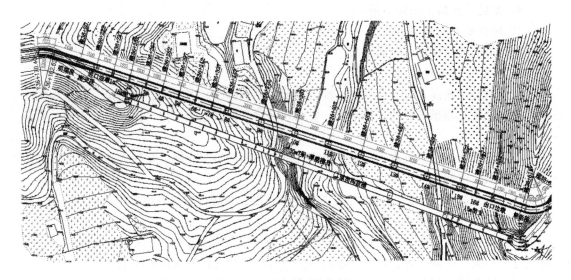

图 3-26 施工平面布置图

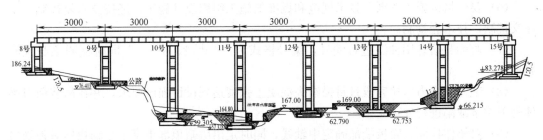

图 3-27 渡槽 T 形梁段纵向布置图

（6）工作停歇时，不得将起重物悬在空中停留。运行中，地面有人或落放吊件时应鸣铃警告。严禁吊物在人头上越过。吊运物件离地不得过高。

（7）所有操作人员要分工明确，采取定人、定岗、定机械。

（8）所有操作人员要服从统一指挥、保持慢速、同速运行，不得随意变速。

（9）吊装时，操作人员要严格按照吊装安全操作规程进行，遵守起重吊装"十不吊"原则，严禁违章作业和违反劳动纪律的三违现象发生。

（10）雷雨、暴雨恶劣天气严禁吊车进行施工作业，严禁在吊车下避雨，防止雷电击伤。

（11）起吊时，吊钩中心应垂直于板梁中心位置。

（12）司机必须认真做到"十不吊"。

1）超过额定负荷不吊；

2）指挥信号不明，重量不明，光线暗淡不吊；

3）吊绳和附件捆缚不牢，不符合安全规则不吊；

4）桥吊吊挂重物直接进行加工的不吊；

5）歪拉斜挂不吊；

6）工件上站人或工件上浮放着有活动物不吊；

7）氧气瓶、乙炔发生器等具有爆炸性物品不吊；

8）带棱角缺口未垫好不吊；

9）埋在地下的物件不吊；

10）液态或流体盛装过满不吊。

4. 技术保证条件

（1）吊装作业前，应先检查各工种人员配备是否齐全。各工种、各岗位、各工序都应事先组织交底，熟悉各自的工作范围，要求相互之间的联系和衔接，做到忙而不乱，有条不紊。

（2）须由项目技术负责人、安全负责人进行书面和口头交底，交底人和被交底人必须签名确认后方可起吊。

（3）对预制 T 形梁的结构尺寸、混凝土的强度、预埋件数量及质量进行检验复查，使其达到设计与规范要求，合格者方可吊装。

（4）对排架柱间距、梁身长度（预制 T 形梁总长度）、支座中心线、轴线间距、垫石的尺寸、标高、平面位置、检查支座的质量要求应符合设计及规范的要求。

（5）检查梁身混凝土强度、对梁身下部垫石及盆式橡胶支座进行检查验收。

（6）要严格按施工图纸，技术规范和批准的施工组织设计施工，坚持技术复核制，工序交接制，技术会签制。

（7）对梁身信息用油漆进行编号，编号格式为："1、2、3……"同时标明梁身预制日期。

（8）梁体预应力张拉完成且封锚端头混凝土强度达到设计强度要求，并在吊装前对梁体外观质量缺陷进行处理完善。

（9）对梁体顶面、腹板端部确定中轴线，同时定出墩帽顶部十字中心轴线然后弹划墨斗线，便于现场梁体吊装就位时对轴线。

（10）在吊装起重机进场前，将吊车进场路进行扩宽处理。

（11）吊装作业时，设总指挥 1 人全面负责指挥预制 T 形梁的吊装，T 形梁前后各设 1 个指挥人员，通过对讲机（或哨子）提醒指挥人员注意其手势。指挥人员站在安全合适的角度，通过手势同驾驶室操作人员进行联络，协调配合保证吊装作业的安全进行。

3.2.6.2 编制依据

1. 编制目的

为保证宜昌市东风渠灌区续建配套与节水改造工程（宜昌市直部分）2017 年度项目施工第一标段简沟渡槽预制 T 形梁架设施工安全，切实履行企业安全生产的责任主体，结合本工程的特点，制订简沟渡槽预制 T 形梁吊装架设施工安全专项方案。

2. 编制依据

（1）《公路工程安全施工技术规程》JTG F90—2015。

（2）《施工现场临时用电安全技术规范》JGJ 46—2005。

（3）《建筑机械使用安全技术规程》JGJ 33—2012。

（4）《建筑施工安全检查标准》JGJ 59—2011。

（5）《水利水电工程施工安全管理导则》SL 721—2015。

（6）本项目的合同、招投标文件、图纸等。

（7）本项目已批复的施工组织设计。

3.2.6.3 施工计划

1. 施工进度计划

（1）8号～9号槽墩之间T形梁吊装计划2018年05月05日完成。

（2）9号～10号槽墩之间T形梁吊装计划2018年05月02日完成。

（3）10号～11号槽墩之间T形梁吊装计划2018年04月29日完成。

（4）11号～12号槽墩之间T形梁吊装计划2018年04月26日完成。

（5）12号～13号槽墩之间T形梁吊装计划2018年04月20日完成。

（6）13号～14号槽墩之间T形梁吊装计划2018年04月23日完成。

（7）14号～15号槽墩之间T形梁吊装计划2018年05月08日完成。

2. 材料与设备计划

材料与设备计划与施工进度计划相协调，其中主要机械设备见表3-63。

主要机械设备表　　　　　　　　　　　　　　　　　　表3-63

序号	机具名称	单位	数量	用途	备注
1	500t汽车吊	台	2	T形梁吊装	
2	200t汽车吊	辆	1	T形梁转运	辅助工作
3	电焊机	台	8	T形梁焊接	
4	钢丝绳	m	100	吊装	
5	5t手拉葫芦	个	8	吊装固定	

3. 人员安排

针对吊装作业，施工项目部成立吊装施工领导小组，组长由项目经理×××担任。下设吊装安全组和吊装质检组，吊装执行总指挥在项目部下设机构吊装安全组和吊装质检组。详见图3-28和表3-64。

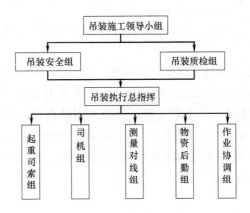

图3-28　吊装作业组织机构图

吊装作业组织机构人员及职责　　　　　　　　　　　　表3-64

序号	部门	人员	人数	职　责
1	吊装领导小组组长：×××	×××	1	监督各部门、各岗位人员作业执行，吊装施工过程中出现的问题即时向监理单位和建设单位汇报

序号	部门	人员	人数	职　责
2	安全组负责人：××××	××× ×××	2	复查绑扎质量，查看吊车支腿位置地基情况及车身稳定情况，吊车设备安全情况，及作业人员自身防护情况。影响安全吊装事件及时通知执行总指挥
3	质检组负责人：××××	××× ×××	2	××检查T形梁吊装前节号检查，梁身信息核对，吊装前梁身外观质量，××检查梁身落位时对线就位质量，影响吊装质量事件及时通知执行总指挥
4	执行总指挥负责人：×××	×××	1	全面指挥吊装作业，协调各工种，各岗位人员工作，吊装反馈信息处理及解决突发事件和疑难问题，梁身起吊后，指挥吊车使梁正确移动
5	起重、司索组负责人：×××	××× ××× ×××	3	×××、×××负责T形梁两端钢丝绳、卸扣、渡槽吊耳的司索工作。司索完成后×××负责司索初步质量检查，由安全组负责复查合格后起吊，×××、×××在T形梁起吊过程中监视吊车支腿动态
6	司机组负责人：××××	××× ××× ××× ×××	4	吊车的安全驾驶，吊车起重的安全操作
7	测量对线组负责人：×××	×××	1	T形梁吊装两端预制槽身吊装时的对线、定位工作。及时向执行总指挥反馈定位信息
8	物资后勤组负责人：×××	×××	1	负责辅助物资设备供应、施工用电和照明
9	作业协调组负责人：×××	××× ×××	2	负责协作总指挥落实各种措施，疏导交通，严禁吊车作业半径内站人，维持现场文明施工

3.2.6.4　施工工艺技术

1. 技术参数

（1）吊机选型

T形梁腹板两端及底部宽度 0.6m，翼缘宽度 2.3m，梁体高 2.5m，单个梁体质量 122t，设计梁身吊点距离两端部 0.8m 处，最大吊装高度为 30m（位于 10 号～14 号排架柱）。考虑现场吊装场地情况，结合梁身重量，拟采用两台 500t 吊车（配重 135T）双机抬吊方案，另安排一台 200t 吊车（配重 69T）进行辅助转梁施工，通过对设备吊装重量在两台吊机之间的合理分配，使两台吊机所承受的重量分别在各自吊装允许的性能范围内，从而完成设备的吊装作业。

（2）基础处理

1）根据现场施工条件，确定吊装顺序为从进口依次向出口段进行吊装，规划 T形梁预制场地沿渡槽排架柱左侧边 10m 以外范围布置（见渡槽 T形梁预制平面布置图），预制场与渡槽排架之间 10m 为吊装通道。吊装前对每台吊机停靠点支腿位置进行基础处理：10、11 号槽墩部位基础为回填土层，支腿部位采取开采矿渣换填方式，平整压实，压实度控制≥0.92，其他部位基础为开挖原状土层，对开挖至岩层面时整平处理；对开挖植被层或杂填土层时采取矿渣换填方式，平整压实，压实度控制≥0.92，确保承载力能满足吊装需要。吊机停靠点支腿位置铺设尺寸为 2.5m×2.5m×0.03m 的铁板和枕木，对现有较窄的施工便道进行加宽处理。

2）500T 汽车吊作业时地基受力情况分析：

吊车自身重量 120t，配重 135t，吊装重量 122÷2＝61t。计算吊装重量时取 1.1 倍的安全系数。吊装作业时每支撑腿下面铺 2.5m×2.5m×0.3m 的钢板，则支撑腿对地面的平均压力为：（120＋135＋61）×1.1÷（2.5×2.5）÷4＝13.9t/m²。假设吊装时吊车旋转在最不利位置，吊车处于倾翻的临界点，两支撑腿刚离开地面对地的压力为 0，另两条支撑腿承受全部的重量。此时支撑腿对地面的压力为 27.8t/m²。矿渣料进行平整压实后地基承载力大于 340kPa，能满足 500t 吊车对地基要求。200T 汽车吊作业时地基参照 500T 汽车吊执行。

2. 工艺流程

T 形梁安装工艺流程如图 3-29 所示。

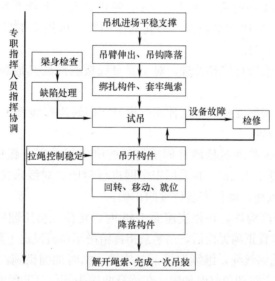

图 3-29　吊装工序流程图

3. 施工方法

简沟渡槽横跨宜昌市法官泉水库库尾河床，渡槽 10～14 号槽墩设计位置在河床部位，8、9、15 号槽墩布置在渡槽进出口山坡上，由于受地形条件限制以及附近乡村道路不具备运输 T 形梁的条件，采取在槽墩附近就近预制布置 T 形梁。

吊装说明：1 号预制场两根 T 形梁可以在预制场与渡槽之间的吊装通道布置两台汽车吊直接吊装到位。2 号预制场的四根 T 形梁，其中两根 T 形梁可以在吊装通道布置两台汽车吊直接吊装至 10～11 号槽墩就位，另外两根 T 形梁需要在河床部位布置两台汽车吊先将 T 形梁的一端转吊至右侧岸坡（村用道路），然后采用在此部位布置的一台汽车吊吊起 T 形梁一端，T 形梁的另一端利用河床部位的两台汽车吊接力换吊，当 T 形梁梁体与 9、10 号槽墩位置对应时一次吊装到位。3 号预制场的六根 T 形梁，其中两根 T 形梁可以在吊装通道布置两台汽车吊直接吊装至 11～12 号槽墩就位，另四根 T 形梁需要移梁至相应墩位后吊装就位。4 号预制场的两根 T 形梁，需要在 14、15 号槽墩上游附件各布置一台汽车吊，另在 4 号预制场远离渡槽的一端布置一台汽车吊与布置在 15 号槽墩附件的汽车吊先将 T 形梁顺村用道路方向转移至槽墩附近，然后利用 14、15 号槽墩附近的汽车吊吊起 T 形梁在空中转体至与渡槽轴线平行后吊装就位。

（1）8～9、10～14 号槽墩之间 T 形梁吊装

8～9 号槽墩之间的 T 形梁预制件摆放在对应槽墩的左侧，在该区域范围内槽墩与预制场地之间的 10m 宽的吊装通道靠近两槽墩附近位置各布置一台 500t 汽车吊，抬吊 T 形梁就位。在吊装 T 形梁时，500t 汽车吊吊臂长 36.9m 时，工作幅度 12m 时，最小起重量 92t，则两台为 184t。根据规范规定，双机抬吊不均衡系数取 0.75（安全系数 1.33），184t×0.75＝138t＞122t，经验算满足双机抬吊要求（10～14 号槽墩之间 T 形梁采取相同方式吊装到位），吊装步骤如下：

1）在满足吊装承载力要求的地基面上布置吊车。

2）固定好 T 形梁吊点，绑扎好钢丝绳。

3）先将预制 T 形梁吊起离台座 20～50cm 停止提升，进行下列检查：起重机的稳定性、制动器的可靠性、重物的平稳性、绑扎的牢固性。再用水平尺检查吊装梁身的垂直度，以保证梁身受力稳定性。

4）对梁身底板缺陷进行修补处理，对于梁身底板露筋或其他缺陷采用环氧砂浆进行修补。

5）两台吊机通过调整变幅、臂架伸缩、提升、回转操作缓慢平稳将 T 形梁抬吊提升位于就位点正上方的位置。

6）专门对线定位人员通过槽墩柱周围搭设的脚手架的安全爬梯到达墩柱顶部平台，平台周围栏杆高度不低于 1.2m，并采用安全网进行封闭，对线定位人员在墩顶施工平台上轻拉事先绑好的缆风绳，确保安装位置的正确。

7）匀速平稳地降落构件，在距支座面 1cm 时，定位人员用翘钎将梁身拔到位，经质检员、监理核对吊装位置正确无误后，吊装总指挥给吊车司机发送下落信号。放置妥当并临时加固稳定后解开绑扎钢丝绳，继续取吊下一构件。临时加固措施：每跨第一根 T 形梁吊装就位后采取 4 个 5T 手拉葫芦临时加固，在梁身两端头部位（T 形梁横隔板部位）两侧各绕梁身捆绑一根钢丝绳通过手拉葫芦与两侧墩柱顶缠绕一道钢丝绳拉紧临时加固，待此跨第二根 T 形梁吊装就位后与第一根 T 形梁横隔板连接钢筋焊接完成后拆除手拉葫芦。

8）每吊装一跨 T 形梁，由对线工在梁身前端吊线检查长度方向轴线，由质检员复核，避免槽身累计偏差过大。

各梁吊装示意图分别见图 3-30-图 3-33 所示。

（2）9～10 号槽墩之间 T 形梁吊装

由于受地形条件限制，9 号槽墩与 10 号槽墩地面高差近 10m，此部位 T 形梁预制规划在 2 号预制场地进行，不能满足一次吊装就位的条件，需三台吊车配合吊装，在吊装 T 形梁时，500t 汽车吊吊臂长 36.9m 时，工作幅度 12m 时，最小起重量 92t，200t 汽车吊吊臂长 17.6m 时，工作幅度 8m 时，最小起重量 73t，则两台为 165t。根据规范规定，双机抬吊不均衡系数取 0.75（安全系数 1.33），165t×0.75＝124t＞122t，经验算满足双机抬吊要求。具体步骤如下：

第一步：如图 3-34 所示，布置两台汽车吊（200T 和 500T）。

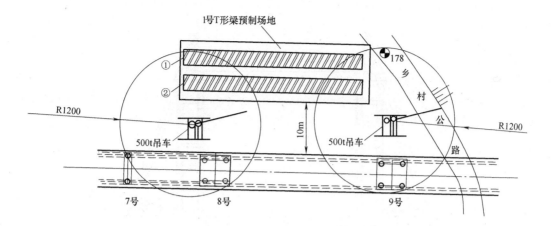

图 3-30 1、2 号 T 形梁吊装平面布置图

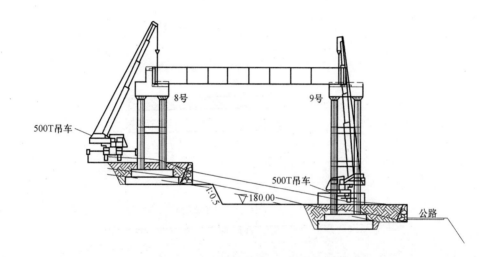

图 3-31 1、2 号 T 形梁吊装示意图

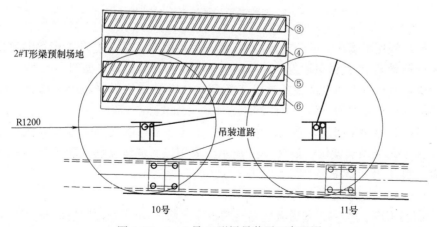

图 3-32 5、6 号 T 形梁吊装平面布置图

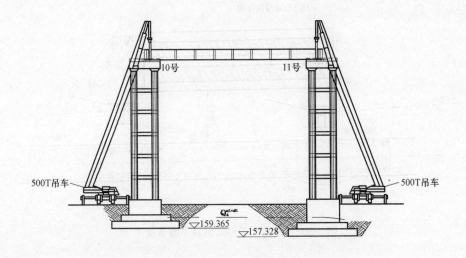

图 3-33 5、6 号 T 形梁吊装示意图

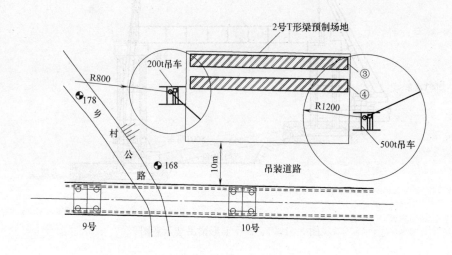

图 3-34 3、4 号 T 形梁吊装平面布置图（一）

第二步：利用河床部位的 500t 和 200t 汽车吊抬吊 T 形梁，提升 T 形梁向渡槽轴线方向平稳缓慢移梁至 10 号槽墩附近，并将两台吊车重新布置位置，如图 3-35 所示。

第三步：两台汽车吊抬吊提升一根 T 形梁向 9 号槽墩方向平稳缓慢移梁，200t 汽车吊起吊梁端平稳放置村用公路上（高程 178.0m），如图 3-36 所示。

第四步：200t 吊车摘钩，采用河床部位的 500t 和 9 号槽墩附件的 500t 汽车吊抬吊 T 形梁，提升 T 形梁吊装就位，如图 3-37 所示。采用以上同样步骤依次吊装 9～10 号槽墩之间的第二根 T 形梁就位。

（3）14～15 号槽墩之间 T 形梁吊装

4 号场地预制的 14～15 号槽墩之间的两根 T 形梁，由于场地限制，预制场 T 形梁摆放与渡槽轴线成 75°左右，现场需要两台 500t 吊车移位配合吊装，具体步骤如下：

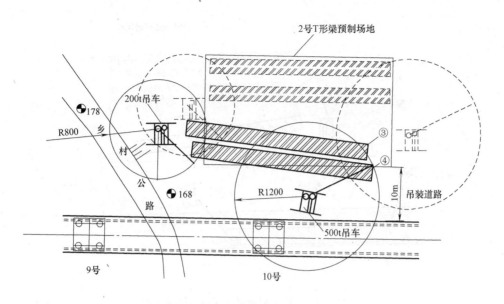

图 3-35　3、4 号 T 形梁吊装平面布置图（二）

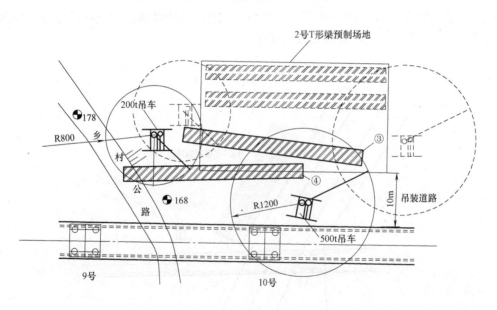

图 3-36　3、4 号 T 形梁吊装平面布置图（三）

第一步：吊装施工前，在 15 号槽墩左侧（顺渡槽水流向左侧）开挖山体形成 12m×12m（长×宽）的吊车施工平台，平台开挖至强风化 1m 以上，铺碎石整平处理满足吊车支腿承载力要求。在此平台上及 4 号 T 形梁预制场地另一端（乡村公路上）分别布置一台 500T 吊车（开挖吊车平台部位布置吊车支腿距乡村路侧坡顶 2.5m 以上，且均为岩基，吊装施工过程中地基承载力及边坡稳定均能满足规范要求。），移动 T 形梁时，由于梁体起吊高度在 0.5～1m 左右，500t 汽车吊臂长选用 31.7m 时，工作幅度 14m 时，最小起重量 93t，则两台为 186t（见附件汽车吊性能表）。根据规范规定，双机抬吊不均衡系数取

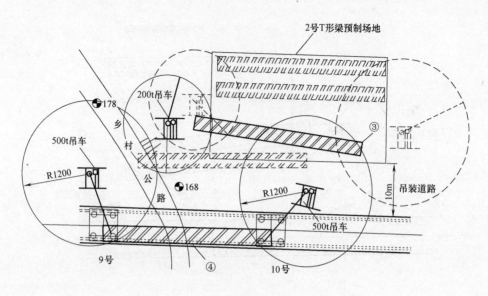

图 3-37　3、4 号 T 形梁吊装平面布置图（四）

0.75（安全系数 1.33），186t×0.75＝139.5t＞122t，经验算满足双机抬吊要求。如图 3-38 布置两台 500T 汽车吊，向渡槽方向移梁。

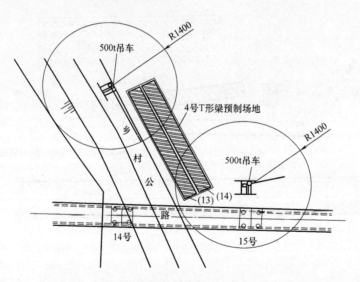

图 3-38　14、15 号 T 形梁吊装平面布置图（一）

　　第二步：两台 500t 汽车吊抬吊 T 形梁向渡槽方向移动并调整梁体方向，如图 3-39 所示。

　　第三步：乡村道路上布置的 500t 汽车吊转移至 14 号槽墩附近坡脚处，与 15 号槽墩附件的 500t 汽车吊抬吊 T 形梁，将梁体再次调整位置至两台吊装 12m 回转半径内提升 T 形梁，抬吊至一定高度后在空中调整梁体方向与渡槽方向一致提升 T 形梁吊装就位，如图 3-40 和图 3-41 所示。

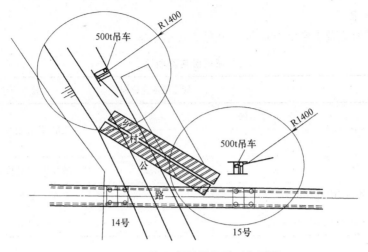

图 3-39 14、15 号 T 形梁吊装平面布置图（二）

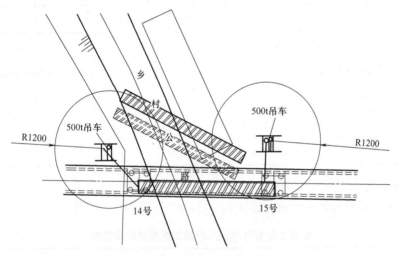

图 3-40 14、15 号 T 形梁吊装平面布置图（三）

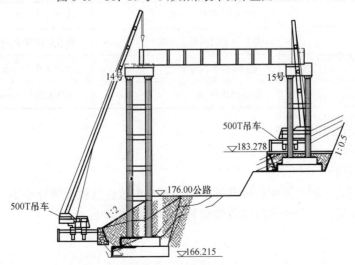

图 3-41 14、15 号 T 形梁吊装示意图

4. 质量标准

本工程 T 形梁及支座安装质量标准见表 3-65、表 3-66。

梁安装实测项目　　　　　　　　　　表 3-65

项次	检查项目		规定值或允许偏差	检查方法和频率
1	支座中心偏位(mm)	梁	5	尺量:每孔抽查 4～6 个支座
		板	10	
2	倾斜度(%)		1.2	吊垂线:每孔检查 3 片梁
3	梁(板)顶面纵向高程(mm)		+8,-5	水准仪:抽查每孔 2 片,每片 3 点
4	相邻梁(板)顶面高差(mm)		8	尺量:每相邻梁(板)

支座安装实测项目　　　　　　　　　　表 3-66

项次	检查项目		规定值或允许偏差	检查方法及频率
1	支座中心与主梁中心线偏位(mm)		2	经纬仪、钢尺:每支座
2	支座顺桥向偏位(mm)		10	经纬仪或拉线检查:每支座
3	支座高程(mm)		±5	水准仪:每支座
4	支座四角高差(mm)	承压力≤500kN	1	水准仪:每支座
		承压力>500kN	2	

5. 检查验收

T 形梁吊装质量的检查验收按表 3-67 进行。

混凝土预制件吊装工序施工质量验收评定表　　　　　　　　　　表 3-67

项　　次		检验项目	质量要求
主控项目	1	构件型号和安装位置	符合设计要求
	2	构件吊装时混凝土强度	符合设计要求,不低于设计 70%
一般项目	1	中心线和轴线位置	允许偏差±5mm
	2	梁顶面标高	允许偏差 0～5mm

3.2.6.5　施工安全保证措施

1. 组织保障

（1）组织机构

施工现场成立以项目部项目经理领导下的安全事故应急救援领导小组,负责紧急情况下的应急处理和指挥,现场事故应急救援领导小组组成如下:

组　长:×××

副组长:×××

成　员:×××、×××、×××、×××、×××、×××、×××、×××

领导小组下设办公室，办公室设在项目部安全环保部，办公室主任：×××。应急救援领导小组下设 7 个专业组：

1）专业抢险（救援）组：组长由施工处负责人×××担任，成员由各施工处人员组成。

2）事故调查组：组长由×××同志担任，成员由技术部、安环部及质保部人员组成。

3）善后处理组：组长由×××同志担任，成员由计划经营部、财务部及综合办公室人员组成。

4）预备机动组：组长由×××同志担任，成员由安环部、施工管理部人员组成。

5）现场协调组：组长由×××同志担任，成员由施工管理部人员组成。

6）联　络　组：组长由×××同志担任，成员由综合办公室、质保部人员组成。

7）物资供应组：组长由×××同志担任，成员由机电物资部、财务部人员组成。

项目部安全事故应急指挥机构如图 3-42 所示。

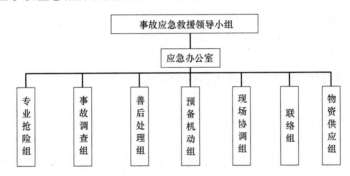

图 3-42　项目部安全事故应急指挥机构图

（2）职责

1）应急救援领导小组职能

组织检查各施工现场区域的安全隐患，落实各项安全生产责任制，贯彻执行各项安全防范措施及各项安全管理规章制度。

组织进行教育培训，使小组成员掌握应急救援的基本常识，同时具备安全生产管理相应的素质水平，小组成员定期对员工进行安全生产教育，提高员工安全生产技能和安全生产素质。

制定应急救援预案，制定安全技术措施并组织实施，确定现场的安全防范措施和应急救援重点，有针对性的进行检查、验收、监控和危险预测。

事故发生后，迅速采取有效措施组织抢救，防止事故扩大和蔓延，同时第一时间报告建管处、监理部及相关单位。

组织配合医疗救护和抢险救援机构的联系。

配合事故调查、分析和善后处理。

完成事故救援和处理的其他相关工作。

2）组长职责

根据事故的发生状况，及时传达上级应急救援命令，协调现场应急救援预案的联合实施。按照应急救援预案和灾害预防计划，负责应急救援的现场全面指挥协调工作。

3）副组长职责

协助组长全面实施事故应急救援预案和灾害预防计划。

配合协议救援单位，做好救援工作所需设备、物资、器材、人员和资金调动等工作。

及时掌握事故发展的动态，汇报现场救援指挥中心，以便及时调整救援预案，减少事故损失。

弄清事故原因，配合上级制定整改方案，使施工人员得到教育，尽快恢复生产。

4）专业抢险组职责

负责查明事故现场基本情况，制定现场抢险方案，明确分工，迅速抢险及人员和各类危险品转移等行动、抢救受伤人员和财产，防止事故扩大，减少伤亡损失。

5）事故调查组职责

负责查清事故发生时间、经过、原因、人员伤亡及财产损失情况，分清事故责任，并提出对事故责任者处理意见及防范措施。

6）善后处理组

负责做好死难、受伤家属的安抚、慰问、思想稳定工作，消除各种不安定因素。

7）预备机动组

负责组织机动力量，随时听候现场指挥的调动、使用。

8）现场协调组

负责及时协调抢救现场各方面工作，积极组织救护和现场保护。

9）联络组

保持与上级及相关部门的联系，保持信息畅通，及时、正确地向上级汇报事态发展的情况，向相关部门通报有关信息。必要时向有关部门发出紧急呼救求援。

10）物资供应组

负责应急处置所需的装备、通信器材、生活后勤等物资供应工作。

2. 技术措施

（1）梁车就位后，先将挂钩挂好，然后松解倒链、钢丝绳。

（2）由指挥人员发出起吊信号，由 2 名信号工将信号传达至指挥吊车司机进行起吊。

（3）将 T 形梁吊起至 20cm 时，停止起吊，滞留 10～20 秒，检查吊车的工作状况和地面承载力是否正常，如果正常继续起吊，若不正常及时调整，重新调整后继续起吊。

（4）将 T 形梁吊起到超过盖梁位置，停止起升。

（5）指挥人员指挥吊车，时刻注意 T 形梁与吊钩保持垂直。

（6）T 形梁到达安装指定位置后，指挥人员指挥司机将 T 形梁下放至离支座 5cm 左右处，此时将 T 形梁两侧边线与盖梁处所标边线对齐，T 形梁端侧与盖梁所标端侧线对齐后，指挥司机将梁落下。

（7）T 形梁落下后及时用方木将 T 形梁稳固，用钢丝绳及倒链将 T 形梁临时与盖梁固定住，信号工确认 T 形梁已固定好后，方可摘钩。摘钩后钢筋工进行湿接头钢筋焊接工作。

3. 应急预案

遵循"安全第一、预防为主、综合治理"的安全方针，坚持防治和救援相结合的原则，以危急事件的预测、预防为基础，以对突发事件过程处理的快捷准确为重点，以全力保证人身和设备安全为核心，以建立危急事件的长效管理和应急处理机制为根本，提高快速反应和应急处理能力，将突发事件造成的损失和影响降低到最低程度。

（1）指导思想

坚持"安全第一、预防为主、综合治理"的方针，以关爱生命为前提，最大限度地减少施工安全事故的发生，建立快速、有效的应急反应机制，确保项目财产不受损失、人员的生命不受伤害，保证本项目施工顺利开展。

（2）适用范围

简沟渡槽 T 形梁吊装架设。

（3）应急通信

××× ：××××××××   ××× ：××××××××

××× ：××××××××   ××× ：××××××××

××× ：××××××××

报警电话：110

火警电话：119   急救电话：120

（4）应急救援物质、设备

项目经理部综合办公室内存放临时救援担架一副，应急救援药箱一个，箱内存有红花油 5 瓶；生理盐水一瓶；双氧水一瓶；红药水一瓶；紫药水一瓶；医用绷带 10 捆；消炎粉一包；医用棉签 5 包；药棉一包，医用酒精一瓶。吊车 1 台、装载机一台、挖掘机 1 台。铁锹、钢钎、镐、铁锤、扳手、手电筒、雨衣、草袋、竹筐、扁担等不少于 30 套；氧气乙炔割枪 2 套、照明灯具 5 座、对讲机 10 台、经理部综合办公室长期配备小车一部；救护担架一副。

救援人员培训：定期组织人员培训和演练。

（5）应急响应与救援程序：

1）一般创伤事故的应急响应与救援程序：

① 若现场发生事故时，现场负责人应第一时间了解事故情况，向应急办公室或直接向主管领导报告，并根据现场情况组织进行抢救，现场其他人员必须服从其指挥，以防事故的进一步蔓延和扩大。

② 办公室和领导接到报告后，立即安排设备、人员、物资组织救援救护小组成员奔赴事发现场进行抢救，伤势较严重的情况下，则立即拨打"120"急救中心，拨打电话时，要说明伤者的伤情、伤者的地点、单位名称和联系电话。若不能及时联系上"120"急救中心或不能及时到达事故现场，则在最短的时间内用小车送往宜昌市第一人民医院。

2）高空坠落事故的应急响应与救援程序：

在接到事故现场有关人员报告后，凡在现场的应急指挥机构领导小组成员（包括组长、副组长、成员）必须立即奔赴事故现场组织抢救，做好现场保卫工作，保护好现场并负责调查事故。在现场采取积极措施保护伤员生命，减轻伤情，减少痛苦，并根据伤情需要，办公室迅速联系医院进行抢救，联系电话：××××××××。

（6）危险源辨识及预防措施

1）危险源分布情况

① 起重机倾覆事故；

② 高处坠落造成人员伤亡；

③ 高处落物伤人；

④ 人员触电事故；

⑤ 雷击事故；

⑥ 大风造成起重机倾倒事故。

2）源辨识

项目部对施工过程存在的危险因素进行了详细评价和论证，结合项目实际情况、技术能力状况等多方面分析研究，确定出（如果不采取措施）可能会造成严重事故的危险源，然后根据评价结果确定控制方案。危险源分析见表3-68。

危险源辨识分析表 表3-68

施工作业内容	潜在的事故类型	致险因子	受伤害人类型		伤害程度			不安全状态	不安全行为
			本人	他人	轻伤	重伤	死亡		
梁板安装作业	坍塌（倾覆）	起重机失稳，违章作业，吊车失稳	√	√		√	√	1. 限位装置失灵 2. 大风天气作业 3. 轨道纵坡过大 4. 地基承载力不足	1. 人员离开操作室，非操作手无证上岗作业。 2. 违章操作
	高处坠落	违章作业，安全设施缺陷	√			√	√	高处作业平台踏板未满铺，周边未设置安全防护栏、安全网	作业人员高处临边作业时未佩戴安全带
	淹溺	防护不到位	√	√	√	√		1. 临边防护不到位，人员不慎落水 2. 操作平台及通道存在空洞	1. 作业人员安全防护意识差 2. 河上作业时未穿戴救生衣
	起重伤害	违章作业，机械故障，天气恶劣	√	√		√	√	1. 吊点设置不对 2. 设备故障、超负荷 3. 吊装工索具不符合要求	1. 指挥信号不清 2. 设备检查不到位 3. 起重物下停留
	交通事故	操作不当，设备缺陷	√	√		√	√	1. 交通组织不合理 2. 运梁车辆带病运装	1. 驾驶员违章驾驶 2. 违章指挥
	梁板倾倒	操作不当，未有效支撑	√	√		√	√	梁板运输过程中，未按要求进行支撑固定 边梁安装完毕后，未及时有效进行临时固定	不按规定限速运输，运输过程中无指挥人员 人员伴随运梁车行走，距离太近 个人防护意识差

3）危险因素评估

① 危险因素评估方法：

采用条件危险性评价法（LEC法）对危险源进行评估。L为发生事故的可能性大小；E为人体暴露在这种危险环境中的频繁程度；C为一旦发生事故会造成的损失后果；风险分值 D＝LEC。其赋分值见表3-69、表3-70。

危险因素评估表　　　　　　　　表 3-69

事故发生可能性 L		暴露频繁程度 E		事故产生后果 C	
分数值	事故发生的可能性	分数值	暴露于危险环境的频繁程度	分数值	发生事故产生的后果
10	完全可以预料	10	连续暴露	100	10 人以上死亡
6	相当可能	6	每天工作时间内暴露	40	3~9 人死亡
3	可能,但不经常	3	每周一次或偶然暴露	15	1~2 人死亡
1	可能性小,完全意外	2	每月一次暴露	7	严重
0.5	很不可能,可以设想	1	每年几次暴露	3	重大,伤残
0.1	极不可能	0.5	非常罕见暴露	1	引人注意

风险分值表　　　　　　　　表 3-70

D 值	风险等级	危险程度
>320	一级	极其危险,需加强监控,采取全面的降低风险的安全措施
160~320	二级	高度危险,需加强监控,采取必要的降低风险的安全措施
70~160	三级	显著危险,需加强监控,采取安全措施
20~70	四级	一般危险,需要注意
<20	五级	稍有危险,可以接受

② 风险估测

采用工程类比等方法,得出表 3-71 所示的 LEC 分值,并计算得风险大小。

风险估测汇总表　　　　　　　　表 3-71

风险源		风险估测				风险等级
作业内容	潜在的事故类型	事故发生可能性 L	人员暴露频率 E	后果严重程度 C	风险大小 D	
梁板安装	高处坠落	1	6	40	240	二级
	坍塌(倾覆)	1	6	15	90	三级
	淹溺	1	6	15	90	三级
	起重伤害	1	6	15	90	四级
	触电	1	6	7	42	三级
	交通事故	1	3	15	45	四级
	梁板倾倒	0.5	3	40	60	四级

根据以上分析,高处坠落为二级属高度危险源,需加强监控,采取必要的降低风险的安全措施。坍塌、淹溺、起重伤害故为三级属显著危险源,需加强监控,采取安全预防措施。交通事故、梁板倾倒为四级属一般危险,需要注意。

4)危险源预防措施

① 防止起重机倾覆事故措施

A. 起重机的行驶道路必须平坦坚实,如有地下墓坑和松软土层要进行处理。必要时,需铺设木头或路基箱。起重机不得停置在斜坡上工作。

B. 应尽量避免超载吊装。在某些特殊情况下难以避免时，应采取预防措施，如在起重机吊杆上拉缆风绳或在其尾部增加平衡重等。起重机增加平衡重后，卸载或空载时，吊杆必须落到水平线夹角60°以内，操作时应缓慢进行。

C. 禁止斜吊。所谓斜吊，是指所要起吊的重物不在起重机起重臂顶的正下方，因而当将捆绑重物的吊索挂上吊钩后，吊钩滑车组不与地面垂直，而与水平线成一个夹角。斜吊还会使重物在离开地面后发生快速摆动，可能碰伤人或碰撞其他物体。

D. 起重机应避免带载行走，如需作短距离带载行走时，载荷不得超过允许起重量的70％，构件离地面不得大于500mm，并将构件转至正前方，拉好溜绳，控制构件摆动。

E. 双机抬吊时，要根据起重机的起重能力进行合理的负荷分配，各单机载荷不得超过其允许载荷的80％，并在操作时要统一指挥，互相密切配合。在整个抬吊过程中，两台起重机的吊钩滑车组应基本保持垂直状态。

F. 构件的吊索需经过计算，绑扎方法应正确牢靠。所有起重工具应定期检查。

G. 重量不明的重大构件或设备。

H. 在六级风的情况下进行吊装作业。

I. 吊装的指挥人员必须持证上岗，作业时应与起重机驾驶员密切配合，执行规定的指挥信号。驾驶员应听从指挥，当信号不清或错误时，驾驶员可拒绝执行。

J. 吊重物长时间悬挂在空中，作业中遇突发故障，应采取措施将重物降落到安全地方，并关闭发动机或切断电源后进行检修。在突然停电时，应立即把所有控制器拨到零位，断开电源总开关，并采取措施使重物降到地面。

K. 磨损的吊钩和吊环严禁补焊。当吊钩、吊环表面有裂纹、严重磨损或危险断面有永久变形时应予更换。

L. 经常对设备进行检查与维护，保证钢丝绳与刹车的良好运行。

② 落造成人员伤亡措施

A. 人员在进行高处作业时，必须正确使用安全带。安全带一般应高挂低用，即将安全带绳端的钩环挂于高处，而人在低处操作。

B. 高处使用撬棍时，人要立稳，如附近有脚手架或已安装好的构件，应一手扶住，一手操作。撬棍插进深度要适宜，如果撬动距离较大，则应逐步撬动，不宜急于求成。

C. 雨、雪天进行高处作业的时候，必须采取可靠的防滑、防寒和防冻措施。作业处和构件上有水、冰、霜、雪均应及时清除。

D. 六级以上强风、浓雾等恶劣天气，不得从事露天吊装作业。暴风雪及台风暴雨后，应对高处作业安全设施逐一加以检查，发现有松动、变形、损坏或脱落等现象，应立即修理完善。

③ 防止高处落物伤人措施

A. 所有操作人员必须正确佩戴安全帽。高处操作人员使用的工具、零配件等，应放在随身佩戴的工具袋内，不可随意向下丢掷。

B. 在高处用气割或电焊切割时，应采取措施，防止火花落下伤人。

C. 基坑底操作人员，应尽量避免在高空作业面的正下方停留或通过，地面操作人员，不得在起重机的起重臂或正在吊装的构件下停留或通过。

D. 构件安装后，必须检查连接质量，只有确保连接安全可靠，才能松钩或拆除临时固定工具。设置吊装禁区，禁止与吊装作业无关的人员入内。

④ 防止人员触电事故措施

A. 起重吊装工程，现场电气线路和设备应由专人负责安装、维护和管理，严禁非电工人员随意拆改。

B. 施工现场架设的低压线路不得用裸导线。所架设的高压线应距建筑物 10m 以外，距离地面 7m 以上。跨越交通要道时，需加安全保护装置。施工现场夜间照明，电线及灯具高度不应低于 2.5m。

C. 构件运输时，构件或车辆与高压线净距不得小于 2m，与低压线净距不得小于 1m，否则，应采取停电或其他保证安全的措施。

D. 现场各种电线接头、开关应装入开关箱内，用后加锁，停电必须拉下电闸。

E. 电焊机的电源线长度不宜超过 5m，并必须架高。电焊机手把线的正常电压，在用交流电工作时为 60~80V，要求手把线质量良好，如有破皮情况，必须及时用胶布严密包扎。电焊机的外壳应该接地。电焊线如与钢丝绳交叉时应有绝缘隔离措施。

F. 长起重臂起重机时，应有避雷防触电设施。

G. 各种用电机械必须有良好的接地或接零。接地线应用截面不小于 25mm 的多股软裸铜线和专用线夹。不得用缠绕的方法接地和接零。同一供电网不得有的接地，有的接零。手持电动工具必须装设漏电保护装置。使用行灯电压不得超过 36V。

H. 在雨天或潮湿地点作业的人员，应穿戴绝缘手套和绝缘鞋。大风雪后，应对供电线路进行检查，防止断线造成触电事故。

⑤ 防止雷击事故措施

关注当地天气预报，雷雨天气严禁吊装 T 形梁施工。

⑥ 防止大风造成起重机倾倒事故措施

当六级以上大风来临前，必须对吊车的大臂进行收放，并远离坑槽，停留至安全场地内。

4. 监测监控

(1) 在每跨的第一片梁起吊时，可观察地基土是否有明显沉降，若有，则应立即停止施工，并对地基进行重新碾压、重新加固。

(2) 落梁时注意监测梁的轴线位置及垂直度，并用手动葫芦或其他支撑物使 T 形梁稳定；当第 2 片 T 形梁落位后，将第 1 片与第 2 片之间进行横向联结，以保证其稳定性。

3.2.6.6 劳动力计划

1. 安全生产管理人员

安全生产管理人员一览表 表 3-72

序号	姓名	职务	职责
1	×××	安全部部长	专职安全生产管理人员
2	×××	施工员	兼职安全生产管理人员
3	×××	技术员	兼职安全生产管理人员

2. 特种作业人员

施工人员一览表

表 3-73

序号	工种	人数	备注
1	吊装队管理人员	1	
2	起重工	3	
3	交通指挥人员	2	
4	电工	1	

3.2.6.7 设计计算

根据预制 T 梁的起吊高度、起吊重量和吊装场地条件来选择吊机。本工程选择起吊高度达 40m 的吊件为吊装设计的计算模型。

（1）吊车选用

1）起吊高度 H

$$H = h_0 + h_1 + h_2 + B = 30(10) + 2.5 + 2 + 2 = 36.5(16.5) \text{m}$$

h_0——预制 T 梁的起吊高度，500T 取 30m，200T 取 10m；

h_1——预制 T 梁的高度，2.5m；

h_2——T 形梁到吊钩的距离，取 2m；

B——起重滑轮组定滑轮到吊钩中心距离，取 2m。

2）起吊重量

按两台吊车起吊，每台吊车承担的重量为 $1.1 \times 122/2 = 67.1 \text{t}$。

3）主臂长

500T：$L = (H - C)/\sin a = (36.5 - 2)/\sin 75° = 35.7 \text{m}$，选用大于 $L = 36.9 \text{m}$。

200T：$L = (H - C)/\sin a = (16.5 - 2)/\sin 75° = 15.01 \text{m}$，选用大于 $L = 17.6 \text{m}$。

4）起重机回转半径

500T：$R = (H - C)/\tan a = 9.2 \text{m}$，选用大于 $R = 10 \text{m}$。

200T：$R = (H - C)/\tan a = 3.89 \text{m}$，选用大于 $R = 4.5 \text{m}$。

选择两台 500t 汽车吊（使用 135t 配重）和一台 200t 汽车吊（使用 69t 配重）配合转换梁使用。

（2）吊索选用计算

吊索：每根钢丝绳的受力为 $S = k_1 \times G/4$。其中，$K_1 = 1.15$，$n = 4$。则 $S = 1.15 \times 122/4 = 35.075 \text{t}$。

选择钢丝绳考虑安全系数 5 倍，故要求钢丝绳的破断强度（破断力）为 175.375t。选用：$6 \times 37 + 1$ 钢丝绳 $\phi 56$ 最大破断力：200t，公称抗拉强度为 1700N/mm^2。

（3）吊点位置设计

根据设计图纸要求吊点为距离 T 形梁两端 80cm 位置。

附件

吊装单位资质、安全生产许可证（略）

吊装公司安全员证（略）

吊装司机操作证（略）

吊装设备资料（略）

3.3　质量与安全事故剖析

3.3.1　质量事故剖析

3.3.1.1　某渡槽冻胀裂缝质量事故

1. 概况

某渡槽槽身为三槽一联矩形预应力钢筋混凝土结构，渡槽槽身纵向为 16 跨简支梁结构，单跨长 40m。预应力分为钢绞和精轧螺纹钢（$\phi32$）两种，其中纵向、横向为预应力钢绞线，竖向为精轧螺纹钢，采用高密度聚乙烯（HDPE）波纹管外套成型。槽身结构示意图如图 3-43 所示。

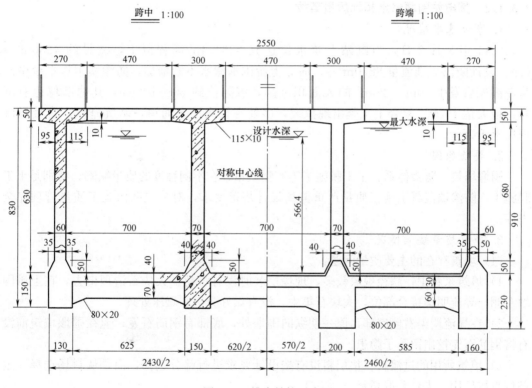

图 3-43　槽身结构示意图

2. 12 号～16 号跨槽身裂缝的有关情况

12 号～16 号跨（共 5 跨）槽身于 2011 年 4 月 23 日～12 月 11 日完成施工，2012 年 5 月，发现槽身墙体出现裂缝。

3. 质量事故发生原因

（1）直接原因

渡槽槽身墙体竖向预应力精轧螺纹钢的波纹管回填灌浆未灌满，孔道内存在积水，冬季气温骤降产生冻胀，导致混凝土产生空鼓裂缝。

（2）间接原因

1）对北方地区的环境条件施工认识不足，质量意识不强，在对波纹管回填灌浆施工过程中，部分存在砂浆灌不进去情况，波纹管内积水不能排出。

2）波纹管回填灌浆，设计为 U 型灌浆工艺系统，灌浆质量保证能力不高 。

4．问题处理

要求对渡槽进行加固修复处理。

5．吸取的教训

（1）确保关键工序的施工质量，预应力精轧螺纹钢孔道灌浆关键工序施工过程控制不到位。

（2）开展质量风险识别与控制活动，对于混凝土结构物内埋设的管道存在积水，会导致冻胀的质量风险没有识别，对于冻胀的危害无相关经验，没有意识到冻胀会导致如此大的质量问题。

3.3.1.2 某电站围堰渗水超标质量事故

1．事故基本情况：

2011 年 8 月 2 日，当电站上游水位达到 3264.4m 高程以上，流量约 4580m³/s（注：设计防洪标准流量 8870m³/s）时，上游围堰渗水不断增加，防渗墙工作平台中部与左侧先后发生 40m²、20m² 的大面积沉陷，沉陷值约 50～100cm，其他部位也有沉降，最大达 15cm，复合土工膜出现拉裂，多处有较大渗水通道，基坑淹没，直接经济损失上千万元。

2．事故原因

围堰填筑、防渗体系、土工膜施工等实物质量存在不同程度的质量缺陷，特别是土工膜施工、防渗墙混凝土施工质量严重偏离设计规范要求，对分包队伍施工质量管理完全失控。

3．事故质量缺陷情况

（1）填筑存在的主要质量问题：

1）填筑来料中，超径现象较多，现场挖装时没有将超径大块石清理出去，在上游围堰左侧与导流明渠接合部位，大块石集中，没有做好分散和碾压处理。

2）在导流明渠右侧底部，原一期纵向围堰处，底部有钢筋石笼，但在围堰填筑前没有将钢筋石笼挖出留下了隐患。

3）填筑所用的过渡料、垫层料没有按设计要求进行筛分选择，而是从料场选择一定部位直接挖用，来料普遍超径。

（2）土工膜施工存在的主要质量问题

1）土工膜下垫层料 30cm 厚，施工现场的小粒径砾石不是连续级配，有的超径；

2）按设计土工膜应平行埋入底座混凝土中，施工时造成土工膜靠底座混凝土棱角大部分破损；

3）防渗平台土工膜以上填筑未按设计要求进行施工，且土工膜被损坏的现象，虽经修补，但修补质量很难保证；

4）根据设计图纸，土工膜共设置了 6 道伸缩节，实际施工只有 3 道；

5）围堰顶部土工膜接头焊接质量较差，部分接头可用手撕开。

（3）混凝土防渗墙工程质量存在的主要问题

1）造孔过程护壁及终孔后的清孔换浆采用黄土（设计要求采用膨润土），导致塌孔严重。

2）混凝土防渗墙槽段除前期施工少数合格外，大部分槽段深度与设计偏差大。

（4）墙下帷幕灌浆施工

上游围堰帷幕灌浆分包队伍在钻孔、灌浆、终孔等过程中，现场原始记录失真，缺少钻孔检查资料，无法判定墙下帷幕灌浆真实质量情况。

4．存在的主要问题

（1）防渗墙、帷幕灌浆、土工膜施工没有配置施工人员过程监管，而仅有少数质检人员过程监控。

（2）土工膜焊接工艺控制不严，施工中保护措施不到位。

（3）合作方现场施工人员不服从质检人员的管控，干扰质检人员对施工检查和监督。

5．事故吸取的教训

（1）对分包方的选择要十分慎重。严把对分包队伍的"准入"关，要选择有素质、有业绩、有信誉的分包队伍。

（2）强化质量责任制的落实。要把抓好工程质量管理、严格落实质量责任制作为工程管理工作的重要环节，切实抓实抓好。

3.3.1.3 某项目座环、蜗壳抬动质量事故

1．事故基本情况

某项目 1 号机蜗壳二期混凝土浇筑完成后，经检查发现座环、蜗壳抬动，座环上环板水平偏差最大为 23mm（规范允许值为 ±3mm），蜗壳远端水平偏差 30mm（规范允许值 ±15mm）。为保证发电机组的正常运行，须将已浇筑二期混凝土的部分拆除，对蜗壳、座环进行调整修复事故直接经济损失约一百万元。

2．事故发生经过

该仓混凝土浇筑时段为 2012 年 4 月 12 日 6 时至 2012 年 4 月 13 日 18 时，浇筑量 677.5m³，实际用时约 27 小时，其中泵送混凝土 425.5m³，常态混凝土 252m³。该仓混凝土 4 月 13 日浇筑完成后，4 月 14 日对 1 号机座环/蜗壳各部位进行了检查、检测，发现 1 号机出现座环、蜗壳抬动质量事故。

3．事故发生原因

（1）事故的直接原因

1）外加剂质量不稳定，混凝土初凝时间过长因外加剂质量不稳定，混凝土初凝时间过长，达 18 小时，导致液态混凝土厚度过厚。规范要求，蜗壳二期混凝土浇筑时，液态混凝土的高度控制在 0.6m 左右，但实际该仓液态混凝土厚度估算至少在 1.5m 以上。

2）未按技术要求进行混凝土浇筑，技术要求"浇筑首先用吊料罐利用溜桶浇筑蜗壳外侧混凝土，混凝土采用二级配，按台阶法浇筑。台阶按蜗壳走向展开并向蜗壳底部延伸，在蜗壳底部形成一道斜坡，斜坡面距蜗壳表面 0.5m 左右"。实际施工时蜗壳外侧、底部、内侧同时浇筑。1 号机浇筑的泵送混凝土坍落度 12～15cm，浇筑的常态混凝土坍落度为 8cm，因泵送混凝土过多，且塔式起重机混凝土（坍落度为 8cm 常态混凝土）掺加砂浆，混凝土坍落度大，加之上升速度未得到有效控制，致使浮托力过大。

3）F13 拉杆在混凝土浇筑前被割断，受力不能满足设计要求，导致该部位在浇筑过程中失稳，向上抬动（图 3-44）。

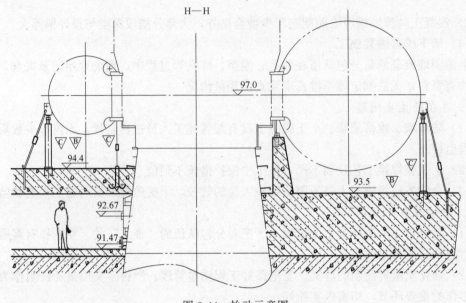

图 3-44　抬动示意图

（2）事故的间接原因

1）对关键部位施工重视不够，浇筑过程中未安排安排质检人员全过程旁站；没有安排对座环、蜗壳进行混凝土浇筑过程中的变形观测；没有严格按施工方案组织施工；浇筑过程中，塔式起重机混凝土少（安排塔式起重机吊运材料和配合其他部位浇筑），泵送混凝土过多，蜗壳外侧混凝土未按台阶法浇筑等。

2）技术管理存在薄弱环节

对蜗壳二期混凝土浇筑项目技术部门虽编制了浇筑方案，但技术方案内容不具体，可操作性不强，如没有蜗壳二期混凝土浇筑主要技术参数、液态混凝土厚度控制的措施等。

3）质检人员验收把关不严

蜗壳外围钢筋施工时已把 F13 拉杆割断，验收时未能发现。

4. 事故吸取的教训

（1）施工技术方案是确保质量的重要因素，施工方案（措施）要能具备保证施工质量的能力，对施工过程参数的规定要具体，并具有可操作性。

（2）工程重要部位或关键工序施工过程中要加强监控力度，对重要施工部位如蜗壳二期混凝土这样的关键部位施工，要安排质检人员全过程旁站。

3.3.2　安全事故剖析

3.3.2.1　塔式起重机安装作业倒塌事故剖析

1. 事故经过

项目总包单位于 4 月 18 日与某建筑机械有限公司签订了使用 6 台某重科公司生产的型号为 QTZ80（6013）塔式起重机的塔式起重机租赁合同，4 月 19 日项目总包单位和监理公司，审核通过了某建筑机械有限公司编制的塔式起重机安拆方案、安拆告知书、事故应急预案和施工制度及操作规程。按照协议，机械有限公司6月25日进场并开始安装，当日安装2台，其中在项目工地基坑西南角的一台塔式起重机已安装完毕，工地基坑东南角的一台完成了塔式起重机塔身和四个标准节的安装，高度约16m，其他安装待次日完成。第二天即6月26日该公司安排石某、杨某、袁某、杨某某、刘某五人继续对东南角塔式起重机进行安装、顶升作业，某重科公司指派曾某进行调试作业，上午9时左右某重科公司的曾某先到工地，检查塔式起重机基座和回转支撑的连接情况都正常，又开始调试小车限位器，9时15分左右，建筑机械有限公司的塔式起重机安拆作业人员来到现场，首先进行小车变幅绳和主机钢丝绳的穿绕，在穿绕主机钢丝绳过程中发现变幅机往返存在故障，便叫重科公司的曾某进行变频调试，调试完毕后曾某打开小车限位器回到塔式起重机驾驶室查看配电柜有无异常，11时左右石某、杨某、袁某三人从塔式起重机大臂下来进行油泵和套架的调试，石某紧固完地脚螺栓后又去加固外套架平台护栏，安装作业到12点时监理公司现场负责旁站的专业监理工程师刘某，项目部负责旁站的安全员陈某离开现场去吃饭，建筑机械有限公司和重科公司的人员继续在安拆作业，因回转下支座连接孔与外套加连接孔不吻合，杨某、袁某2人松动了下支座与标准节的4个螺栓螺母进行调整，但两连接孔仍不吻合，于是杨某在南侧、袁某在北侧将4个螺母全部卸掉，再查看连接孔吻合情况，约12时40分左右小车移动，塔臂失衡，起重臂上扬，由西向东翻转，横砸在东二环高架桥上，致使4人受伤，4台车辆受损，造成事故。

2. 事故原因分析

经事故调查组查阅资料、现场勘验、询问笔录、谈话了解、综合分析，事故发生原因认定如下：

(1) 某建筑机械有限公司，安全管理欠缺。对该公司所属塔式起重机现场负责人、安全管理人员、塔式起重机安装作业人员、塔式起重机司机现场安全管理不到位，职工安全意识教育和安全操作规程的培训不扎实，现场安全管理人员安全意识淡薄，特别是6月26日组织人员在该项目工地进行塔式起重机安拆作业中，未按方案规定配备人员，指定的现场负责人和安全员没有认真履行职责，未能按安全技术交底要求，在统一指挥下相互配合协调作业，对连接孔不吻合的危险因素分析不够，致使作业人员杨某、袁某2人在外套架和下回转支撑未连接，塔机未确平衡的情况下，直接盲目拆卸掉连接标准节和下回转支撑的螺栓螺帽，导致塔式起重机平衡失控倾翻，是造成事故的主要原因，应对此次事故负主要责任。

(2) 总包单位项目部，项目负责人、技术负责人和现场安全管理人员未按安全生产法规要求认真履行安全管理职责，施工现场安全生产综合协调监管不到位，现场安全管理松散，安全检查不扎实、不到位。该公司与建筑机械有限公司签订租赁合同后，在没有完成塔式起重机备案情况下，便督促建筑机械有限公司6月25日开始进场安装，特别是6月26日，未组织技术和安全人员对已安装情况进行检查，未能发现连接孔不吻合存在的安全隐患，对塔式起重机安装公司次日继续安装人员履行方案和资质情况没有审查，安装过程中技术人员不在现场，旁站的安全员陈某没有认真履行安全员职责，未实施有效的现场安全检查，对安装人员严重违规作业行为没有发现和制止，在安装作业未结束情况下擅自离开，是造成事故的重要原因，应对此次事故承担重要的安全管理责任。

（3）监理公司，在对该工程项目实施监理过程中，履行职责不到位，其编制的监理实施细则中，没有塔式起重机设备的安全监管实施细则，特别是在 6 月 26 日项目工地进行塔式起重机安装的过程中，没有安排具有相应资质的监理进行旁站，实施旁站的监理工程师刘某，未能按监理要求组织和督促总包单位项目部技术人员、安全员进行认真的安全检查，没有发现和制止安装人员严重违规作业的行为，履行职责不到位，是造成事故的又一重要原因，应对此次事故承担一定的安全监管责任。

（4）重科公司建筑起重机分公司驻该地经营售后服务机构，在 6 月 26 日给该项目塔式起重机进行调试作业中，未指派现场安全管理人员，到场作业的 2 名人员，一名作业开始前离开，留在现场的调试作业人员曾某，在塔式起重机安装不完整，安全统一协调不到位情况下进行交叉调试作业，作业过程中未持电工操作证，未办理登高作业操作证，是造成事故的又一原因，应对此次事故承担间接的相关责任。

（5）建设单位，在实施该目开发建设中，对委托的工程监理单位、总承包单位项目部和承租单位的安全生产统一协调工作不严密，也是造成事故的又一原因，应对此次事故承担相应的协调管理责任。

3. 事故性质

此次事故是一起由于施工安全生产管理疏漏，安全检查督促不到位，操作工人违规安装作业而造成的生产安全责任事故

4. 事故追责

（1）建议对事故中负有主要责任的某建筑机械有限公司，责令停工整顿，写出深刻的书面检查报区安监局备案，同时依法给予该公司相应的经济处罚；

责成该建筑机械有限公司，对公司安全负责人、项目管理人员、安全员和造成事故的相关责任人做出严肃处理，并将相关处理结果，以书面形式报安监部门备案。

（2）建议对在事故中负有重要责任的总包单位项目部，责令停工整改，同时依法给予该公司相应的经济处罚；

责成总包单位项目部现场负责人、技术负责人和安全员做出严肃处理，并将相关处理结果以书面形式报安监部门备案。

（3）建议对事故中承担一定的安全监管责任的监理单位，责令停业整改，同时依法给予该公司相应的经济处罚；

责成该公司对在事故中负有一定责任的现场监理人员，按照本单位安全管理制度做出认真处理，处理结果书面报区安监局备案。

（4）建议对事故中负有间接相关责任的重科建筑起重机分公司驻该地区经营售后服务机构。

责成该企业依照安全生产法律法规规定，中重科建筑起重机分公司为驻该地区经营售后服务机构（单位）指派专职安全管理人员，其主要负责人和安全管理人员应经培训并取得安全管理资格证书；进一步完善塔式起重机调试维修作业中的安全管理制度，明确现场安全负责人或安全管理人员；为塔式起重机调试、维修作业人员办理登高作业操作证。

（5）建议对事故中负有间接协调管理责任的建设单位，责令停工整改并写出深刻的书面检查报区安监局备案。

责成建设单位，完善建审手续，严格各相关单位、人员的安全资质、资格审查，制定

完善施工现场安全生产统一协调管理工作方案，并报项目建设主管部门备案。

5. 防范及整改措施

（1）事故相关单位要认真吸取教训，总结经验，举一反三，进一步完善安全管理制度，落实安全生产责任，严格各类作业人员特别是施工机械设备安拆作业和操作人员的资格审查，加强施工现场安全监督检查，确保施工全过程的安全管理，防止类似事故的再次发生。

（2）项目部召开全体施工人员事故警示会，扎实开展职工安全"三级"教育，特别是对新进场单位和工人的安全教育培训工作，加强技术指导和安全管理，增强职工遵章守纪自觉性。

（3）加强和完善施工过程中的安全生产统一管理协调工作，立即组织进行施工现场安全隐患大排查，落实整改措施，认真消除安全隐患。

（4）加强对专业分包单位和租赁施工机械设备的安全管理，认真扎实的执行施工作业现场的安全检查制度，严格遵守各项施工作业操作规程，杜绝各种违规违章行为。

3.3.2.2　高空坠落事故案例剖析

1. 事故经过

5月18日上午7时许，劳务公司项目现场经理余某按照施工进度安排，指派作业人员赵某、谢某2人到该项目10层进行外墙打磨修补作业，2人在领取安全帽、安全带等防护用品后，携带打磨设备进入施工作业面。到达作业面后，谢某负责在打磨该层西北角外立面，赵某在未佩戴安全带的情况下违章翻越东侧阳台护栏进行阳台外立面打磨作业。7时35分许，赵某在作业过程中不慎坠楼。事故发生后，现场人员立即拨打120急救电话，及时将伤者送往医院抢救，当日17时，赵某经抢救无效死亡。

2. 事故原因分析

（1）直接原因

劳务公司作业人员赵某安全意识淡漠，在进行高空外墙打磨修补作业时违反高空作业规定，未按要求佩戴安全带，致使其在作业过程中不慎坠落，是导致事故发生的直接原因和主要原因。

（2）间接原因

劳务公司未能采取有效措施加强对施工现场，特别是高空作业环节的安全管理，未能及时发现并制止所属施工作业人员的违章冒险作业行为，是导致事故发生的重要原因。

建筑工程公司没有认真督促劳务分包单位加强对所属作业人员的安全管理，是导致事故发生的原因之一。

3. 事故性质

经调查认定，这是一起由于施工作业人员安全意识淡漠，违章冒险进行高空临边作业，施工现场安全管理不到位导致的生产安全责任事故。

4. 事故追责

（1）对事故单位的责任认定及处理

1）劳务公司未能采取有效措施加强对施工作业现场的安全管理，没有按规定对从事高空作业的施工人员进行安全技术交底，疏于对作业现场的监督检查，没有及时发现并制止施工人员在未佩戴安全带的情况下进行高空作业的违章行为，对事故发生负有重要责任。建议市安全生产监督管理局依照《安全生产法》《生产安全事故报告和调查处理条例》等法律法规，对其作出相应的行政处罚。

2）建筑工程公司没有认真督促劳务分包单位加强对所属作业人员的安全管理和安全教育培训，疏于对施工作业现场的安全检查，对事故发生负有一定责任。建议市安全生产监督管理局依照《安全生产法》《生产安全事故报告和调查处理条例》等法律法规，对其作出相应的行政处罚。

（2）有关人员的责任认定及处理

1）赵某，男，劳务公司作业人员。安全意识淡薄，在进行高空作业中，未按规定使用安全带，致其不慎坠楼，对事故发生负有主要责任。鉴于其已在事故中死亡，免予追究责任。

2）余某，男，劳务公司项目部项目经理。未能针对施工现场存在的高危作业环节，对作业人员进行必要的安全技术交底，没有采取有效措施加强对施工现场的安全管理，没有及时发现和制止作业人员在未佩戴安全带的情况下进行高空作业的违章行为，对事故发生负有重要责任。撤销余某项目经理职务。

3）郭某，男，建筑工程公司项目部生产经理。未能认真督促所属安全管理人员加强对劳务分包单位的安全管理，对事故发生负有一定责任，建议建筑工程公司依据公司有关管理规定，对其作出相应严肃处理。

5．防范及整改措施

（1）劳务公司应认真汲取事故教训，加强对作业人员的安全教育和安全技术交底，提高各级人员安全责任意识，严格现场管理，加强对施工现场的管理检查和作业人员的安全教育，全面组织排查施工现场的各类隐患，确保安全施工。同时，要按照国家有关规定，切实做好死者家属的善后处理工作，确保社会稳定。

（2）建筑工程公司要采取有效措施加强对劳务分包单位的安全管理，认真组织开展安全教育培训，提高劳务人员的安全意识和事故防范能力，加强对高危作业环节的安全检查，制定科学详细的安全管理规定，提高所属建设项目的安全管理能力。

3.3.2.3 混凝土泵车作业导致触电事故案例剖析

1．事故发生过程

12月18日，某建筑公司准备在施工现场组织人员浇筑混凝土。由于工期延误，本应在18日晚上进行的浇筑任务改到了19日上午，该公司施工人员致电商混凝土调度站，要求其于19日提供混凝土60t，以及混凝土泵车一辆，协助进行混凝土浇筑工作。接通知后，商品混凝土公司于19日上午指派驾驶员杨某驾驶混凝土泵车，李某、赵某、张某三人驾驶混凝土罐车按照施工方要求赶赴施工现场。

12月19日上午，商品混凝土公司泵车与操作人员杨某抵达现场。施工过程中，由商品混凝土公司负责泵车的驾驶及浇筑工作，该建筑公司指派两名工人把持泵车布料杆软管，对软管位置进行准确定位。11时许，混凝土浇筑基本完成，混凝土泵车应后退进行最后收尾工作。现场人员均未认真辨识危险因素，杨某也未将泵车布料杆回收折叠，即开始移动泵车，导致混凝土泵车布料杆导管与通道上方高约13m的10kV高压线碰触，强电流瞬间击穿了导管前段橡胶软管，致使正在地面把持软管的工人方某当场触电，面部烧伤，口吐白沫，意识模糊，并跌落到路旁基坑内。

事故发生后，现场人员立即停止施工，拨打"120"求救，并按照医护人员电话知识对病人进行简单急救。11 时 30 分，"120"急救车赶赴现场，立即将病人送至医院进行抢救，但方某终因触电过深、伤势过重抢救无效而死。

2. 事故原因分析

（1）商品混凝土公司混凝土泵车操作人员杨某，安全意识淡薄，未认真辨识作业现场危险因素，违反混凝土泵车操作规程，在未将上端布料杆回收固定时盲目移动泵车，导致大臂触碰高压线致使地面作业工人方某触电死亡，是造成此次事故发生的直接原因和主要原因。

（2）商品混凝土公司相关管理人员，疏于对作业人员的教育培训和对施工现场的检查管理，导致作业人员危险源辨识技能不强，工作中存在一定盲目性，是造成此次事故发生的重要原因。

（3）建筑公司相关管理人员，疏于对外来配合施工人员的安全教育和技术交底，混凝土浇筑作业现场组织不力，未能根据架空高压线实际采取切实可行的安全监控措施，亦未能及时发现并制止作业人员的盲目违章作业行为，是造成此次事故发生的重要原因。

（4）监理公司相关人员，在旁站监理混凝土浇筑作业时，未能根据架空高压线实际督促施工人员采取切实可行的安全监控措施，亦未能及时发现并制止作业人员的盲目违章作业行为，也是此次事故发生的原因之一。

3. 事故性质

经调查认定，这是一起因安全管理不力、盲目违章作业而导致的生产安全责任事故。

4. 事故追责

（1）商品混凝土公司混凝土泵车操作人员杨某，安全意识淡薄，未认真辨识作业现场危险因素，违反混凝土泵车操作规程，在未将上端布料杆回收固定时盲目移动泵车，导致大臂触碰高压线致使地面作业工人方正理触电死亡，应对此次事故负主要责任。建议商混凝土公司解除在此事故中负有主要责任的泵车操作人员杨某的劳动关系。

（2）商品混凝土公司主管安全负责人王某某，作为该公司现场安全工作的具体负责人，疏于对作业人员的教育培训和对施工现场的检查管理，导致作业人员危险源辨识技能不强，工作中存在一定盲目性，应对此次事故负主要领导责任。建议市安监局依照《生产安全事故报告及调查处理条例》有关规定，对在此事故中负有主要领导责任的商品混凝土公司安全生产工作负责人王某某处以上年度收入 30%的行政处罚。

（3）建筑公司项目经理魏某，作为该项目安全生产工作第一责任人，疏于对外来配合施工人员的安全教育和技术交底，未能根据架空高压线实际采取切实可行的安全监控措施，亦未能及时发现并纠正作业人员的盲目违章作业行为，应对此事故负重要责任。建议市安监局依照《生产安全事故报告及调查处理条例》有关规定，对在此事故中负有重要责任的建筑公司现场负责人魏某处以上年度收入 60%的行政处罚。

（4）建筑公司安全部经理叶某，作为该公司安全生产工作负责人，未能认真履行安全管理职责，疏于对施工现场的安全检查管理，应对此次事故的发生负重要领导责任。建议给予相应严肃处理。

（5）监理公司总监孙某，作为该项目施工现场安全监理工作负责人，未能有效督促有关人员采取切实可行的安全技术措施，亦未能及时发现并制止作业人员的盲目违章作业行为，应对此次事故负重要责任。建议给予相应严肃处理。

（6）建议市安全生产监督管理局依照相关法律法规，对相关责任单位分别给予相应的行政处罚。

5. 防范及整改措施

（1）商品混凝土公司应认真汲取此次事故教训，完善自身法定安全生产条件，建立健全安全生产责任制和相应的管理体系，严格执行国家有关安全生产法律法规和强制性标准规范，强化项目安全管理力量，切实提高各级人员安全责任意识和操作技能，认真开展隐患排查治理，不断加强现场管理，严格制度执行，强化危险源辨识能力，杜绝盲目操作，确保安全生产。同时应严格执行国家生产安全事故报告制度，杜绝迟报事故的行为再次发生。

（2）建筑公司应认真汲取此次事故教训，强化各级人员安全责任意识，加强对下属项目现场施工安全生产工作的监督检查，强化对施工现场的日常管理和作业人员的安全培训，强化现场作业人员的安全意识，举一反三认真排查消除安全隐患，确保安全生产。同时要严格遵守相关安全生产法律法规，坚决杜绝瞒报事故的严重违法行为。

（3）监理公司应切实加强对施工现场的安全生产的监督检查，全面排查事故隐患，强化监理人员的安全意识，认真履行监理工作职责，严防类似事故再次发生。

（4）建设单位有关机构应强化各级人员安全责任意识，认真履行安全管理职责，切实加强对施工现场的安全监管，加强对施工方案的审查监督，深入组织开展隐患排查治理，确保工程安全平稳运行。

3.3.2.4 模板倒塌事故案例剖析

1. 事故发生过程

2月22日14时许，某电站厂房工地现场作业工人开始吊装墙体模板，因有一块带有单支撑架的大模板直立地面、另有一块无支撑架模版靠在该大模板上，工人王某准备将两块模板一起吊起，在塔式起重机司机和指挥人员的制止下，王某将带有单支撑架的模板卸下，将另一块无支撑架的模板挂上并指挥塔式起重机起吊（此时王某在有单支撑架与无支撑架模板中间、胡某在无支撑架模板东边），在该模板起吊离开原位置约1.5m高时，地面带有单支撑架的大模板突然向无支撑架（向东）方向倒塌，将在此处作业的王某压在模板下。

事故发生后，现场负责人迅速拨打"120"并将王某送往医院，经医院全力抢救无效王某当日死亡。随后，项目负责人立即向市安监局报告了事故情况。

2. 事故原因分析

（1）劳务公司

1）该公司项目部施工人员在地面堆放模板时，未按照有支撑架的大模板必须满足自稳定要求和必须平放地面的规定，在地面垂直堆放模板，后因扰动造成模板失稳倒塌，是此次事故发生的直接原因。

2）该公司项目部塔式起重机指挥和司索人员无证上岗，且违章站在被吊运模板前，手扶模板违规作业，是此次事故发生的主要原因。

3）该公司项目部管理人员安全意识淡薄，委派没有信号指挥资格和司索资格的人员进行吊装作业，未及时检查和发现未按规范堆放模板的安全隐患，也是造成此次事故发生的主要原因之一。

（2）总包单位

该公司项目部管理人员，未及时检查和发现未按规范堆放模板的安全隐患，也是造成此次事故发生的原因之一。

3. 事故性质

经调查认定，这是一起由于现场管理存在缺陷、职工违章作业造成的一起生产安全责任事故。

4. 事故追责

（1）责任认定

1）劳务公司项目部司索工王某，不具备司索工资格，盲目进行吊装作业，应对此次事故发生负主要责任。

2）劳务公司项目部塔式起重机指挥胡某，不具备塔式起重机指挥资格，盲目进行塔式起重机指挥作业，应对此次事故发生负重要责任。

3）劳务公司项目部副经理易某，安排不具备塔式起重机指挥资格和司索资格人员进行吊装作业，对指挥人员、司索人员安全教育不到位，未能及时发现和阻止模板堆放不规范的安全隐患，应对此次事故发生负重要责任。

4）劳务公司总经理兼项目部经理陈某，作为该项目安全生产第一责任人，未能认真贯彻执行有关特种作业安全管理的规章制度，应对此次事故发生负主要领导责任。

5）劳务公司法人代表陈某某，作为企业安全生产第一责任人，未建立安全管理专职机构，疏于对项目部的安全管理，应对此次事故发生负一定领导责任。

6）韩某作为总包单位项目部安全员，对劳务公司堆放和吊装模版的违规作业行为未能及时发现并阻止，现场安全管理不到位，应对此次事故发生负一定责任。

7）总包单位项目部经理吴某，作为该项目安全生产第一责任人，疏于对该项目的安全检查和管理，应对此次事故发生负一定领导责任。

（2）处理意见

1）在此次事故负主要责任的劳务公司项目部司索工王某，不具备司索工资格，盲目进行吊装作业，由于在事故中死亡，不再追究其责任。

2）建议劳务公司解除在此次事故负重要责任的塔式起重机指挥胡某的劳动合同。

3）建议劳务公司对此次事故负有重要责任的项目部副经理易某，给予行政记过处分。

4）建议市安全生产监督管理局对此次事故负有主要领导责任的劳务公司总经理兼项目部经理陈某，进行诫勉谈话。

5）责成劳务公司法人代表陈某某向市安全生产监督管理局作出深刻书面检查。

6）建议总包单位项目部解除对此次事故发生负一定责任的安全员韩某的劳动合同。

7）责成总包单位项目部经理吴某向市安全生产监督管理局作出深刻书面检查。

8）建议市安全生产监督管理局依照《中华人民共和国安全生产法》《生产安全事故报告和调查处理条例》以及《陕西省安全生产条例》的相关规定，对劳务公司和总包单位给予一定的经济处罚，对劳务公司法人代表陈某某给予上年度收入 30% 的经济处罚。

5. 防范及整改措施

（1）劳务公司应认真汲取此次事故教训，应建立健全安全管理专职机构，强化各级人员安全责任意识，进一步完善各项安全管理制度，切实加强对特种作业人员的安全教育和管理，坚决杜绝无证上岗等违章作业现象。

（2）劳务公司项目部，应对工地进行认真全面的安全检查，及时发现和消除施工现场存在的安全隐患，严防类似事故再次发生。

（3）总包单位应加强对各分包施工单位及自身的安全生产监督管理工作，进一步提高安全生产监督管理能力，确保不再发生生产安全事故。

（4）总包单位和劳务公司要按照国家有关规定，切实做好死者家属的善后处理工作，以确保社会稳定。

3.3.2.5 基坑坍塌事故案例剖析

1. 事故发生过程

6月初，该项目在未采取任何支护措施的情况下，将基坑开挖至16m深，且经过多个连续降雨过程，基坑地下水位明显上升，边坡土质含水量增大，稳定性下降，对后续施工造成重大安全隐患。7月31日项目部现场负责人高某开始组织挖掘机和施工人员，对基坑西面的坡道和西南角的护坡进行土方清理，准备进行基坑支护。在组织基坑支护施工过程中，项目部未按规定制定专项施工方案，而是由施工员张某进行放线和指挥挖掘机作业。8月20日，基坑预留坡道及西南角护坡土方也分别被一次垂直开挖至10至16m深，随后由于降雨，未能及时采取必要的安全防护措施。8月23日上午，降雨结束后，施工单位继续组织进行挖掘和土方清理作业。当日上午，土方挖掘结束后，泥工班工长罗某安排工人对挖掘机作业后的少量余土进行清理、平整。下午14时30分许，普工尹某、陈某到位于基坑西北角边坡底部继续进行土方清理作业。14时40分许，作业区域边坡突然坍塌，2人被坍塌土方掩埋。事故发生后，施工人员及赶到的消防人员立即组织开展救援工作。15时40分许，2人被先后救出，经"120"急救人员确认均已死亡。

2. 事故原因分析

（1）工地基坑西北角处土层上部为回填垃圾土，土质疏松，下部为湿陷性黄土，基坑土层总体稳定性较差。施工单位在基坑北侧地表未采取任何防水措施，导致雨水渗漏土体强度降低。施工单位现场违规操作，在基坑根部取土致使上部土体悬空使坑壁支撑力不足，且将基坑深度一次性开挖至16m，基坑壁近似垂直开挖，在外部扰动下基坑北侧土体逐渐出现剪切变形直至突然失稳坍塌，是造成本次基坑坍塌事故的直接原因。

（2）施工单位项目部，对施工现场基坑西北角、西侧及坡道未采取任何支护措施，对现场违规操作缺乏有效监督，疏于对所属施工人员的安全管理和施工现场的安全检查，施工现场安全管理混乱，未对护坡土方施工制定专项方案，未采取放坡及分段开挖的基坑边坡支护方式，冒险进行护坡基础作业，是造成事故发生的主要原因。

（3）监理公司项目部，在实施该项目监理过程中，疏于对施工现场的安全监理，未按国家规范有关规定对施工单位现场违规操作基坑支护工程，未及时制止并缺乏有效监管，是造成本次事故发生的重要原因。

3. 事故性质

经调查组认定，这是一起由于违章冒险作业，施工现场安全管理及监理不力而导致的生产安全责任事故。

4. 事故追责

（1）对有关单位的责任认定及处理建议

1）施工单位，安全管理不到位，在组织建设项目施工过程中，没有按规定对深基坑作业进行论证，没有制定深基坑作业专项施工方案，违规放线指挥挖掘，且在未采取任何安全防护措施的情况下，一次性将基坑开挖至16m，致使基坑上部土体悬空，坑壁支撑力不足，同时，指派作业人员对存在重大安全隐患的基坑底部进行土方清理，导致2名作业人员被坍塌基坑掩埋后死亡，对事故发生负有主要责任。建议市安全生产监督管理局依照《安全生产法》《生产安全事故报告和调查处理条例》等法律法规，对其作出相应的行政处罚。

2）监理公司，没有采取有效措施加强深基坑等高危施工作业环节的安全管理，没有及时发现并制止施工单位在未制定深基坑作业专项施工方案，未采取任何安全防护措施的情况下，违规将基坑一次性开挖至16m的违章冒险作业行为，对事故发生负有重要责任。建议市安全生产监督管理局依照《安全生产法》《生产安全事故报告和调查处理条例》等法律法规，对其作出相应的行政处罚。

（2）对有关人员的责任认定及处理建议

1）张某，男，施工单位项目部施工员。作为该项目施工组织负责人，安全意识淡漠，在没有制定护坡基础施工方案的情况下，违规组织基坑施工作业，对事故发生负有主要责任。建议施工单位解除与张某的劳动关系。

2）高某，男，施工单位项目部现场负责人。作为项目安全管理负责人，疏于对作业现场的安全监管，未能及时纠正施工现场存在的不安全因素，对事故发生负有重要责任。建议施工单位解除与高某的劳动关系。

3）王某，男，施工单位分公司负责人。作为该公司安全生产第一责任人，未能认真履行安全管理职责，疏于对项目部的安全检查管理，对事故发生负有重要领导责任。建议西安市安全生产监督管理局依照《生产安全事故报告和调查处理条例》的有关规定，给予王某上年度收入30%的行政处罚。

4）冯某，男，监理公司监理部监理工程师。在实施该项目监理过程中，未能认真履行监理职责，未能有效督促施工方就边坡土方清理工作制定专项施工方案，未及时制止施工方不安全施工行为，对事故发生负有重要责任。建议监理公司解除与冯某的劳动关系。

5）由某，男，监理公司监理部总监。未能有效督促所属监理人员认真履行安全监理职责，疏于对相关施工单位施工方案的审核和对施工现场的安全监理，履行职责不到位，对事故发生负有重要责任。建议监理公司依照有关规定对其作出相应严肃处理。

5. 防范及整改措施

（1）建设单位应严格执行国家建筑法、安全生产法、建设工程安全生产管理条例，陕西省质量安全管理条例有关规定。在工程开工前应到当地建设行政主管部门办理相关审批手续。

（2）建设单位、总承包单位、施工单位、监理单位认真汲取本次事故教训，举一反三，按照事故处理"四不放过"的原则对在建项目自纠、自查及时整改，消除安全隐患。

（3）建议建设单位委托总承包单位邀请具有相应资质的单位对基坑设计、施工重新编制设计及施工方案，按照要求对基坑支护及施工方案组织专家进行论证。

（4）相关责任主体单位应切实重视施工现场安全管理工作，增强安全意识，加强对作业人员安全教育培训，提高作业人员识别危险源和自我保护的能力，作业前应加强安全技术交底工作，严禁违规操作，确保施工安全，搞好文明工地建设。

3.3.2.6　施工平台坍塌事故

1. 事故发生过程

2016年11月24日，江西丰城发电厂三期扩建工程发生冷却塔施工平台坍塌特别重大事故，造成73人死亡、2人受伤，直接经济损失10197.2万元。

事故发生时，在建冷却塔已完成第52节混凝土浇筑和第53节钢筋绑扎作业，施工工人正在进行第50节模板拆除和第53节模板安装作业，70名木工作业人员在施工平台进行模板拆除，3名设备操作人员正在与施工平台相连的平台上操作设备仪器，在模板拆除过程中，发生坍塌，混凝土及模架体系连同施工平台、平桥一同坠落，共造成70名木工作业人员及3名设备操作人员死亡，2名地面作业人员受伤，直接经济损失10197.2万元。

2. 事故原因分析

（1）直接原因

施工单位在拆除第50节模板时，混凝土强度不足，混凝土失去模板支撑后，在上部荷载作用下，发生坍塌。事故发生前当地气温骤降，并伴有小雨，天气环境恶劣导致混凝土强度发展缓慢。事故发生后，调查小组进行了同条件混凝土模拟实验，试验表明，在模板拆除时，第50节混凝土抗压强度仅为0.89～2.35MPa，第51节混凝土抗压强度为0.29MPa，第52节混凝土抗压强度值为0，远远小于规范中对于模板拆除时混凝土强度要求最小值6MPa，随着模板的拆除，筒壁混凝土承受弯矩越来越大，最终超过混凝土与钢筋粘结力的临界值而发生坍塌。

平桥坍塌原因为拉索在坠落物的冲击作用下，拉索发生断裂，巨大的冲击力反作用到塔身上，导致塔身下部主弦杆拉应力瞬间超出其抗拉强度，发生断裂，最终导致平桥坍塌。

（2）间接原因

施工单位安全生产管理机制不健全，未按照相关规定设置独立的安全生产管理机构，配备的安全管理人员数量不足，对安全生产管理部署不到位，对施工现场安全管理把握不足；施工现场管理混乱，项目经理长期不在岗，安排无相关资质的人员参与施工作业；对施工现场监督检查不足，未及时发现事故过程中存在的安全隐患；指定社会自然人组织劳务作业队伍挂靠劳务公司，施工过程中更换劳务作业队伍后，未按规定履行相关手续；安全技术措施存在漏洞，筒壁施工方案存在巨大安全漏洞，且未按照施工方案制度拆模管理措施，未及时发现拆模作业中存在的安全隐患，在外部环境发生变化后，未采取相应技术措施；拆模管理工作完全由劳务作业队伍盲目施工，在施工过程中未按照施工技术标准施工，未进行混凝土同条件养护试块强度检测，凭经验即决定进行拆模。

事故项目劳务公司违规出借资质，允许社会自然人以本公司名义承接工程；未按规定与劳务人员签订劳务合同；公司缺少具有资质的安全员，现有安全员不具备相关资质；长期不按照施工技术标准施工，仅凭经验盲目施工。

混凝土供应建材公司无工商许可证，不具备预拌混凝土专业承包资质，未通过环境保护等部门验收批复，在无相关手续的情况下违规向该项目提供商品混凝土。

施工总承包单位及其上级单位，管理层安全生产意识薄弱，安全生产管理机制不健全，对安全生产不重视；对分包施工单位缺乏有效管控，对筒壁施工方案检查不及时，未发现其中存在的安全隐患，未及时发现施工过程中存在的不规范施工作业，对天气改变后，未及时对分包单位提出相应技术改进措施；项目现场管理制度流于形式，项目经理在岗时间不足，对模板拆除作业未进行及时监督检查，未对模板作业及时进行验收；部分管理人员无证上岗。

监理公司配备的监理工程师不满足监理合同的要求，配备的监理人员数量不满足日常工作需要，未及时进行监理人员业务岗前培训；对拆模工序等风险控制点失管失控，对施工方案审查不严格，未及时发现施工方案中存在的安全隐患，未及时纠正施工单位违规作业行为，没有对施工单位未进行混凝土强度检测便开始拆模的违规行为提出及时纠正；现场监理工作严重失职，未督促施工单位采取有效措施强化现场安全管理，现场巡检不力，未按要求在浇筑混凝土时旁站。

建设单位及其上级单位未经论证压缩施工工期；对项目安全质量监督管理工作不力，对监理人员不具备监理资格未及时发现并纠正，对施工方案审查不严格，对总承包单位和监理单位现场监督不力；项目管理混乱，工程指挥部成员无明确分工，相关领导权责不一，未按监理合同规定配备业主工程师，为对总承包、监理和施工单位开展监督检查。

相关主管部门履行工作职责不力，未按规定履行监督检查职责，违规批复设立混凝土搅拌站，对该项目工程质量监督失察失管。

3. 事故性质

调查认定，江西丰城发电厂"11·24"冷却塔施工平台坍塌特别重大事故是一起生产安全责任事故。

4. 事故追责

对施工单位给予吊销资质、吊销安全生产许可证处罚，给予2000万元罚款处罚，6名相关责任人移交司法机关按法律程序追究其刑事责任并处以经济处罚；施工总承包给予停业整顿一年、吊销安全生产许可证处罚，给予2000万元罚款，3名相关责任人移交司法机关按法律程序追究其刑事责任并处以经济处罚；监理公司给予降低资质处理，给予1000万元罚款处罚，5名相关责任人移交司法机关按法律程序追究其刑事责任并处以经济处罚；对施工劳务公司给予吊销资质处罚，相关责任人移交司法机关按法律程序追究其刑事责任并处以经济处罚；建材公司给予吊销营业执照处罚，相关责任人移交司法机关按法律程序追究其刑事责任并处以经济处罚；相关主管部门作出深刻检查，相关领导给予处分等处罚。